Das fossile System bröckelt. Ein Klima ohne Krise ist in Reichweite. Nun müssen wir endlich unsere Abhängigkeit von CO_2 verlernen – und zwar in allen Bereichen unseres Lebens. Denn das Treibhausgas steckt nicht nur in Gasheizungen und den Tanks unserer Autos. Es hat sich fest in unseren Vorstellungen von einem guten Leben eingenistet und bestimmt unseren Alltag: was wir morgens anziehen, warum wir arbeiten und wie wir abends essen. In diesem prominent besetzten Sammelband präsentieren Beitragende aus Wissenschaft und Praxis, Journalismus und Aktivismus vielfältige Lösungen, mit denen wir das fossile System überwinden können. In konstruktiven und fachlich fundierten Essays zeigen sie Wege in eine klimagerechte Zukunft.

CLAUDIA KEMFERT ist die wichtigste deutsche Wissenschaftlerin für Energie- und Klimaökonomie. Seit 2004 leitet sie die Abteilung Energie, Verkehr, Umwelt am Deutschen Institut für Wirtschaftsforschung (DIW Berlin) und ist Professorin für Energieökonomie und Nachhaltigkeit.

JULIEN GUPTA lebt und arbeitet in Berlin als Autor und Journalist. Mit Team Zukunft rief er den ersten publizistischen Newsletter der *taz* ins Leben.

MANUEL KRONENBERG arbeitet als Autor und freier Reporter für Medien wie *Süddeutsche Zeitung*, *Tagesspiegel* und *DATUM*.

Claudia Kemfert
Julien Gupta
Manuel Kronenberg (Hrsg.)

Unlearn CO_2

Zeit für ein Klima ohne Krise

Ullstein

Besuchen Sie uns im Internet
www.ullstein.de

Ein Buch der Ullstein-Reihe *Wie wir leben wollen*,
herausgegeben von Silvie Horch

FSC
www.fsc.org
MIX
Papier | Fördert
gute Waldnutzung
FSC® C083411

PRODUZIERT MIT VERANTWORTUNG

Ungekürzte Ausgabe im Ullstein Taschenbuch
1. Auflage Januar 2026

Bei Fragen zur Produktsicherheit wenden Sie sich bitte an produktsicherheit@ullstein.de
Umschlaggestaltung: zero-media.net, München nach einer Vorlage von Favoritbüro, Büro für Gestaltung, München
Titelabbildung: © Four season lover / Shutterstock
Satz: LVD GmbH, Berlin
Gesetzt aus der DTLDocumentaST
Druck und Bindearbeiten: CPI books GmbH, Leck
ISBN 978-3-548-07353-8

intro

Vielleicht kennst du dieses Gefühl der Frustration – darüber, dass die Menschen es schon seit Jahrzehnten besser wissen, aber noch immer den Planeten aufheizen, indem sie Kohle, Öl und Gas verbrennen und Wälder abholzen. Wir kennen es nur zu gut. Manchmal scheint es, als würden wir beim Klimaschutz auf der Stelle treten oder sogar rückwärtsgehen. Doch der Schein trügt. Klar, der Wandel geht oft noch viel zu langsam voran. Gleichzeitig wird aber schon heute in vielen Bereichen an Lösungen gearbeitet. Uns macht es immer wieder Hoffnung, zu sehen, wie viele Menschen mit Leidenschaft und Know-how anpacken und Tag für Tag an einer besseren Zukunft arbeiten. Denn dann wird deutlich, dass eine klimagerechte Welt zum Greifen nah ist.

Genau darum geht es in diesem Buch. Es zeigt, dass Veränderung nicht nur möglich ist, sondern längst passiert. Wir sind davon überzeugt, dass wir uns alle, wann immer möglich, diese Geschichten des Wandels erzählen müssen. Denn dann erscheinen die Aufgaben, die vor uns liegen, plötzlich viel leichter. Auch deswegen bringen wir dieses Buch heraus. Es ist, wenn du so willst, dein Kompass für den Weg aus der Frustration.

Mit diesem Sammelband wollen wir zeigen, in wie vielen Bereichen effektive Klimalösungen heute schon umgesetzt werden – von Mobilität über Mode und Psychologie bis hin zu

Gleichberechtigung. Dafür haben wir einige der spannendsten Autor*innen aus Aktivismus, Wissenschaft und Journalismus gewinnen können. Sie alle teilen ihr Wissen, ihre Erkenntnisse und Erfahrungen und machen deutlich, wie wir alte fossile Gewohnheiten durchbrechen und unsere Abhängigkeit von CO_2 endlich verlernen und aufgeben können. Die Autor*innen zeigen, dass zu einer klimagerechten Welt neben erneuerbaren Energien noch ganz andere, oft überraschende Lösungen gehören: zum Beispiel eine Reduzierung der Arbeitszeit, der Kampf gegen Desinformation oder ein Rechtssystem, in dem wir Konzerne für ihre Emissionen per Gerichtsurteil zur Kasse bitten können.

In ihren konstruktiven Beiträgen verdeutlichen die Autor*innen, dass Klimaschutz kein großer Berg an Aufgaben ist, den wir alle einzeln mit nachhaltigem Konsum und viel Disziplin erklimmen müssen. Der Weg führt vielmehr über kollektive und systemische Ansätze. Die Texte machen Lust auf Veränderung und führen uns vor Augen, wie viel heute schon getan wird, um die Welt zu einem lebenswerteren und gesünderen Ort zu machen.

Aber warum *Unlearn* CO_2? Was meinen wir mit diesem Titel? Das »CO_2« ist ein Sinnbild für die Klimakrise. Denn CO_2 ist der weltweite Maßstab für die Klimawirkung aller Treibhausgase, von Methan über Lachgas bis zu den F-Gasen. Sie sind der menschengemachte Auslöser der Erderhitzung. Das »Unlearn« knüpft an das Konzept eines erfolgreichen Sammelbands an, der ebenfalls im Ullstein-Verlag erschienen ist: *Unlearn Patriarchy*. Darin wird deutlich, dass das Patriarchat nicht einfach nur ein einzelnes Phänomen ist, ein gesondertes Thema neben anderen. Es betrifft vielmehr unsere gesamte Gesellschaft und unser aller Leben: Familie, Sprache, Arbeit, Politik.

Genauso verhält es sich mit der Klimakrise. Auch sie durchzieht alle Bereiche unseres Lebens. Das bedeutet, dass wir uns in allen Bereichen für den Wandel einsetzen können und müssen. Die gute Nachricht: Die Ideen und Lösungen dafür liegen längst auf dem Tisch. Wirklich jede*r von uns kann jetzt schon Teil des Wandels werden und sich einbringen.

Der Weg zu einem Klima ohne Krise erfordert eine radikale Kohlendioxid-Kur, ein Herunterfahren aller CO_2-Emissionen auf Netto-Null. Das alleine genügt jedoch nicht, denn die Wurzeln der Klimakrise liegen tiefer: in globalen Ungerechtigkeiten, in der Naturzerstörung, im Wachstumszwang unseres Wirtschaftssystems. Es geht um viel mehr als um weniger CO_2. Die Bandbreite der Beiträge in diesem Buch führt uns das vor Augen. »CO_2 verlernen« bedeutet also auch, die planetaren und sozialen Krisen ganzheitlich zu betrachten – und unsere Gesellschaft nicht nur klimaneutral zu machen, sondern gleichzeitig nachhaltiger, gerechter und gesünder. Auch und insbesondere für Kinder, Frauen, Alte, queere Personen, Menschen mit Behinderung und aus dem Globalen Süden – all jene, die besonders von den Folgen der Erderhitzung betroffen sind.

Unlearn CO_2 heißt, zu verstehen, wie wir das fossile System überwinden können. Um dann individuell, kollektiv und politisch für eine postfossile, klimagerechte Zukunft einzustehen. Wir sind überzeugt: Die Beiträge in diesem Buch werden dich und viele andere genau dazu inspirieren.

Berlin im Mai 2024
Claudia Kemfert, Julien Gupta, Manuel Kronenberg

unlearn verdrängung

Katharina van Bronswijk

Wäre es nicht entlastend, wenn wir den Klimawandel einfach leugnen könnten?

Dann müssten wir uns mit all den komplexen Zusammenhängen, all der Verantwortung und Schuld, all den Transformationsanforderungen, all den Wertedebatten und der globalen Ungerechtigkeit nicht mehr beschäftigen.

Ich weiß, wie gut es sich anfühlen kann, wenn man vom Klimawandel erfährt und dann doch entlastende Verschwörungserzählungen angeboten bekommt. Mit 17 Jahren hörte ich das erste Mal so richtig vom Klimawandel, als wir Al Gores Dokumentarfilm *Eine unbequeme Wahrheit* im Englischunterricht sahen. Damals, im Jahr 2007, freute ich mich über die willkommene Ablenkung, einen Film zu sehen, statt normalen Unterricht zu machen. Doch danach war ich geschockt, habe meine Mutter um Antworten auf all die Fragen und Herausforderungen gebeten. Sie hatte keine Lösung für mich, wie auch? Ich war alarmiert, beschäftigte mich mit den drohenden Folgen des Klimawandels und was dagegen getan werden kann. Ansätze fand ich in Newslettern von NGOs und der Beschäftigung mit Tier- und Umweltschutz.

Heute verstehe ich, wie wichtig und gleichzeitig besonders es war, dass meine Englischlehrerin diesen Film mit uns angeschaut hat. Damals ist (m)eine Traumblase geplatzt, und mir wurde klar: Die Welt ist ungerecht, und im Gegensatz zu all den Disneyerzählungen meiner Kindheit wird es keine einzelne Held*in geben, die die Welt rettet. Und es gibt auch keine magische oder technische Wunderlösung.

Als ich dann fürs Abitur lernte, habe ich mir eine Lern-CD aus der Bibliothek ausgeliehen, in der Verschwörungserzählungen von der »kalten Sonne«[1] als alternative Erklärungen für den Klimawandel herangezogen wurden – tatsächlich widerspricht das aber den messbaren Daten, wie ich heute weiß. Für einen sehr kurzen Zeitraum fühlte ich mich damals erleichtert: Es gibt ihn vielleicht doch nicht, den katastrophalen Klimawandel. Und ihr könnt euch nicht vorstellen, was für ein schönes Gefühl das war! Das hat mich gelehrt, wie stark motivierend, aber auch belastend Klimaemotionen sein können. Die Mechanismen der Verdrängung und Leugnung, mit denen unsere Psyche versucht, diese unangenehmen Realitäten und die damit einhergehenden Gefühle von uns wegzuhalten, sind mächtig und wirkungsvoll.

Was steckt hinter Klimaleugnung?

Klimaleugnung ist tatsächlich in Deutschland gar nicht so weit verbreitet, wie wir vielleicht denken. Den Klimawandel selbst leugnen tatsächlich nur wenige Prozent der Deutschen.[2] Fairerweise muss man noch dazu sagen, dass es verschiedene Ebenen der Klimaleugnung gibt. Wenn man danach schaut, ob die Leute nicht nur den Klimawandel leugnen, sondern auch, dass er von Menschen verursacht wurde, dass sie selbst betroffen davon sind, für die Lösungen (mit-)verantwortlich oder dass bestimmte Maßnahmen notwendig sind, dann sehen die Zahlen schon wieder etwas anders aus.[3] Klimaleugnung ist in Deutschland in der Tiefe noch gar nicht so gut erforscht, und Studien aus den USA oder anderen Ländern lassen sich nur begrenzt auf Klimaleugnung hierzulande übertragen. Das liegt an den kulturellen und politischen Einflüssen auf die Psyche, wir haben zum Beispiel ein viel breiteres Parteienspektrum und damit diversere politische Einstellungen zur Wahl als in den USA. Was wir aus der Forschung der Umweltpsycholog*innen Marlis Wullenkord und Gerhard Reese, die zusammen in einer Forschungsgruppe an der Uni in Koblenz-Landau arbeiteten, wissen, ist allerdings: Klimaleugnung in Deutschland ist weiter verbreitet unter männlichen Personen mit (rechts-)konservativem Weltbild.[4] Das klingt, wie viele Erkenntnisse aus der psychologischen Forschung, jetzt womöglich nicht so arg überraschend, es ist aber super spannend, wenn man weiterfragt: Warum ist das so?

Die Antwort ist – kurz gesagt – die Angst vor Status- und Privilegienverlust. Es sind nun mal *(weiße)* Männer, die in unserer Gesellschaft noch die meisten Privilegien genießen, und deswegen haben sie auch am meisten zu verlieren. Die nötige Veränderung unserer Lebensweise und auch die Umwälzungen der letzten Jahrzehnte bedrohen diese Privilegien. Bisherige Lebensentwürfe stehen auf dem Prüfstand: Wir hinterfragen die Rolle von »Männern«, wir hinterfragen gesellschaftliche Narrative von Überlegenheit durch Geschlecht, durch akademische Bildung, durch beruflichen Erfolg, durch die Verbrennung fossiler Brennstoffe (zum Beispiel in Sportwagen und Privatjets), durch Überkonsum von Luxusgütern. Das ist nachvollziehbarerweise verunsichernd und kann Gefühle von Wut bis Bedrohungserleben auslösen – so viel Mitgefühl sollten wir uns leisten – für diejenigen, die künftig auf ihre Privilegien verzichten müssten.

Denn wenn ich auf Privilegien verzichten muss, dann ist das ja nicht nur unbequem, sondern es erfordert auch eine ganze Menge emotionale Arbeit und sogar Identitätsarbeit. Muss ich für mich neu definieren, was ich als besonders »männlich« erachte? Worüber identifiziere ich mich, wenn nicht über mein dickes Auto? Bisher leben wir eben in einer Gesellschaft mit den oben genannten Narrativen von Statussymbolen als Zeichen für ein gelungenes Leben. Diese polieren den Selbstwert auf und sind identitätsstiftend.[5] Sie sind die gesellschaftlichen Leitplanken für uns als Individuum, unser Selbstbild und unsere Verortung in der Welt und für unser Weltbild. Wenn das wegbricht – womit ersetze ich das?

Immer wenn wir ein »weg von« anstreben, dann ist auf der anderen Seite eine gähnende Leere, was stattdessen sein könnte, aber noch nicht ist. Das »hin zu« als Gegenentwurf zum aktuellen Status quo wird aktuell noch gesellschaftlich ausgehandelt; verschiedene gesellschaftliche Milieus haben sehr unterschiedliche Vorstellungen davon, wie »die« Alternative aussehen soll. Und das erzeugt Unsicherheit. Hinter der Klimaleugnung – und damit korreliert geringerer Klimaangst[6] – steckt also eine andere Angst. Ich würde sagen: Transformationsangst.

Wozu all die Gefühle?

Jetzt fragen sich vielleicht einige von euch: Ja, aber die Leute sind doch gar nicht ängstlich, die sind doch eher wütend. Das stimmt. Menschen haben nicht immer nur eine Emotion (auch wenn wir ständig irgendeine emotionale Regung haben), wir erleben einen ständigen Fluss von Emotionswellen, die kommen und gehen. Wir können mehrere Emotionen gleichzeitig haben, auch scheinbar widersprüchliche. Das liegt daran, dass Emotionen Bedürfnisanzeiger sind. Und meistens berührt, befriedigt oder frustriert das Leben verschiedene unserer Bedürfnisse.

Es ist sogar noch etwas komplexer: Manchmal führt unsere biografische Prägung dazu, dass wir bestimmte Emotionen eher wegschieben und mit anderen Emotionen überkompensieren. Am Beispiel von Wutbürgern (also Menschen, die große politisch-polarisierte Wut in sich tragen) könnte das sein: Ich will meine Unsicherheit nicht fühlen müssen, weil ich Angst nicht zeigen kann, darf oder will – und deswegen kompensiere ich sie mit dem Ausdruck und der Empfindung von Wut. Wut auf die Grünen, auf Menschen, die sich vegan ernähren, die in großen Städten leben, jung sind, Menschen mit Fluchtgeschichte oder, oder … Da sind wir wieder bei gesellschaftlichen Narrativen und Erwartungen daran, was »männlich« ist oder wie »rational« wir als Menschen sein sollten. Außerdem ist Wut für viele Menschen angenehmer als Angst oder Trauer, weil Angst und Trauer häufig mit einem Ohnmachtserleben verbunden sind. Sie führen zu einem Impuls des Rückzugs oder der Flucht, während wir uns in der Wut als Akteur*in fühlen können und in den Angriff gehen. Dieses wütende Überkompensieren von Angst und Trauer führt allerdings oft dazu, dass die hinter den ursprünglichen Gefühlen liegenden psychischen Bedürfnisse unbefriedigt bleiben – und damit torpedieren wir uns langfristig selbst.

Bei Bedürfnissen denken viele an etwas wie Essen oder Schlafen, allerdings haben alle Menschen auch bestimmte psychische Grundbedürfnisse. Dazu wird viel geforscht. Und unterschiedliche Forschungsgruppen identifizieren ähnliche, aber etwas anders benannte psychische Grundbedürfnisse. Ich beziehe mich jetzt auf die Arbeit von Klaus Grawe,[7] demzufolge es vier psychische Grundbedürfnisse gibt:

- Orientierung & Kontrolle (dazu gehören auch Sicherheit, Selbstbestimmung, Autonomie)
- Bindung & Zugehörigkeit (also Nähe, Intimität, Beziehungen, soziale Kontakte)
- Lustgewinn & Unlustvermeidung (also so etwas wie Spaß haben, unangenehme Dinge aufschieben)
- Selbstwertschutz & Selbstwerterhöhung (Anerkennung, Wertschätzung bekommen, sich kompetent fühlen)

Wenn diese Bedürfnisse frustriert werden, geht auf der psychischen Ebene eine Warnlampe an, und diese Warnlampe sind bildlich gesprochen unsere unangenehmen Gefühle. Klimaangst ist ein solches Gefühl.

Was unsere Gefühle mit der Klimakrise zu tun haben

Schauen wir uns die verschiedenen Gefühle einmal mit Bezug auf das Klima an.

Angst: Klimaangst warnt uns davor, dass Extremwetterereignisse potenziell lebensbedrohlich sind, wir unser Eigentum verlieren können und die Zukunft unserer Kinder noch düsterer aussieht. Viele Menschen in unserer Gesellschaft machen sich Sorgen wegen der Szenarien, die durch die Überschreitung planetarer Grenzen immer wahrscheinlicher werden. Und diese Vorstellungen werden immer konkreter dank immer präziserer Erkenntnisse von Klimawissenschaftler*innen. Wie oben beschrieben, würde es sich manchmal einfach besser anfühlen, nicht wissen zu müssen, auf welche Katastrophen wir uns zubewegen. Gleichzeitig ist dies aber auch enorm wichtig, weil die Angst so ihrer Motivationsfunktion gerecht werden kann und uns hoffentlich ausreichend Hummeln im Hintern macht, vom Sofa hochzukommen, in die Hände zu spucken, Verbündete zu suchen und gemeinsam loszulegen. Deswegen – keine Angst vor der Angst.

Für mich ist es eine wichtige Kompetenz im Umgang mit Krisen, seine Gefühle zulassen zu können und zu verstehen, was sie uns sagen möchten, und dann den Antrieb zu nutzen, den sie uns geben. So können wir lernen, ein Leben zu führen, das besser zu dem passt, was uns wirklich wichtig ist. Kleiner Spoiler: Karriere und möglichst viel materieller Besitz sind es im Kern nicht. Am Ende sind es erfüllende Beziehungen, die Menschen am glücklichsten machen und die meiste Lebenszufriedenheit erzeugen. Das fanden Forscher*innen aus Harvard heraus, die eine seit 1938 (!) laufende Studie[8] zur Entwicklung von Erwachsenen durchführen.

Schauen wir uns noch ein paar andere Emotionen und ihre Wirkkraft vor dem Hintergrund der planetaren Krisen an.

Wut: Klimawut macht uns auf die Ungerechtigkeiten der Welt da draußen und unsere eigenen Grenzen aufmerksam. Für viele sind Fairness und Gerechtigkeit extrem wichtige Werte – und wenn es an Generationen-, sozialer oder globaler Gerechtigkeit mangelt, dann macht das viele Menschen wütend. Ein Großteil der hiesigen Bevölkerung sieht den Klimawandel als Bedrohung und auch die Notwendigkeit für eine Transformation unseres Lebens – und viele wünschen sich, dass diese Transformation gerecht abläuft. Dann ist die Frage, was erlebe ich als gerecht? Heißt gerecht, dass ich in meiner Komfortzone bleiben können muss, weil ich mir das mit harter (teils lebenslanger) Arbeit verdient habe? Heißt gerecht, dass Menschen im Globalen Süden den gleichen Lebensstil haben sollen wie Menschen im Globalen Norden – oder gar umgekehrt? Heißt gerecht, dass jetzt die Alten zurückstecken müssen, damit die Jungen auch noch auf den Putz hauen dürfen? Heißt gerecht, dass die Reichen bezahlen, weil sie auf den Schultern der Armen reich geworden sind und alles kaputt gemacht haben? Oder heißt gerecht, dass alle gleich viel zahlen? Und hier offenbart sich das riesige Konfliktpotenzial, das durch die Wut aufgezeigt und dann auch möglicherweise angeheizt wird, wenn Menschen ihre Wut nicht gut regulieren und konstruktiv kanalisieren können.

Ihr seht also auch hier: Problematisch ist nicht das Gefühl (das ist es nie), sondern wie wir damit umgehen. Wenn wir als »adäquaten« Umgang mit Wut vorgelebt bekommen, andere Leute anzuschreien oder zu beleidigen, Menschen aus der Wissenschaft oder gewählte Politiker*innen zu beschimpfen oder zu bedrohen, auf scheinbar »Schwächeren« herumzuhacken, dann hilft uns das im Umgang mit komplexen Multikrisen kein bisschen weiter. Es geht also darum, wie wir Wut sinnvoll selbst regulieren und auch aus der gesellschaftlichen Krise den »wert«vollen Kern (den Wunsch nach dem Wert Gerechtigkeit) herauskristallisieren und Lösungen aushandeln können. Zum Beispiel, indem wir uns ehrenamtlich in Projekten für soziale Gerechtigkeit einsetzen, demonstrieren gehen oder Petitionen unterstützen.

Ekel und Verachtung: Ekel, mit der sozialen Komponente Verachtung, ist ein hilfreiches Gefühl. Er schützt uns davor, mit Dingen in Berührung zu kommen oder uns mit Leuten abzugeben, die uns (oder unserem Ansehen) schaden könnten. Er gibt uns also auch einen – zugegebenermaßen etwas versteckten – Hinweis auf unsere Werte und auf soziale Normen. Was halten wir für richtig, was für falsch? Und dann hilft es, zu reflektieren: Warum eigentlich? Ist unser Standpunkt eine zukunftsfähige, enkeltaugliche Annahme vom »richtigen« Leben? Wenn man also das nächste Mal verächtlich über die Karibik-Kreuzfahrt oder den Wochenendtrip nach Mallorca beziehungsweise [Klimasünde eurer Wahl] der Nachbar*innen die Nase rümpft, dann ist hier Ekel am Werk, der uns klar sagt: So was geht (unserer Ansicht nach) einfach nicht mehr.

Schuld und Scham: Schuld und Scham sind Emotionen, die uns dabei helfen, dass wir uns im Rahmen der Konventionen verhalten. Wenn wir Mist gebaut haben, dann hilft uns das Schuldgefühl, Dinge wiedergutzumachen. Vielleicht habt ihr auch schon mal aus der Antizipation von Flugscham heraus lieber einen Zug gebucht? Schuld und Scham helfen uns also im besten

Fall, Verantwortung zu übernehmen und Gewohnheiten zu ändern. Als soziale Gefühle können sie auch auf veränderte soziale Normen hinweisen und entfalten dadurch eine transformative Kraft. Sie können aber auch Transformationen ausbremsen, wenn manche zu missionarisch auftreten und Menschen in sinnlose Schulddebatten verstricken. Das wirkt eher abschreckend. Und es ist auch nicht sinnvoll. Nur über den individuellen CO_2-Fußabdruck zu diskutieren, sich gegenseitig alles madig zu machen und im Klein-Klein rumzustochern, führt trotz der hehren Motive am Ende dazu, dass sich die großen CO_2-Sünder wie BP, Exxon und Shell einfach weiter ins Fäustchen lachen, weil wir die mächtigen Lobbyinteressen und damit verbundenen Machtstrukturen nicht hinterfragen, sondern uns lieber gegenseitig vor die Schienbeine treten.

Trauer: Unter den unangenehmen Gefühlen spielt Trauer eine besondere Rolle. Sie setzt ein, wenn es für die Warnung durch die anderen Gefühle zu spät ist: Sie ist der Heilungsschmerz der Seele. Trauer hilft uns, zu verarbeiten, was wir nicht mehr retten können. Klimatrauer ist weit verbreitet und in Umfragen[9] genauso stark ausgeprägt wie Klimaangst oder Klimawut, wird aber in der öffentlichen Diskussion häufig ausgeklammert. Wie kann es sein, dass wir alle so oft so traurig sind, aber niemand darüber redet? Ich glaube, dass auch das mit gesellschaftlicher Prägung im Umgang mit Gefühlen zusammenhängt. Wir wollen anderen nicht zur Last fallen, wollen nicht der *Mood Killer* sein, der die Stimmung versaut oder eine andere Person hilflos macht, weil sie ja auch keine Lösung für die ökologischen Krisen hat und uns also nicht helfen kann.

Viele Menschen empfinden Solastalgie, eine besondere Art von Klimatrauer, ohne es zu wissen. Solastalgie setzt sich aus den Worten für Trost (lateinisch: solacium) und Schmerz (griechische Endung: -algia) zusammen, inklusive eines Einschlags von Nostalgie.[10] Es ist der Schmerz um einen verlorenen Ort des Trostes. Ich sage immer: Heimweh nach der Heimat, die verloren geht. Solastalgie zeigt sich als Kloß im Hals, wenn man durch die kahlen Hänge im Harz läuft und die durch Hitze abgestorbenen Bäume sieht oder im Sommer durch das Flussbett des ausgetrockneten Rheins gehen kann. Solastalgie ist auch, was ich empfinde, wenn ich an der Abbruchkante eines Tagebaus stehe oder wenn ich Bilder davon sehe, wie Dörfer von Abrissbirnen demoliert werden. Das Schwierige an Trauer ist, man kann sie nicht »wegarbeiten« so wie die anderen Gefühle. Die anderen unangenehmen Gefühle haben einen Auftrag an uns – mach was, damit dein Bedürfnis erfüllt wird. Bei der Trauer geht das oft nicht. Wenn die Bäume im Harz gestorben sind, sind sie tot. Trauer müssen wir verdauen. Das braucht Zeit. Natürlich kann es auch da hilfreich sein, wenn wir selbst anpacken und etwas für den Artenschutz tun oder mithelfen, die Hänge im Harz zu renaturieren. Oder wenn wir demonstrieren gehen, damit alle Dörfer bleiben – aber einen Rest zu verdauen gibt es trotzdem. Bei diesem Prozess hilft es, mit anderen Menschen über diese Gefühle zu reden und verstanden zu werden. Ein Gespräch mit dem schwierigen Onkel ist da nicht so empfehlenswert, sondern vielleicht eher mit jemandem, der ähnlich fühlt. Dazu muss ich allerdings in meinem Umfeld eine Person finden, die bereit ist, sich diesen Gefühlen zuzuwenden. Die sie aushält und die emotionale Kapazität hat, mit mir einen Raum für diese Gefühle zu schaffen. Wenn wir uns verstanden fühlen, wenn das Gegenüber zuhört, zustimmt, mittrauert, hilft das beim emotionalen Verdauen der Lage (das ist wie bei Liebeskummer – da muss man halt durch).

So einen Menschen zum Reden zu finden, kann – je nachdem, in welchem Umfeld ich mich bewege – allerdings schwierig werden. Ein Großteil der deutschen Bevölkerung hat nämlich einen anderen Umgang mit ihrer Klima- oder Transformationsangst – sie lenkt sich von den Krisen ab.

Krisenmüdigkeit

Eine tiefenpsychologische Untersuchung[11] fand im Jahr 2023 heraus, dass nach der Coronapandemie und mit den Kriegen in der Ukraine und im Nahen Osten für viele Menschen das Fass voll war. Keine Kapazität für noch mehr Krise – also, komm mir bloß nicht mit dem Klima oder dem Artensterben. Krisenmüdigkeit ist weit verbreitet. Die meisten sagen in Umfragen zwar trotzdem noch, dass sie Klimaschutz für richtig halten, sprechen dann aber aus ihrem rationalen Verstand heraus. Wenn man sich die Ebene der Emotionen anschaut, wird deutlich: Die meisten haben genug von schlechten Nachrichten. Nur noch etwa 40 Prozent der Leute schauen sich regelmäßig Nachrichten an. Die meisten (68 Prozent) ziehen sich ins Private zurück. Sie machen es sich in ihrem Schneckenhaus bequem – dekorieren um, treffen Freunde, feiern oder machen Yoga, meditieren und lassen den Weltuntergang einfach Weltuntergang sein.

Und auch das kann ich nachvollziehen. Ich habe auch oft Sehnsucht nach einer heilen Welt. Ich weiß nicht, wie es euch da geht.

Warum verdränge ich dann nicht einfach und lenke mich immer ab? Eine Antwort darauf findet sich in der sozial- und umweltpsychologischen Forschung. Ein Forscherteam um Immo Fritsche und Gerhard Reese hat herausgefunden, dass soziale Identitätsanteile wichtige Motivationsfaktoren für politisches Engagement sind.[12] Ich bin eben nicht nur Katharina, Tochter, Schwester, Psychologin, ich bin auch Mitglied bei Psychologists/Psychotherapists for Future und schon viel länger bei Greenpeace. Ich bin eingebettet in soziale Gruppen mit entsprechenden sozialen Normen – und dadurch habe ich bestimmte Erwartungen an mich. Auch habe ich irgendwann verstanden, dass ich als Bürgerin einer Demokratie auch ein politisches Wesen bin. Ich habe die Erfahrung gemacht, dass ich mit anderen gemeinsam etwas bewegen kann. Ich kann nicht nur andere Kaufentscheidungen treffen oder anders wählen – sondern ich kann demonstrieren, mit Politiker*innen sprechen, Petitionen starten, mein Wissen, meine Werte und mein Herzblut an all den Orten einbringen, wo ich mit anderen Menschen zusammentreffe. Ich kann in allen meinen »Kollektiven« ein Anstoß sein. Das nennt sich in Fachsprache die Erfahrung »kollektiver Wirksamkeit«, eine Form von Selbstwirksamkeitserleben. Und kollektive Wirksamkeit ist das Gegengift gegen Klimaangst.

Unlearn Krisenmüdigkeit

Wenn wir aktiv werden und etwas bewegen können, dann merken wir, dass wir eben nicht komplett ohnmächtig ausgeliefert sind und »friss oder stirb«-mäßig ertragen müssen, was in der Gesellschaft, Wirtschaft, Politik und in unserer Um- und Mitwelt passiert. Wir können das Gewicht der Welt nicht alleine schultern, aber gemeinsam können wir tatsächlich größere Hebel in Bewegung setzen. Das macht Arbeit und erfordert Geduld, manchmal gibt es Rückschläge, und man ist frustriert, aber es ist auch unglaublich bereichernd. Kollektive Wirksamkeit haben viele vielleicht durch die großen Klimastreiks der letzten Jahre empfunden.

Da klingt vielleicht schon durch, was ich vorhin vorenthalten habe. Vielleicht habt ihr auch schon gedacht: Moment mal, warum schreibt sie immer nur von unangenehmen Emotionen? Es gibt doch auch noch Liebe und Freude und Dankbarkeit und Hoffnung und Stolz und Neugier? Ja, das stimmt – und auch diese Gefühle sind sehr wichtig, um uns zum Handeln zu motivieren.

Evolutionär gesehen ist unser menschliches Gehirn sehr darauf aus, Gefahren möglichst zu vermeiden, und reagiert deswegen besonders stark auf negative Reize – unter anderem mit unangenehmen Gefühlen. Wir haben aber natürlich auch die andere Palette an Gefühlen. Wenn wir denken, dass wir so richtig stolz sein werden, wenn wir das Richtige getan haben, dann ist das sogar motivierender als der abschreckende Gedanke daran, wie schlecht wir uns fühlen werden, wenn wir das Falsche tun. Stolz ist also eine wichtige Zutat für Verhaltensveränderung und die gesellschaftliche Transformation. Genauso wie das Gemeinschaftsgefühl, wenn wir zusammen mit anderen etwas bewegen, und der Spaß, den es macht, zusammen zu demonstrieren, zu singen und später nach getaner Arbeit eine Party zu feiern.

Es gibt noch etwas, das wir unserer Transformationsangst entgegensetzen können. Nennen wir es: Zukunftsvorfreude. Deswegen müssen wir dringend mehr darüber reden, wie schön ein Leben sein könnte, wenn wir CO_2 verlernt haben. Es ist in der Geschichte der Menschheit eine Weile her, dass wir allabendlich gemeinsam am Lagerfeuer saßen und uns Geschichten erzählt haben. Es gibt aber auch in unserer Gesellschaft noch Räume, in denen wir gemeinsam kreativ sein und uns eine schöne bunte Zukunft innerhalb der planetaren Grenzen erträumen können. Das können bereits bestehende Initiativen oder Modellprojekte sein, in denen wir die neue Realität und die schöne Zukunft heute schon zum Teil erleben können. Vielleicht ist es aber auch eine Gruppe enthusiastischer Kolleg*innen, mit denen wir in der Mittagspause überlegen, wie wir die Transformation zum Vorteil des Unternehmens gestalten könnten. Keine fossilen Energieträger mehr zu verbrennen ist ja nicht nur wichtig fürs Klima, es führt auch zu ganz vielen Co-Benefits, über die wir zu selten reden: saubere Luft, sauberes Wasser, gesunde Böden, leckeres Essen und bessere Gesundheit.

Auch die Kunst kann eine Brücke sein zwischen Klimawissenschaften und unseren Gefühlen. In der Musik, in Bildern, Büchern, Filmen und im Theater können wir die Utopie erträumen. Im Ehrenamt können wir erleben, wie schön gesellschaftlicher Zusammenhalt ist und wie viel Sinn(-erleben) es macht, mit anderen Menschen zusammenzuarbeiten, für andere Menschen zu sorgen – als ehrenamtliche Rettungssanitäter*in oder Fußballtrainer*in, in der freiwilligen Feuerwehr oder in der Geflüchtetenhilfe. Zusammenarbeit und unglaubliche Solidarität ist das, was uns Menschen im Kern auszeichnet, insbesondere in Krisenzeiten. Wir können an all diesen Orten und durch all diese Begegnungen wiederentdecken, dass wir als Menschen eben kreativ, sozial, neugierig und kooperativ sind und dass wir unsere Lebensgrundlagen auf diesem Planeten retten können, wenn wir jetzt entschlossen anpacken.

unlearn ernährung

Sophia Hoffmann

Ernährung ist ein riesengroßer Begriff, ein verzweigtes politisches und emotionales Themenfeld, das manchmal schwer zu greifen ist, und zugleich etwas, das uns alle betrifft. Ernährung ist für alle Menschen eine Notwendigkeit: Nahrungsaufnahme, um zu überleben.

Während ich diese Zeilen tippe, leiden laut dem neuesten UN-Welternährungsbericht weltweit 735 Millionen Menschen an Hunger, das sind rund 9 Prozent der Weltbevölkerung. Eine unvorstellbare Zahl mit Hunderten Millionen an Schicksalen, die umso absurder wird, weil wir rein theoretisch in der Lage wären, alle Menschen auf diesem Planeten ausreichend zu ernähren. Und das mit nur einer fundamentalen Änderung: Wir müssten damit anfangen, Pflanzen zu essen, die wir momentan stattdessen lieber an Tiere verfüttern.

Ich habe in den letzten Jahren auf vielen Bühnen gesessen und als Expertin über Lebensmittelgerechtigkeit diskutiert, auch wenn ich mich dabei oft wie eine Hochstaplerin gefühlt und gedacht habe: »Was soll ich denn jetzt hier für großartige Lösungsansätze präsentieren? Ich bin doch nur eine Köchin, die sich für einen wertschätzenden Umgang mit Lebensmitteln einsetzt, aber keine Wissenschaftlerin.« Aber vielleicht ist genau das der Punkt: Die Lösung eines Problems fängt immer damit an, dass wir es sichtbar machen, dass wir es verstehen und ihm Gewicht geben, es untersuchen, um Wege zur Veränderung zu finden. Je mehr wir über verschiedene Aspekte von Ernährung lernen, desto besser können wir uns und andere stärken, an einer Veränderung mitzuwirken. Einer Veränderung, die zu einer gerechteren Verteilung, einer klimafreundlicheren Produktion und einem wertschätzenderen Konsum von Lebensmitteln führt.

Was Essen mit Empathie zu tun hat

Vor über 13 Jahren habe ich meine Leidenschaft fürs Kochen zum Beruf gemacht: Ich bin Köchin, Kochbuchautorin und seit 2022 auch Gastronomin und Betreiberin eines Bio-Restaurants in Berlin-Kreuzberg. Da ich auf rein pflanzliche Küche spezialisiert bin, sind zwei der häufigsten Fragen, die mir in Interviews gestellt werden, wann und warum ich vegan geworden sei. Meine Antwort ist immer gleich: 2010 stolperte ich über einen Artikel von Petra Steinberger in der *Süddeutschen Zeitung* mit dem Titel »Ethik in der Ernährung – Nicht Fisch! Nicht Fleisch!« Dieser Text konfrontierte mich das erste Mal mit Fakten, die mir bis dato noch nicht untergekommen waren: den Zusammenhängen zwischen industrieller Tierhaltung, der Überfischung der Weltmeere, der Klimakrise und Lebensmittelgerechtigkeit.

Im Grunde fasste dieser Artikel damals schon alles zusammen, was ich im darauffolgenden Jahrzehnt unermüdlich in meinen vier Kochbüchern, auf Bühnen und Panels, vor Fernsehkameras und in den sozialen Medien erklärte und was Petra Steinberger in einem Satz zusammenfasste: »Es wird Zeit, sich vom Konsum von Tieren zu verabschieden.« Für mich aus der Perspektive einer privilegierten Person im Globalen Norden ist der bewusste Verzicht oder die drastische Einschränkung tierischer Produkte untrennbar mit dem Wunsch nach klimafreundlicher Ernährung verbunden. Unlearn CO_2 heißt nicht mehr und nicht weniger, als die jetzigen Ernährungsgewohnheiten auf den Kopf zu stellen. Unser Essen verursacht (je nach Studie und Methodik) rund ein Drittel aller menschengemachten CO_2-Emissionen.[1] Da überrascht es kaum, dass die Umstellung auf eine pflanzenbasierte Ernährung die Maßnahme mit dem größten Einsparpotenzial aufseiten der Endverbraucher*innen ist, wie der IPCC (Intergovernmental Panel on Climate Change) darlegt.[2] Denn zwischen dem ökologischen Fußabdruck von Fleisch und Gemüse liegen Welten. Für die Erzeugung von einem Kilo Rindfleisch fallen fast 14 Kilogramm CO_2 an, ein Kilo Gemüse belastet die CO_2-Bilanz je nach Sorte hingegen nur mit etwa 100 bis 200 Gramm. Ähnlich sieht es beim Wasser-, Dünger- und Energieverbrauch aus. Selbst die aus Peru importierte Avocado verursacht viel weniger Emissionen als ein Stück Rindfleisch vom Bauernhof nebenan. Es ist zwar schön, dass sich mittlerweile 44 Prozent der Deutschen als Flexitarier*innen bezeichnen,[3] trotzdem empfinde ich Begriffe wie Flexitarier oder Klimatarier als eher überflüssig. Ich freue mich, wenn sie dabei helfen, das eigene Konsumverhalten zu reflektieren und zu verändern, ähnlich wie der #Veganuary Menschen ermutigt, einen Monat im Jahr rein pflanzliche Kost auszuprobieren. Für mich geht es beim Verzicht auf tierische Produkte jedoch nicht nur um mehr Klimagerechtigkeit, sondern auch um etwas mindestens genauso Schönes und Bereicherndes: Empathie und Liebe.

Bereits als Teenager war ich Vegetarierin geworden, damals »nur« aus tierethischen Gründen, nachdem ich in den 1990ern erstmals Aufnahmen von industrieller Tierhaltung gesehen hatte. Teil meiner Geschichte ist aber auch, dass ich in meinen 20ern wieder anfing, Tiere zu essen, weil mir der Druck meines sozialen Umfelds zu anstrengend wurde und indem ich die Gedanken an ihre Haltung beiseiteschob mit einem beherzten »Aber es schmeckt halt so gut!«, eine klassische Verdrängungsstrategie. Und das, obwohl ich schon als kleines Kind ausgesprochen empathisch mit Tieren fühlte, so wie es viele Kinder tun, wenn sie das erste Mal den Zusammenhang zwischen ihrem Schnitzel und einem niedlichen Babyschwein verstehen.

So war es auch bei mir. Ich verbrachte Stunden im Planschbecken damit, Insekten vor dem Ertrinken zu retten, und bei einer Hochzeit, bei der ich als Blumenkind eingeplant war, taten mir sogar die auf den Boden geworfenen Blüten so leid, dass ich sie aufsammelte, statt sie zu streuen. Heute empfinde ich dieses überbordende Mitgefühl als Geschenk und nicht als etwas, das ein Kind verlernen sollte. Und doch ist es das, was die meisten von uns tun. Es ist Teil unserer Sozialisation, dass uns diese Empathie mithilfe des sogenannten Speziesismus abgewöhnt wird. Darunter versteht man eine Diskriminierung bestimmter Tierarten als sogenannte Nutztiere, wodurch ihre Ausbeutung und Tötung zum Verzehr gutgeheißen wird. Demgegenüber werden sogenannte Haustiere begünstigt, sie werden geliebt und gepflegt, und es wird alles getan, um sie am Leben zu erhalten. Dabei unterscheiden sich natürlich Schmerzempfinden und Sozialverhalten dieser Tiere überhaupt nicht.

Die US-amerikanische Sozialpsychologin Melanie Joy nennt dieses gesellschaftliche System Karnismus: Es sortiert Tiere in »essbar« und »nicht essbar«. Joy identifiziert drei »N«, mit denen der Karnismus verteidigt wird: Tiere essen sei normal, natürlich und notwendig. Alle drei sind angesichts unserer Lebensweise im Globalen Norden nicht mehr haltbar oder überhaupt nachvollziehbar. Und hier möchte ich kurz einhaken: Nichts liegt mir ferner, als Menschen, für die der Konsum tierischer Produkte überlebenswichtig ist, diesen abzusprechen. Doch wer die Möglichkeit hat, zwischen Hafer- und Kuhmilch zu wählen, für den ist es weder normal noch natürlich oder notwendig, Kuh- statt Hafermilch zu trinken. Deswegen sollte er oder sie sich, wann immer möglich, für die pflanzliche Variante entscheiden – aus Mitgefühl und Klimabewusstsein. Unlearn Ernährung, das heißt auch zu erkennen, dass unser Essen nicht nur das Klima erhitzt. Das heutige Ernährungssystem (vor allem in Industriestaaten), insbesondere der übermäßige Konsum tierischer Produkte, sorgt dafür, dass zusätzlich zum Klima noch fünf weitere planetare Grenzen schon überschritten (oder auf dem Weg dahin) sind. Das bedeutet, das Fleisch auf unseren Tellern sorgt nicht nur für Erderhitzung, sondern gleichzeitig für Artensterben, Abholzung, übermäßigen Wasserverbrauch sowie Nitrat- und Stickstoff-Überlastung durch Überdüngung in einem Ausmaß, das unser Planet auf Dauer nicht aushalten kann.

Pflanzliche Alternativen zu klimaschädlichen Tierprodukten

Gehen wir noch mal ganz auf Anfang: Bevor die Menschen in der Jungsteinzeit (9500 v. Chr.) begannen, Ackerbau zu betreiben, waren sie Jäger*innen und Sammler*innen, Fleisch und Fisch waren elementar wichtige Nahrungsquellen. Der Beginn der Landwirtschaft machte pflanzliche Nahrungsmittel zugänglicher, und so wurden Haustiere für Milch- und Fleischnutzung ergänzend domestiziert und Wildtiere in kleineren Mengen gefangen. Die Explosion hin zu unserem heutigen Fleischkonsum wurde erst durch die Industrialisierung der Landwirtschaft ermöglicht und nahm nach dem Zweiten Weltkrieg Fahrt auf. Primär ging es um Versorgungssicherheit. Lautete der Slogan der Wirtschaftswunderjahre noch »Fleisch für alle«, so wurde spätestens in den 1970er-Jahren daraus die Anspruchshaltung: Fleisch für alle jeden Tag in beliebiger Menge für möglichst wenig Geld.

Diese Aussage ist zu einer kapitalistischen Grundhaltung geworden, wird von Populist*innen hochgehalten und gilt vielen

Menschen immer noch als unantastbar. Die Realität dahinter ist allerdings, dass uns in gar nicht allzu ferner Zukunft gar nichts anderes übrig bleiben wird, als den Konsum tierischer Produkte einzuschränken – einfach, weil uns die Ressourcen ausgehen werden.

Auch wenn der Fleischkonsum pro Kopf in Deutschland in den letzten Jahren spürbar zurückgegangen ist, lag er dem Bundesministerium für Ernährung und Landwirtschaft zufolge 2022 immer noch bei durchschnittlich 52,2 Kilo pro Person. Das ist mehr als ein Kilo pro Woche, also jeden Tag knapp 150 Gramm Fleisch oder Wurst auf dem Teller. Dafür werden allein in Deutschland rund zwei Millionen Tiere geschlachtet – jeden Tag![4] Das produziert nicht nur enorm viel Tierleid, sondern sprengt die Grenzen unseres Planeten: Der größte Klimakiller ist dabei Methan, ein Treibhausgas, das rund 25-mal schädlicher fürs Klima ist als CO_2. Methan entsteht bei den Verdauungsprozessen der Rinder, aus der Behandlung mit Dünger sowie durch Lagerungsprozesse von Gärresten der Biogasanlagen. Knapp drei Viertel der Methan-Emissionen gehen dabei auf die Rinder- und Milchkuhhaltung zurück. Diese Zahlen des Umweltbundesamts beziehen sich nur auf Deutschland.

Weltweit wurden 2021 rund 357 Millionen Tonnen Fleisch erzeugt. Laut einer neuen Studie des UN-Umweltprogramms beansprucht die Tierhaltung weltweit mittlerweile 78 Prozent der landwirtschaftlichen Nutzfläche. Treibhausgasemissionen entstehen nicht nur durch die Verdauungsgase der Tiere, sondern auch durch die Klimabelastungen, die im Zusammenhang mit der Tierindustrie entstehen. Soja für Tierfutter wird häufig in Südamerika angebaut, wo für den Anbau Regenwälder abgeholzt werden. Diese Rodungen und auch der lange Transportweg nach Europa setzen große Mengen CO_2 frei, was den Klimawandel vorantreibt. Zudem werden enorme Mengen an Süßwasser in der

Tierindustrie eingesetzt: um Futtermittel anzubauen, um die Tiere zu tränken und um Fleisch- und Milchprodukte weiter zu verarbeiten. Ein Beispiel: Um einen Liter Kuhmilch herzustellen, sind ganze 628 Liter Wasser nötig – 13-mal so viel wie beim Milchersatz aus Hafer. All das bedeutet: Würden wir sehr viel weniger tierische Produkte essen, könnten wir nicht nur eine gigantische Menge an Treibhausgasemissionen, sondern auch Ressourcen wie landwirtschaftliche Nutzfläche, Wasser und Dünger einsparen. Was wir dafür tun müssten? Die Lebensmittel, mit denen wir die Tiere mästen (hauptsächlich Hülsenfrüchte wie Soja und Getreide), einfach selbst essen und den »Umweg über das Tier« sparen.

Pflanzen für alle

Das geht ganz einfach, wie ich mit ein paar simplen, massenkompatiblen Beispielen zeigen möchte. Beginnen wir mit pflanzlichen Milchalternativen: Hafer lässt sich regional erzeugen, Soja aus dem europäischen Biosektor wird fast ausschließlich in Deutschland, Österreich und Frankreich angebaut. Die längst überfällige Mehrwertsteueranpassung von 19 auf 7 Prozent auf Grundnahrungsmittel wäre hier ein toller Hebel, damit pflanzliche Drinks auch in der Gastronomie zum gleichen Preis angeboten werden können. Noch einen Schritt weiter würde man gehen, wenn die Preise von Pflanzendrinks entsprechend ihren niedrigeren Klimafolgen sogar billiger würden als Kuhmilch, dann wären sie eine noch attraktivere Alternative als Basis für viele Produkte wie Joghurt oder Desserts. Ich bin überzeugt, dass noch mehr Menschen zu pflanzlichen Alternativen greifen würden, wenn diese günstiger wären als das tierische Produkt.

Oder Mayonnaise, ja, richtig gehört. Sie lässt sich hervorragend auf Soja- oder Kichererbsenbasis herstellen, und das ohne Geschmackseinbußen. Vegane Mayo klingt nach einem Tropfen auf den heißen Stein? Es mag überraschen, aber in Deutschland wurden 2022 über 77 000 Tonnen Mayonnaise produziert. Wenn alle großen Fastfoodketten ihre Mayo vegan produzieren würden, wäre das ein großer Schritt nach vorn und eine Pioniertat, die viele Menschen zum Umdenken bewegen würde. Wie viel schlüssiger ist es, ein Produkt direkt aus einer Pflanze zu erzeugen als erst Millionen Hühner zu züchten, die dann Eier legen müssen, um aus dem Protein Mayonnaise zu machen, die leicht verderblich ist und viel aufwendiger haltbar zu machen als ein Pflanzenprodukt. Abgesehen davon, dass die männlichen Hühnerküken wirtschaftlich gesehen als Ausschussware gelten und oft schon nach der Geburt sofort grausam getötet werden.

Außerdem brauchen Hülsenfrüchte ein besseres Image, zum Beispiel die rote Linse. Sie ist ein unschlagbarer Eiweißlieferant (20 Gramm auf 100 Gramm Linsen). Sie ist voller Ballaststoffe und enthält wertvolle Mineralstoffe und Spurenelemente wie Kalium, Magnesium, Kalzium, Zink, Kupfer und Phosphor und soll helfen, die Risiken für Herzinfarkt, Diabetes Typ 2 und Arteriosklerose zu senken. Viele Menschen fürchten sich vor Blähungen, doch bei regelmäßigem Verzehr gewöhnt sich der Körper innerhalb von Wochen daran.[5]

In den letzten Jahren hat sich auf dem Lebensmittelmarkt schon einiges getan. Beispielsweise bieten große Fastfoodunternehmen pflanzliche Burgerpattys oder fleischerzeugende Betriebe andere pflanzliche Alternativen an. Man kann vom Geschmack und von den Inhaltsstoffen dieser Produkte halten, was man möchte, am Ende des Tages ist jeder Burger, der nicht aus Rindfleisch besteht, besser für unser Klima.

Die deutsche Discounterkette Lidl bietet seit 2023 als erster Lebensmitteleinzelhändler in Deutschland nahezu das gesamte Sortiment der veganen Eigenmarke (höchstens) zum gleichen Preis an wie vergleichbare Produkte tierischen Ursprungs. Die

Kette verfolgt eine Proteinstrategie, um den Konsum pflanzlicher Proteine anzuschieben. Das klingt erst mal toll, aber der Discounter hat noch viele Hausaufgaben zu machen, solange er noch nicht der europäischen Masthuhn-Initiative beigetreten ist, mit der die Qualzucht beendet werden soll.[6] Mit seiner Marktmacht könnte er dazu beitragen, das unermessliche Tierleid zu beenden.

Lidl ist das perfekte Beispiel dafür, wer in unserem Ernährungssystem das meiste Geld verdient. Dieter Schwarz ist der Gründer und Eigentümer der Schwarz-Gruppe, die mit Lidl und Kaufland über 13 000 Supermarktfilialen in Deutschland betreibt. Er ist auch der mit Abstand reichste Deutsche mit einem geschätzten Vermögen von fast 45 Milliarden Euro. Es gibt mehrere solcher Beispiele weltweit, bei denen man sich die Frage stellt: Wie können Einzelpersonen mit dem Verkauf von Lebensmitteln einen so unfassbaren Reichtum anhäufen?

Indem sie alle nur erdenklichen Register ziehen, um im Rahmen der kapitalistischen Wirtschaftsordnung die größtmögliche Gewinnspanne zwischen Produzent*innen und Käufer*innen auszureizen. Dabei werden Mensch, Tier und ökologische Ressourcen maximal ausgebeutet. Die Übermacht solcher Unternehmen führt dazu, dass viele Produzent*innen kaum alternative Abnehmer*innen für ihre Produkte finden. Das betrifft auch deutsche (Bio-)Landwirtschaften, deren Produkte in Discountern verkauft werden. Der Preisdruck und oft kurze Abnahmeverträge machen Nachhaltigkeit nahezu unmöglich. Noch stärker gilt das für die Produzent*innen, die schon innerhalb der Lieferkette ausgebeutet werden. Das Motto der Discounter – »möglichst billige und immer unbegrenzt verfügbare Produkte« – ist nicht vereinbar mit der Idee von regenerativer Landwirtschaft, die natürliche Begrenzungen hat.

Luxusbananen und faire Bohnen

Nehmen wir die drei beliebtesten deutschen Genussgüter, die früher mal ein Luxusprodukt waren und mittlerweile von uns allen fast täglich verzehrt werden: Kaffee, Schokolade und Bananen. Bananen sind nach Äpfeln das beliebteste Obst hierzulande. Der Kilopreis von Bananen ist seit fast zwanzig Jahren gleich, in den letzten Jahren sogar noch gesunken, oft kosten sie weniger als regional angebaute Äpfel, obwohl sie eine weite Reise hinter sich haben. Im konventionellen Handel gehen 5 Prozent des Kaufpreises an die Produzent*innen. Den größten Gewinn macht der Einzelhandel (31 Prozent). Massive Arbeits- und Menschenrechtsverletzungen sind im Bananenanbau vielfach dokumentiert, insbesondere in Ecuador, dem wichtigsten Exportland für den deutschen Markt. Wer diese ausbeuterische Preispolitik nicht unterstützen möchte, sollte unbedingt zu Bio-Fairtrade-Bananen greifen; auch deshalb, weil Biobananen ökologisch oft nachhaltiger angebaut werden, nämlich in Misch- statt Monokulturen und auf kleineren Plantagen. Und natürlich ohne den Einsatz von Pestiziden. Mit der Fairtrade-Prämie können die Arbeitsbedingungen verbessert, nachhaltigeres Wirtschaften ermöglicht und die Kommunen gestärkt werden. Ähnlich sieht es beim Anbau von Kaffee- und Kakaobohnen aus. Auch hier werden nicht nur Erzeugerpreise gedrückt, sogar Kinderarbeit und moderne Sklaverei sind immer noch Teil des Ausbeutungssystems. Zum Glück gibt es immer mehr Initiativen und Unternehmen, die gegensteuern.

In unserem Restaurant beispielsweise verwenden wir Kaffeebohnen der ruandischen Frauenkooperative Angelique's Finest, die ihren Kaffee selbst vor Ort rösten und so Arbeitsplätze schaffen. Die Wirtschaftsmacht liegt bei den Bäuerinnen (viele von ihnen Überlebende des Genozids von 1994), in Deutschland findet lediglich der Vertrieb statt. Durch die Arbeit in der Frauenkooperative konnten sie die Existenz ihrer Familien sichern und neue Perspektiven gewinnen. Oder die Schokoladenmarke Fairafric, die in Ghana vor Ort klimafreundlich produziert und sich zum Ziel gesetzt hat, 10 000 Arbeitsplätze zu schaffen, indem sie nicht nur oberflächlich Armut bekämpft, sondern mit einem ganzheitlichen Ansatz die gesamte Infrastruktur umgestaltet, zu der auch Gesundheitsfürsorge, Professionalisierung der Mitarbeitenden und viele weitere Bereiche gehören.

»Privilege comes with the duty to lift others up«

Nachdem ich mich jahrelang intensiv mit diesen Themen beschäftigt und leider oft auch gesehen habe, dass vor allem Politiker*innen und Interessenvertreter*innen die Verantwortung gerne auf den Rücken der Konsument*innen abladen: Auf gar keinen Fall sollten wir Konsument*innen im Globalen Norden für unsere Konsumentscheidungen allein verantwortlich gemacht werden. Es braucht ein klares politisches Regelwerk in Form von umfangreicheren, konsequenteren Lieferkettengesetzen als den bestehenden (die es übrigens nur aufgrund des unermüdlichen Einsatzes von Aktivist*innen bis ins Gesetzbuch geschafft haben). Es braucht sowohl konsequentere Restriktionen und Verantwortlichkeiten zum Beispiel für den Einzelhandel und lebensmittelerzeugende Betriebe, aber auch positive Anreize wie Steuererleichterungen und Förderprogramme für Unternehmen, die jetzt schon klimafreundlicher und fairer agieren. Es ist ein »David gegen Goliath«-Kampf, der noch lange nicht vorüber ist. Wir sollten ihn im Rahmen unserer Möglichkeiten immer bestmöglich unterstützen, vor allem diejenigen, die privilegierter sind als die Menschen, die all diese Lebensmittel für uns herstellen.

Es kann nicht Aufgabe und Verantwortung der Verbraucher*innen sein, herauszufinden, welche Produkte mithilfe von

Ausbeutung und Kinderarbeit produziert werden. Nur wenn beides von vornherein ausgeschlossen wird, erreichen wir wirklich faire Lieferketten.

»Privilege comes with the duty to lift others up« – dieses Zitat der indisch-britischen Gastronomin und Kochbuchautorin Asma Khan ist für mich zum Leitsatz meines Handelns geworden. Ich sehe mich aufgrund meiner Position in der Pflicht, das Leben von weniger privilegierten Menschen zu verbessern. Ich glaube an die Macht der kleinen Schritte und daran, dass wir genauer hinsehen sollten, wo und unter welchen Umständen unser Essen produziert wird.

Und ich finde es völlig okay, wenn Produkte, die eine lange Reise hinter sich haben und in mühevoller Handarbeit angebaut werden, wieder zu etwas werden, was wir nicht täglich im Überfluss zur Verfügung haben. Ein wertschätzender Umgang mit Lebensmitteln ist einer der Hauptbausteine zu mehr Lebensmittelgerechtigkeit. Wenn ich Kaffee mache, dann achte ich darauf, dass ich nur so viel aufbrühe, wie ich benötige, und nichts im Abfluss landet. Bananen, Avocados oder andere weit gereiste, ressourcenintensive Früchte kaufe ich selten, genieße sie bewusst und esse lieber jeden Tag einen regionalen Apfel.

Wertschätzung statt Überfluss

Das Gegenteil von Lebensmittelwertschätzung ist Verschwendung. Die Art und Weise, wie wir Lebensmittel vergeuden, ist ein wichtiger Unlearn-Faktor im Kampf gegen die Klimakrise. Auch hier gilt es, eine Mischung aus persönlichem Engagement und politischen Lösungen umzusetzen.

In Deutschland wurden 2020 laut Statistischem Bundesamt 10,9 Millionen Tonnen Nahrungsmittel weggeworfen.[7] Für die Erzeugung von Nahrungsmitteln, die am Ende im Müll landen, werden Unmengen an Energie, Ackerfläche und Rohstoffen verschwendet. Am Beispiel von Brot lässt sich das gut verdeutlichen: Jede fünfte Backware landet hierzulande im Müll, der WWF-Studie »Unser täglich Brot« aus dem Jahr 2018 zufolge sind es 1,7 Millionen Tonnen. Das entspricht der Ernte eines Ackers größer als die Fläche von Mallorca! Dies zieht enorme ökologische Folgekosten nach sich, 60 Prozent der Verluste entstehen entlang der Wertschöpfungskette – von Produzent*innen bis hin zum Großverbraucher. Darunter fallen Ausschussware von den Feldern, Supermärkte, Gastronomie, Gemeinschaftsverpflegung wie Kantinen, Krankenhäuser, Gefängnisse, Schulen. 40 Prozent aller Backwaren werden in Privathaushalten weggeworfen. Das ist die Menge, die wir mit unserem eigenen Koch- und Konsumverhalten beeinflussen können. Dazu braucht es Wissen, also Ernährungskompetenz – und diese ist einem Großteil der Bevölkerung in den letzten Jahrzehnten leider abhandengekommen, schlichtweg weil uns von der Industrie das Denken abgenommen wurde, etwa durch die Einführung des Mindesthaltbarkeitsdatums, kurz MHD.

Das MHD ist nicht identisch mit dem Verbrauchsdatum, wird aber von vielen Konsument*innen so gehandhabt. Tatsächlich ist es lediglich ein Gütesiegel für die Qualität von Farbe, Geruch, Konsistenz und Geschmack des Lebensmittels, das von Hersteller*innen nach eigenem Ermessen festgelegt wird, um sich gegen Reklamationen zu schützen. Eine andere Sache ist das Verbrauchsdatum für leicht verderbliche Lebensmittel wie Frischfleisch und Fisch, die nach Ablauf weder verkauft noch verzehrt werden dürfen. Für viele Produzent*innen ist das MHD ein gutes Geschäft, weil sie dadurch mehr verkaufen können und weniger Beschwerden bekommen. Zum Glück gibt es sowohl von der Industrie als auch vonseiten der Verbraucher*innen immer mehr Initiativen gegen diesen Missstand, sodass mehr Menschen sich trauen, ihre fünf Sinne zu nutzen. Denn man merkt fast immer, ob ein Lebensmittel noch verzehrbar ist oder nicht!

Ein anderer Grund, warum viel zu viel im Mülleimer landet, liegt in der Neigung, viel mehr Lebensmittel einzukaufen, als wir eigentlich benötigen, einfach weil wir dazu ermutigt werden: In Discountern wird Obst oft in großen Plastikgebinden angeboten, ein Kilo Pfirsiche zum Sonderpreis. Unreif geerntet und ausbeuterisch produziert, mit dem Ergebnis, dass mindestens die Hälfte der empfindlichen Früchte oft schimmelt, bevor sie reif wird, nach wenig bis nichts schmeckt und am Ende im Müll landet. Würden wir für das gleiche Geld eine kleinere Menge ökologisch und fair erzeugte Früchte kaufen, hätten wir im Ergebnis genauso viele Früchte zum Verzehr – mit besserem Geschmack und zu ökologisch besseren Bedingungen. Dies lässt sich auf viele Produkte übertragen, wie zum Beispiel das gerade erwähnte Brot: Es ist eines der ältesten, wichtigsten Grundnahrungsmittel weltweit und kulturgeschichtlich sehr bedeutsam. Die soziale und religiöse Bedeutung von Brot zieht sich durch alle Kulturen, die alle auch ihre eigenen traditionellen Rezepte haben. Trotzdem ist Brot heute bei uns zu einem Wegwerfprodukt verkommen, weil der Einzelhandel meint, bis Ladenschluss volle Regale anbieten zu müssen. Dadurch bekommen Verbraucher*innen das Gefühl, Reste nicht aufessen zu müssen und bei Bedarf einfach etwas Neues kaufen zu können, und greifen oft zu Produkten aus Backshops oder abgepackter Selbstbedienungsware. Diese mit Weißmehl und Backtriebmitteln gepushte Aufbackware hat mit gesundem, bekömmlichem Sauerteigbrot aus der Bäckerei oder aus der heimischen Produktion sehr wenig gemein und ist oft ein Grund dafür, dass Menschen das Gefühl haben, Gluten nicht gut zu vertragen. Die Menge und die Zusatzstoffe machen das Gift.

Low waste in der Gastronomie

17 Prozent aller Lebensmittelabfälle entstehen in der Gastronomie und der Gemeinschaftsversorgung.[8] Als Gastronomin und Consultant für Gastro-Unternehmen versuche ich, den so dringend nötigen Paradigmenwechsel mitzugestalten. Wir nennen unseren Ansatz »Low Waste« statt »Zero Waste«, da eine hundertprozentige Müllvermeidung kaum möglich ist, aber immer unsere Motivation. Bei uns fängt das schon beim Bezug der Lebensmittel an. Etwa 80 Prozent unseres Obst- und Gemüsebedarfs stammt von Querfeld, einem Bio-Gastro-Lieferservice, der sogenannte »Culinary Misfits« vertreibt, Produkte mit Schalenfehlern, Über- und Untergrößen, die berühmte krumme Gurke oder die herzförmige Kartoffel. Manchmal auch Lauch, der einfach drei Zentimeter zu lang ist für die genormten Transportboxen. Die völlig absurde Normierung von Naturprodukten führt zu Ausschuss und Verschwendung. In den 14 Monaten seit unserer Eröffnung konnten wir so schon über 3,5 Tonnen Lebensmittel retten, das entspricht dem Verbrauch einer erwachsenen Person für 15 Jahre. Tofu- und Seitanprodukte beziehen wir über Veggie Specials, ein Unternehmen, das vegane Bioprodukte aus Überproduktionen, Saisonware und Ähnliches günstig verkauft. Zudem kooperieren wir mit dem Bio-Supermarkt Bio Company und beziehen deren Brot vom Vortag, das wir zu Bröseln und anderen Gerichten weiterverarbeiten. Wir bauen regionale Wertschöpfungsketten aus und verwenden Produkte aus Klimaanpassungsprojekten wie Bio-Kichererbsen aus Brandenburg, Vollkornmehl aus Populationsweizen und verschiedene gemeinsam angebaute wetterresistente Weizensorten aus regenerativer Landwirtschaft. Natürlich können wir als relativ kleines Unternehmen manche Dinge leichter umsetzen als Großgastronomien. Doch genau das gibt uns auch die Möglichkeit, Impulse und Denkanstöße zu geben für das, was alles möglich ist.

Bei meiner Arbeit als Consultant mit genau diesen Großkund*innen stoße ich immer wieder an die gleichen Grenzen und ermutige meine Kund*innen, genau dort weiterzudenken, wo es schwierig wird. Egal, ob in Cateringunternehmen oder Hotelküchen: Viele schaffen es schon mit guter Planung und ganzheitlicher Verarbeitung, die Verschwendung innerhalb der Küchen drastisch zu verringern und mehr pflanzliche Gerichte auf die Tische zu bringen. Beratungsprojekte wie die »Kantine Zukunft« in Berlin helfen, Abläufe nachhaltiger zu gestalten. Doch oft entstehen die Müllberge direkt durch den Gast. Büfettsituationen und der Anspruch, immer alles bis zum Ende vorrätig zu haben, animieren zu einer Überfrachtung der Teller und verursachen absolut vermeidbare Reste. Wie oft habe ich gehört: »Aber der Kunde erwartet das so«, das Gleiche gilt für Bäckereien und Supermarktregale und vor allem für unseren eigenen Anspruch: Wir müssen es lernen, auszuhalten, dass auch mal was ausgeht. Der Anspruch, dass immer alles im absoluten Überfluss vorhanden sein muss, ist ökologisch nicht tragbar. Ich bin mir sicher, dass ganz viele Menschen das eigentlich völlig okay finden. Den Beweis sehe ich jeden Tag in unserem Restaurant: Für das Mittagstischangebot arbeiten wir mit einer kleinen überschaubaren Karte, die wöchentlich wechselt. Und wenn mal ein Gericht ausverkauft ist, gibt es halt noch etwas anderes, das unsere Gäst*innen gut annehmen. Selbst wenn das relativ selten passiert, bestellen manche schon mit den Worten: »Gibt es heute noch alles?« Ein kleiner Perspektivwechsel, der viel bewirken kann.

Bitte keine Fischstäbchen mehr

Einige haben es bestimmt schon geahnt. Wir müssen auch über die Überfischung reden, denn das tun wir alle noch viel zu wenig, und auch das ist ein ganz wichtiger Teil von Unlearn Ernährung.

Überfischung bedeutet, dass mehr Fische einer regionalen Population gefangen werden als »nachwachsen«. Viele Fische erreichen ihre Geschlechtsreife nicht, weil sie vorher gefangen und getötet werden. Bereits 34 Prozent der Fischbestände weltweit sind überfischt, in Europa sogar 64 Prozent.[9] Regulierungen fehlen entweder ganz oder sind ungenügend. Laut der Food and Agriculture Organization der Vereinten Nationen (kurz FAO) gelten im Mittelmeer 73 Prozent der kommerzialisierten Fischarten als bedroht. Aber auch die Art, wie gefischt wird, bedroht die Ökosysteme der Meere massiv.

So werden immer größere, leistungsstärkere Schiffe mit hoch entwickelten Fangtechniken eingesetzt, deren Netze immer tiefer fischen. Mit moderner Technik wie Echolot oder Sonar können Fischschwärme schnell und gezielt aufgespürt werden, sodass die Tiere keine Chance haben zu entkommen. Die größten Schleppnetze sind kilometerlang und können bis zu 500 Tonnen fangen. Tonnenschwere Grundnetze wühlen den Meeresboden auf, zerstören lebenswichtige Korallenriffe und Tiefseeböden und töten dabei unzählige Meerestiere. Das gesamte ökologische Gleichgewicht am Meeresboden wird so gefährdet. Hunderttausende bis Millionen Meerestiere wie Schildkröten, Wale, Delfine und Seehunde geraten jedes Jahr als ungewollter Beifang in die Netze und sterben qualvoll. Je nach Fischereimethode können bis zu 80 Prozent des gesamten Fanges Beifang sein. Durch Schleppnetze zerstört die Fischerei nicht nur die Biodiversität, sondern setzt auch tonnenweise CO_2 frei, das eigentlich im Meeresboden gebunden ist. Jedes Jahr werden dadurch circa 1,5 Gigatonnen CO_2 vom Boden ins Wasser geleitet und versauern die Ozeane. Zudem vermüllen zurückgelassene Fischernetze massiv die Meere.

Es gibt zwar Umweltsiegel und Zertifizierungen, die Fischprodukte nach ihrer Nachhaltigkeit beurteilen. Doch die aufgestellten Richtlinien sind lediglich Empfehlungen, Verstöße werden nicht geahndet. Nachhaltige Fischerei ist eine gute Idee, aber in der Realität schwer überprüfbar und wird deshalb auch von vielen Umweltorganisationen kritisiert. 49 Prozent der verzehrten Fische stammen mittlerweile aus Aquakultur, also aus kontrollierter Massentierhaltung im Wasser. Die Fische werden in Netzen gehalten, die ihnen zwar etwas mehr Platz lassen als einem Käfighuhn. Doch von artgerechter Haltung ist das weit entfernt. Sie bekommen ein Kraftfutter, das zu 40 Prozent aus Soja und teilweise aus Resten ihrer eigenen Artgenossen besteht.

Trotz all dieser Fakten hat Fisch immer noch ein landläufig gutes Image als gesundes, nachhaltiges Lebensmittel. Zusätzlich zur ökologischen Problematik sind Fische auch immer häufiger stark mit Schwermetallen belastet.

Natürlich findet sich diese Belastung nicht bei Fischen aus Süßwasserzüchtung, aber am Ende des Tages sind Süßwasserzuchten genauso eine Form der Massentierhaltung wie die von Säugetieren. Es ist ein Mythos, dass Fische keine Schmerzen empfinden. Sie haben Schmerzrezeptoren und leiden genauso wie andere Tiere, die zu unserem Verzehr getötet werden.

Wer jetzt noch Hunger auf Fisch hat, dem rate ich, die Fischführer der großen NGOs zu nutzen, um eine möglichst umweltverträgliche Kaufentscheidung zu treffen und selten, aber bewusst zu konsumieren. Aufgrund der Futtermittelthematik und der Belastung durch Umweltgifte würde ich immer Bio-Aquakultur vorziehen. Adressen gibt es online bei www.oekolandbau.de.

Lasst uns empathisch sein

Ich möchte mit einem Plädoyer für Wertschätzung und Empathie enden. Denn wir haben im Rahmen unserer wirtschaftlichen und infrastrukturellen Möglichkeiten die Wahl, informierte Ernährungsentscheidungen zu treffen, die möglichst wenig Schaden für möglichst viele Lebewesen anrichten. Viele Aspekte habe ich hier gar nicht ausgeführt, weil der Platz dafür fehlt, wie etwa die Ausbeutung von Arbeiter*innen in der tiererzeugenden Industrie oder fundiertere tierethische Überlegungen. Es gibt viele Gründe, seine Ernährung im Sinn der Klimafreundlichkeit zu überdenken.

Ich fahre einmal im Jahr ins »Land der Tiere«, einen Gnadenhof zwischen Berlin und Hamburg, wo aus Massentierhaltung oder nicht artgerechter Haltung gerettete Tiere friedlich leben dürfen. Dort gebe ich ehrenamtlich einen Kochkurs, um Spenden zu sammeln. Die Tiere, die dort leben, haben auf den ersten Blick großes Glück, weil sie nicht auf der Schlachtbank landen. Aber jedes dieser Tiere transportiert ein Einzelschicksal, das zeigt, was wir Menschen mit ihnen machen. Die »Legehenne«, die durch das Eierlegen im Akkord so drastischen Kalziummangel hat, dass sie mit multiplen Knochenbrüchen leben muss. Der Puter, dessen Brustmuskel so groß gezüchtet ist, dass er sich schon im jungen Alter nicht mehr auf den eigenen Beinen halten kann und viel zu jung stirbt, weil er nicht mehr laufen kann. Die Enten, die einfach nur müde und erschöpft sind, weil sie davor mit Tausenden Artgenossen auf engstem Raum ein Dasein fristen mussten. Die Säue, die alle paar Wochen rauschig werden, weil sie jahrelang zwangsbesamt wurden und massiv unter diesem permanenten Hormonstress leiden, der sie auch daran hindert, ihre sozialen Bedürfnisse auszuleben. Die Liste ist endlos, und sie zeigt, wie unethisch wir mit fühlenden Lebewesen umgehen, die genauso intelligent, verspielt und verschmust sind wie unser Hund und unsere Katze. Es lohnt sich, dieses wahnsinnig ungerechte und unnötige System nicht mehr zu unterstützen, und es füllt einen mit ganz viel Liebe, das kann ich aus eigener Erfahrung sagen. Empathie ist ein Zugewinn. Man gewinnt, man verliert nichts. Man muss es nur zulassen.

Ich wünsche mir eine Welt, in der Tiere einfach sein dürfen. In der Schafe und Kühe vielleicht gehalten werden, weil sie gute natürliche Rasenmäher sind und mit ihren Hufen den Boden auflockern, aber nicht, weil es sich am Ende des Tages nur für uns rentiert, sie zu halten, wenn wir sie töten und aufessen.

Ich wünsche mir eine Welt, in der die Intelligenz von Schweinen genauso anerkannt wird wie die von Hunden und wir nicht mehr zwischen Nutz- und Haustieren unterscheiden. Eine Welt ohne Zoos, in der Tiere in ihrer natürlichen Umgebung genügend Ressourcen haben, um zu überleben, und in der wir bei unserem eigenen Konsum auch stets Rücksicht auf die Menschen nehmen, die unsere Lebensmittel für uns herstellen. Eine Welt, in der kein Kind auf einer Plantage oder in einer Fabrik arbeiten muss, sondern in die Schule gehen darf. Und ich wünsche mir einen wertschätzenden Umgang mit Lebensmitteln und anderen Konsumgütern, der uns endlich erlaubt, alle Menschen gleich gut mit Nahrung zu versorgen. Ich glaube an die Macht der kleinen Schritte, weil ich sie selbst in den über zehn Jahren meiner Arbeit gesehen habe, und ich ermutige dich, ein Teil dieser Veränderung zu sein.

unlearn ableismus

Andrea Schöne

In den Frühlingstagen, in denen ich diesen Text schreibe, gehe ich oft in den Park, setze mich auf eine Bank, lese und freue mich über den Sonnenschein. Herrlich. Die Vögel zwitschern friedlich, die Bäume blühen, der Duft von Flieder liegt in der Luft, und Kinder toben fröhlich durch den Park. Dieser Frieden ist ein Privileg, das ich noch so lange genieße, bis Bologna, wo ich studiere, von der nächsten Hitzewelle heimgesucht wird und mich als gehbehinderte Person erneut in den Hitze-Lockdown unter der Klimaanlage zwingt, damit ich nicht kollabiere.

Innerhalb der letzten vier Jahre gab es neben der Covid-19-Pandemie zahlreiche Naturkatastrophen, die ich selbst miterleben musste oder in meiner unmittelbaren Nähe beobachtet habe. Im Sommer 2022 herrschte Wassernotstand in fünf Regionen Italiens. Beim Freilichtkino in Bologna riefen vor Filmbeginn Spots zum Wassersparen auf, später wurde in manchen Städten sogar das Leitungswasser rationiert.[1,2] Im Mai 2023 gab es in der Emilia-Romagna, der norditalienischen Region mit Bologna als Hauptstadt, eine der schwersten Flutkatastrophen weltweit in der ersten Jahreshälfte. Auch in Bologna standen einige Straßen unter Wasser, und es kam vereinzelt zu Stromausfällen.[3] Über 400 Erdrutsche wurden über die gesamte Region verteilt gemeldet. Nur 40 Kilometer von meinem Studierendenwohnheim entfernt standen ganze Städte unter Wasser. Tagelang flogen Helikopter über meinen Kopf hinweg in Richtung der Gefahrengebiete.

Die Folgen waren noch lange zu spüren. Drei Monate nach der Katastrophe wollte ich mit meinen Eltern einen Ausflug ins Bergland rund um Bologna machen. Doch auf dem Weg dorthin standen wir plötzlich, elf Kilometer von meinem Zuhause entfernt, vor einem riesigen Loch, das Erdrutsche in die Straße gerissen hatte. Es war Sommer, und inzwischen wurden die Überschwemmungen von Dürre und starker Hitze abgelöst. Nur einen Tag nach unserem Ausflug erlebte ich beim Abendessen, wie eine Person in einem Restaurant wenige Meter neben mir vermutlich wegen eines Hitzeschlags reanimiert werden musste. Im Herbst füllten dann Bilder von Tornados in der Gegend rund um Mailand und bei Ravenna die Nachrichten und versetzten mich in Schrecken.[4]

Als wäre das nicht alles schon genug, ist die Poebene, in der auch Bologna liegt, das Gebiet Europas mit der stärksten Luftverschmutzung und den meisten davon ausgelösten Todesfällen. Bedingt durch die geografische Lage gibt es hier kaum Luftzirkulation, die Industrie und die Autoabgase tun ihr Übriges. Laut der Società Italiana di Medicina Ambientale (Sima) sterben daran jedes Jahr im Schnitt 80 000 Menschen.[5]

Anfang des Jahres 2024 wurden die Feinstaubwerte in der Lombardei und der Emilia-Romagna so stark überschritten, dass ein Smogalarm ausgerufen wurde und Schutzmaßnahmen anliefen, um die Feinstaubwerte zu senken. Meteorolog*innen rieten dringend davon ab, draußen joggen zu gehen, weil dabei vermehrt Feinstaub eingeatmet wird, wodurch Allergien und Entzündungserkrankungen der Lunge ausgelöst werden können.[6]

Als gehbehinderte und kleinwüchsige Person atme ich eine

höhere Dosis der verschmutzten Luft ein, da die Feinstaubpartikel zum Boden sinken, also genau auf meine Höhe. Daher muss ich oft entweder dauerhaft mit FFP2-Maske herumlaufen oder in den unfreiwilligen Smogdown gehen und zu Hause bleiben.

Es ist nicht immer einfach, mit solchen Schreckensbildern und Gedanken im Zuge der Klimakrise umzugehen. Vor fünf Jahren war ich nach Bologna gegangen, um ein internationales Masterstudium zu absolvieren, mich mit meinen italienischen Wurzeln zu beschäftigen und ein bisschen durch das Land zu reisen. Kennengelernt habe ich nun vor allem die Klimakatastrophe und wie sie sich auf mich als behinderte Person auswirkt.

Wie die Klimakrise in mein Leben trat

Eine Klimaaktivistin der ersten Stunde bin ich definitiv nicht. Mich brachten erst Greta Thunbergs Schulstreiks immer mehr zum Nachdenken. Ein konkreter Schlüsselmoment machte mir bewusst, wie sehr die Klimakatastrophe mein Leben schon jetzt bestimmt.

Im Juni 2019 war ich für einen Sprachkurs in Bologna und schrieb Bewerbungen für ein Masterstudium dort. Einmal saß ich von früh bis spät am Rechner. Ich war im Flow und vergaß, genug zu trinken und zu essen. Abends wollte ich mit Freund*innen von meiner Sprachschule ein neues Restaurant ausprobieren. Als ich hinausging, schlug mir die Hitzewelle wie eine unsichtbare Wand entgegen, die mich fast erdrückte. Es herrschte ein Temperaturrekord in Bologna, das italienische Gesundheitsministerium hatte die höchste Hitzewarnstufe ausgerufen. Mir war zu diesem Zeitpunkt noch nicht bewusst, wie gefährlich das für mich persönlich würde.

Nachdem ich eine Zeit lang durch die hügelige Stadt gelaufen war, wurde mir immer schwindeliger und schließlich schwarz vor Augen. Eine Freundin reichte mir sofort eine Wasserflasche, und wir verzogen uns in eine Bar mit Klimaanlage. Das rettete mich wohl vor einem Hitzschlag.

Ein Hitzschlag ist keinesfalls eine Bagatelle. Er führt im schlimmsten Fall zum Tod und kann jede Person treffen, die bei extrem hohen Temperaturen großer körperlicher Anstrengung und Flüssigkeitsmangel ausgesetzt ist.

Nach diesem Erlebnis googelte ich zum ersten Mal, was der Klimawandel für behinderte Menschen bedeutet. Auf Deutsch ergab meine Suche keine Treffer. Keinen einzigen. Auf Englisch dagegen schon: Gerade in diesem Zeitraum diskutierten die Vereinten Nationen über eine Resolution, in der festgehalten werden sollte, dass behinderte Menschen zu den durch die Klimakrise besonders bedrohten Menschengruppen gehören. Behindertenrechtsaktivist*innen aus den USA schilderten ganz offen ihre Angst, bei politischen Maßnahmen vergessen zu werden, und sprachen von einer existenziellen Bedrohung durch die Klimakrise für behinderte Menschen. Seitdem lässt mich dieses Thema nicht mehr los.

Was bedeutet Öko-Ableismus?

Der Begriff Ableismus, vom angloamerikanischen Wort *ableism* abgeleitet, ist im deutschsprachigen Raum durch engagierte Bildungsarbeit von Behindertenaktivist*innen und Journalist*innen in den letzten Jahren bekannter geworden. Trotzdem ist er noch lange nicht allgemein bekannt.

In erster Linie ist mit Ableismus die Bewertung von Menschen nach ihrer Leistungsfähigkeit gemeint. Dabei wird insbesondere die Leistungsfähigkeit von behinderten Menschen infrage gestellt, oder ihre womöglich fehlende Leistungsfähigkeit ist Anlass, sie als »unnütz« zu disqualifizieren, um Diskriminierung zu legitimieren. Aber auch Nichtbehinderte erfahren Ableismus in der allgegenwärtigen Burn-out-Kultur, beispielsweise durch den Druck, auch krank zur Arbeit gehen zu müssen.[7] In aktivistischen und gesellschaftspolitisch engagierten Kreisen ist eine erste Sensibilisierung zu beobachten, aber auch hier reicht das Verständnis noch nicht weit genug.

Auch in der Klimafrage wird Ableismus zum Problem. Denn wenn behinderte Menschen nicht in die Politik rund um Klimaschutzmaßnahmen eingebunden und bedacht werden, führt dies zu neuen Barrieren. Schlimmstenfalls geht Barrierefreiheit sogar verloren, wo sie zuvor hart erkämpft wurde.

In umweltaktivistischen Kreisen werden mitunter sehr problematische Aussagen getroffen oder gar gezielt behinderte Menschen für ihre Lebensweise angegriffen, wenn sie beispielsweise nicht unverpackt einkaufen gehen können, was als Öko-Ableismus bezeichnet wird. Die hohen moralischen Ansprüche von manchen Klimaaktivist*innen sind aber nicht für alle behinderten, neurodivergenten und chronisch kranken Menschen umsetzbar, manche sind sogar (lebens)gefährlich. Unverpackte Lebensmittel können verunreinigt sein, was im schlimmsten Fall tödlich enden kann, wenn Menschen auf bestimmte Ernährungsweisen angewiesen sind oder Allergien haben. Menschen mit Muskelerkrankungen oder Gelenkschäden können im Winter nicht einfach mal zugunsten des Klimas weniger heizen, weil sie dadurch stärkere chronische Schmerzen bis hin zu tiefgreifenden Einschränkungen in ihrem Alltag in Kauf nehmen müssten. Und Menschen mit Multipler Sklerose können ihre Körpertemperatur nicht mehr eigenständig regulieren, weshalb sie im Sommer Klimaanlagen nutzen müssen, um keinem Hitzschlag zu erliegen.

Mir haben schon allzu oft Aktivist*innen gesagt, dass die Einschränkungen alle betreffen und dann eben auch behinderte Menschen in ihrem Alltag verzichten müssten. Dieser Anspruch lässt sich leicht aufstellen, wenn man selbst nicht betroffen ist und die Maßnahmen nicht bedeuten, beispielsweise auf Schmerzfreiheit im Alltag verzichten zu müssen. In Deutschland haben in den letzten drei Jahren insbesondere zwei Maßnahmen zum Umweltschutz verdeutlicht, wie stark der Öko-Ableismus im Denken verankert ist: die Verkehrswende und das Verbot von Plastikstrohhalmen. Was das für Menschen mit Behinderung bedeutet, möchte ich hier kurz darlegen.

Barrierefreiheit und der öffentliche Nahverkehr

Für körperbehinderte oder neurodivergente Menschen ist der öffentliche Nahverkehr oft nicht nutzbar.[8] Vermeintlich soziale und ökologische Lösungen in der Verkehrswende wie der Ausbau des öffentlichen Streckennetzes werden in der Regel geplant, ohne behinderte Menschen einzubeziehen. Natürlich möchte ich in einer Großstadt nicht jeden Tag das Risiko eingehen, von einem Auto überfahren zu werden. Ich befürworte die Begrünung und Entschleunigung von Stadtzentren. Auf der anderen Seite bin ich als gehbehinderte Person auf Autos, Taxis und dergleichen im Stadtleben angewiesen. Insbesondere, wenn mein Hilfsmittel, ein Dreirad, gerade kaputt ist und ich mit dem Taxi zur Radwerkstatt fahren muss. Verschwinden Behindertenparkplätze, die für alltägliche Erledigungen oder Arztbesuche notwendig sind, wegen einer Umgestaltung von Parkflächen in Grünzonen, werden wichtige Errungenschaften im Einsatz für eine barrierefreie Mobilität einfach ausradiert und zusätzlich neue Barrieren geschaffen.

Ähnliches gilt für die überstürzte Einführung des 9-Euro-Tickets im Nahverkehr im Sommer 2022.[9] Das Angebot wurde beschlossen, ohne zu bedenken, dass der günstige Preis zu einem massiven Anstieg der Nutzung führen wird, der mit einem höheren Einsatz von Nahverkehrsmitteln ausgeglichen werden muss – zumindest, wenn man völlig überfüllte Nahverkehrszüge und Busse vermeiden will. Die Folgen des Angebots für behinderte Menschen wurden dabei nicht bedacht. In Bussen gibt es meistens nur einen Rollstuhlplatz, und in Regiozügen sind es ebenfalls nur wenige. Menschen mit Gehbehinderung werden offensichtlich nicht mitgedacht, wenn zu einer stärkeren Nutzung aufgefordert wird.

Die Auswirkungen dieser unbedachten Politik habe ich selbst erlebt. Als ich Anfang Juni 2022 mit dem Regionalzug nach München fuhr, um dort in den Eurocity nach Bologna umzusteigen, wäre ich schon beim Einsteigen fast von nicht behinderten Fahrgäst*innen direkt wieder aus dem Zug gedrängt worden. Doch nicht nur die Regios, auch die ICEs waren in diesem Zeitraum völlig überfüllt, da viele Berufspendler*innen auf Zugfahren umgestiegen sind. Das höhere Reiseaufkommen führte zu einer Überlastung des Bahnpersonals, was sich unter anderem negativ auf den Mobilitätsservice für behinderte Menschen auswirkte. Anfragen dafür wurden überproportional häufig abgelehnt, da das Personal vermutlich für andere Arbeiten gebraucht wurde, die in dieser Zeit als wichtiger angesehen wurden.

Als ich die Folgen der Einführung des 9-Euro-Tickets für meinen Alltag und meine Arbeit als Freiberuflerin, die viel reisen muss, auf Twitter beschrieb, erhielt ich gerade aus der Bubble des Klimaaktivismus einen ableistischen Shitstorm. Ich wurde beschimpft, und mir wurde vorgeworfen, ich würde arme und behinderte Menschen gegeneinander ausspielen. Von Armut betroffene behinderte Menschen pflichteten mir bei, weil auch sie weder Busse noch Züge nutzen konnten.

Innovation statt Verbote

Das Verbot von Plastikstrohhalmen betrachte ich als öko-ableistischen Aktionismus schlechthin. Seit Juli 2021 sind in der EU Einweggeschirr und -besteck aus Kunststoff verboten, darunter

Plastikstrohhalme, lediglich der bereits vorhandene Bestand darf noch abverkauft werden. Der Klima- und Umweltschutz wird damit auf eine individuelle Ebene ausgelagert in Form von persönlichen Lebensstildebatten. Sterile Verpackungen aus Kunststoff sind für viele chronisch kranke Menschen, die medizinische Instrumente wie Katheter oder Einwegspritzen brauchen, überlebenswichtig. Sollten diese künftig durch ähnliche EU-Richtlinien wie die Plastikstrohhalme verbannt werden, wird dies fatale Folgen für chronisch kranke und behinderte Menschen haben.

Die Wirksamkeit der EU-Richtlinie ist umstritten. Im Gespräch mit dem Pressesprecher von Extinction Rebellion 2021 erfuhr ich, dass viele Klimaaktivist*innen sie als wenig hilfreich für einen Systemwandel ansehen. Denn Plastikstrohhalme machen weltweit nur 0,02 Prozent des Plastikmülls aus.

Das Verbot führte dazu, dass sich behinderte Menschen, die auf Plastikstrohhalme als Hilfsmittel zum Trinken angewiesen sind, einen Vorrat angelegt haben, um diese nicht teuer als Pflegemittel bestellen oder im Café den Bedarf aufgrund ihrer Behinderung erklären zu müssen.[10]

Um die spezifischen Bedarfe zu berücksichtigen, hätten behinderte Menschen mit am Verhandlungstisch sitzen müssen. Dies würde ermöglichen, auf innovative Lösungen zurückzugreifen, die bereits von behinderten Menschen entwickelt wurden. Denn sie müssen aufgrund von Barrieren und Diskriminierung immer wieder alternative Wege finden. Sie entwickelten eine Zwangsresilienz und neue Ideen, die gerade in dieser Krise der Menschheitsgeschichte einen entscheidenden Beitrag leisten könnten.

Politische Beteiligung behinderter Menschen

Auch wenn die Behindertenrechtsbewegung in Deutschland erst langsam anfängt, sich mit der Bedrohung durch die Klimakrise zu beschäftigen, passiert international auf politischer und diplomatischer Ebene bei den UN-Klimakonferenzen (COPs) sowie im Graswurzelaktivismus schon seit Jahren sehr viel. Allerdings wird in den Medien relativ wenig darüber berichtet. Ein Grund dafür sind sicherlich verbreitete ableistische Wahrnehmungsraster und Denkmuster. Daher werden die führenden Stimmen zu Klimagerechtigkeit und Behinderung kaum gehört.

Ein mangelndes Interesse am Thema Behinderung und Klima erlebe ich auch bei meiner Arbeit als Journalistin. Vereinzelt habe ich die Möglichkeit, Übersichtsartikel zu platzieren. Das Interesse an tiefergehenden Analysen ist allerdings sehr überschaubar. Ebenso wenig wird in der Öffentlichkeit berücksichtigt, dass es in der Klimabewegung Personen mit einer Behinderung gibt wie beispielsweise Greta Thunberg. Wenn überhaupt, wird ihr Autismus erwähnt, um ihre Arbeit zu entwerten.[11] Aber es wird nicht in den Blick genommen, vor welchen Hürden behinderte Klimaaktivist*innen lokal, national und international stehen, um überhaupt für ihre Arbeit wahrgenommen zu werden. Diese Leerstelle in der Berichterstattung führt dazu, dass das Problem gar nicht wahrgenommen wird und kaum Daten dazu vorliegen, inwieweit behinderte Menschen von Klimakatastrophen betroffen sind, und damit schließt sich der Kreis:[12] Behinderte Menschen und ihre Gefährdung durch die Klimakatastrophe bleiben unsichtbar. Dabei sollte es Aufgabe der Medien sein, dem entgegenzuwirken.

Ein entscheidender Schritt für die Zusammenarbeit und Organisation der Behindertenrechtscommunity war die Gründung des neuseeländischen Netzwerks für Behinderung und Klima Sustained Ability Disability Climate Network durch die Aktivist*innen Kera Sherwood-O'Regan und Jason Boberg, die beide eine Behinderung haben.[13] Das Netzwerk verbindet behinderte Menschen, die zu intersektionalen Verschränkungen von Klimawandel und Behindertenrechten arbeiten. Der Schwerpunkt der Arbeit liegt auf der Vereinbarkeit von Klimagerechtigkeit und den spezifischen Bedarfen behinderter Menschen. Eine Hauptforderung der Aktivist*innen ist, dass Behindertenrechte auch immer Teil von Klimaschutzmaßnahmen sein müssen.

Die Erfolge sind mühsam erarbeitet.[14] Seit 2017 nehmen Aktivist*innen des Netzwerks an den jährlichen COP-Konferenzen teil, um für die Repräsentation behinderter Menschen in allen Prozessen der Klimapolitik zu werben und auf die Gefährdung behinderter Menschen durch die Klimakrise hinzuweisen. Nach drei Jahren Grundlagenarbeit, einem zähen Kampf gegen öko-ableistische Narrative und der Suche nach Verbündeten hat das Netzwerk es geschafft, dass die Belange behinderter Menschen in der Klimakrise international beachtet werden. Ausschlaggebend waren unter anderem der Protest und eine sanktionierte Aktion vor den Verhandlungssälen der Klimakonferenz, was in den internationalen Medien durchaus Aufmerksamkeit erregte.[15] Deutschland erreichte die Debatte leider nicht. Das Ziel ist die Anerkennung als »Constituency« bei der COP. Dann könnte das Netzwerk bei Abstimmungsprozessen auch offiziell mitwirken und somit direkt zugunsten behinderter Menschen auf Prozesse der internationalen Klimapolitik einwirken.[16]

Der erste Meilenstein, den die Aktivist*innen erreicht haben, ist die Erwähnung des besonderen Schutzes von Recht und Leben behinderter Menschen im Zuge des Klimawandels in der UN-Resolution von 2019.[17]

Im Juli 2020 wurde anlässlich einer Sitzung des Menschrechtsrats der Vereinten Nationen erstmals zur Lage behinderter Menschen im Kontext des Klimawandels getagt. Nach dem Panel dokumentierten die Vereinten Nationen die Ergebnisse in einem Bericht.[18] Darin steht nichts, worüber Behindertenaktivist*innen nicht schon seit Jahren diskutieren, etwa flächendeckende inklusive Bildung zu ermöglichen oder der diskriminierungsfreie Zugang zur Gesundheitsversorgung. Und doch ist es ein wichtiger Meilenstein, da die Vereinten Nationen damit ihren Willen bekräftigen, Behindertenrechten in Debatten rund um den Klimawandel künftig mehr Raum und Priorität zu geben.

Warum die Flutkatastrophe im Ahrtal menschengemacht war

Als ich im Juni 2019 in Bologna aufgrund der Hitzewelle fast kollabiert wäre, hat sich mein emotionales und persönliches Verhältnis zur Klimakrise rigoros geändert. Ein traumatisches Schlüsselerlebnis in Deutschland für die Gefährdung behinderter Menschen durch die Klimakrise ist die Flutkatastrophe im Ahrtal im Juli 2021 und das Versagen deutscher Entscheidungsträger*innen aus Behörden und Politik. Dabei sind zwölf behinderte Menschen in Sinzig in einer Behinderteneinrichtung der Lebenshilfe ertrunken, weil sie nicht rechtzeitig evakuiert wurden. Sprach ich vor diesem Ereignis meine Befürchtungen im deutschsprachigen Raum an, waren selbst behinderte Menschen weniger dafür empfänglich als die internationale Öffentlichkeit. Mein erster Artikel über die Betroffenheit behinderter Menschen durch die Klimakrise erschien eine Woche vor der Flutkatastrophe im Ahrtal und wurde praktisch nicht wahrgenommen. Die Flutkatastrophe änderte das Bild komplett. In meinem Artikel thematisierte ich die ungleiche Wahrscheinlichkeit, als behinderte Person in einer Gefahrensituation gerettet zu werden. Ein wichtiger Grund dafür ist die soziale Vulnerabilität. Sie beschreibt das Risiko eines Menschen, durch soziale, ökonomische, politische und kulturelle Praktiken psychische oder körperliche Leiden zu erfahren. Erst diese Praktiken erzeugen Katastrophen auf sozialer Ebene, wie es die Soziologie beschreibt.[19] Denn nicht alle Menschen erleben eine Gefahrensituation in derselben Intensität beziehungsweise sind nicht alle den gleichen Gefahren ausgesetzt. Somit treten bei Katastrophen auch bestehende gesellschaftliche Ungleichheiten stärker hervor, nicht selten verschärfen sie sich in der Folge noch. Behinderten Menschen wird in Katastrophensituationen, wie es die Flutkatastrophe im Ahrtal war, eine besonders hohe soziale Vulnerabilität zugeschrieben.

So lässt sich auch das Geschehen in der Behinderteneinrichtung in Sinzig einordnen. Sehr schnell nach der Katastrophe stand der Verdacht im Raum, dass die Bevölkerung nicht rechtzeitig oder gar nicht vor der drohenden Katastrophe gewarnt worden war. Das ist für alle ein Problem, aber für behinderte Menschen ist es fatal, da es länger dauert, sie zu evakuieren. Es wird dazu ermittelt, ob ein Betreuer der Behinderteneinrichtung die Aufforderung der Feuerwehr, die Bewohner*innen des Erdgeschosses im Haupthaus zu evakuieren, gezielt missachtet hat, um Unruhe unter den Bewohner*innen zu vermeiden.[20]

Schon die Lage der Behinderteneinrichtung ist sehr fraglich. Das Haus befand sich nur 250 Meter vom Flusslauf der Ahr entfernt – in Zeiten der Klimakrise sollte darüber nachgedacht werden, ob es sinnvoll ist, Menschen, die zu einer besonders vulnerablen Bevölkerungsgruppe gehören, in einem überschwemmungsgefährdeten Wohngebiet unterzubringen.

Für die Evakuierung der 38 Menschen in der Behinderteneinrichtung wäre zudem nur eine Nachtwache vor Ort gewesen. Die Aufstockung der Nachtwachen wurde 2015 von der Landesregierung aus Kostengründen abgelehnt und die Gefahrenlage abgestritten und ausgesessen, bis zwölf behinderte Menschen ertrunken sind.

Viele Vorgänge der Nacht bleiben auch Jahre später ungeklärt und werden es vermutlich auch bleiben, da das öffentliche Interesse an einer Aufklärung gering ist. Es trifft mich als behinderten Menschen zutiefst, dass das Leben von Menschen mit Behinderung nichts wert zu sein scheint, und das ist nicht zu verzeihen. Interessierten empfehle ich die Dokumentation »Rette sich, wer kann – Wie Katastrophenschutz für Menschen mit Behinderung versagt« des inklusiven Magazins *Andererseits* aus Österreich. Hier haben behinderte und nicht behinderte Journalist*innen zusammengearbeitet, um die Auswirkungen der Flutkatastrophe in Sinzig auf behinderte Menschen darzustellen.

Situationen ähnlich der im Ahrtal haben sich für behinderte Menschen weltweit schon mehrfach ereignet. Extrem verheerende Auswirkungen auf behinderte Menschen hatte der Hurrikan Katrina im August 2005. 25 Prozent aller Wohnungslosen nach dem Hurrikan im Südosten der USA waren behinderte Menschen, und unter den Todesopfern gab es eine sehr hohe Zahl an Menschen mit Behinderungen, weil sie nicht evakuiert wurden. Das US Department of Justice reagierte auf dieses politische Versagen und den nationalen Skandal mit einer Richtlinie, die sicherstellen soll, dass behinderte Menschen in Katastrophensituationen künftig nicht mehr übersehen werden. Allerdings ist Papier geduldig, und leider folgten nur wenige Taten auf die schönen Worte.[21]

In Europa wurde 2007 die Charta von Verona ausgearbeitet, eine Grundsatzerklärung zu Rechten behinderter Menschen im Katastrophenfall und zur Wahrung ihrer Sicherheit in Gefahrensituation. Die Charta wurde später auch vom EU-Parlament unterstützt und den Vereinten Nationen übermittelt. Sie ist allerdings sehr allgemein gehalten und beschäftigt sich hauptsächlich mit der Vorbereitung auf eine Gefahrensituation und der Durchführung von Evakuierungen.

In Ländern, die gar keine Maßnahmen erlassen, müssen oftmals internationale Hilfsorganisationen wie beispielsweise Handicap International diese Arbeit übernehmen. Der Forscher für Katastrophensituationen Ben Wisner schlägt daher vor, dass in seinem Fachgebiet der Fokus von »vulnerablen Personen«, darunter behinderte Menschen, auf »vulnerable Situationen«, wie beispielsweise eine Flutkatastrophe, verschoben werden sollte.[22] Es ist also mindestens ebenso wichtig, Gefahrensituationen an sich zu verhindern, statt Menschen erst in Gefahr zu bringen und sie dann retten zu müssen.

Inklusiver Katastrophenschutz

Durch mein Wissen um die gravierenden Mängel nahm ich die Warnung des deutschen Wetterdienstes vor einer Flutkatastrophe, die bereits einige Tage vor den Überschwemmungen im Juli 2021 ausgesprochen wurde, todernst. Ich versuchte, per Twitter öffentliche Stellen darauf aufmerksam zu machen, wie wichtig Barrierefreiheit bei solchen Warnungen ist, damit sie auch wirklich alle bedrohten Menschen erreichen. Doch das Interesse war mäßig. Erst nach der Flutkatastrophe ging mein Artikel dann auf Twitter und Instagram viral, und ich erhielt einige Anfragen, weitere Artikel zu diesem Thema zu schreiben und Vorträge zu halten.

Nicht zuletzt durch den Tod der zwölf behinderten Menschen in der Einrichtung in Sinzig werden auch in Deutschland immer mehr Studien und Projekte initiiert, um den Katastrophenschutz inklusiv zu gestalten.[23] Hier ist zum einen die Studie KIM (Bestandsaufnahme zum Katastrophenmanagement und der Inklusion von Menschen mit Behinderungen), durchgeführt für die Aktion Deutschland Hilft e. V., zu nennen.[24] Damit beschlossene Maßnahmen erfolgreich umgesetzt werden, braucht es eine ausreichende Vorbereitung auf Katastrophensituationen. Es ist beispielsweise schwierig, während einer Flutkatastrophe spontan eine Assistenz für behinderte Menschen zu finden.

Um ein besseres Gefühl für die Abläufe zu bekommen, die vor, während und nach Katastrophensituationen für den Schutz von Menschen mit Behinderung nötig sind, schauen wir uns die verschiedenen Phasen des inklusiven Katastrophenschutzes einmal näher an.[25]

1. Phase: Katastrophenprävention

»Der Hauptgrund, warum eine überproportionale Zahl an behinderten Menschen bei Katastrophensituationen leidet und stirbt, liegt daran, dass ihre Bedarfe bei offiziellen Planungsprozessen ignoriert und nicht beachtet werden.« Dieses Statement aus dem Jahr 2015 stammt von Margareta Wahlström, der Leiterin für Katastrophenrisikoreduktion der Vereinten Nationen. Es verweist auf ein grundlegendes Problem: Behinderte Menschen werden offenbar nicht als rettenswert erachtet, sonst würden sie nicht ignoriert werden.

Dies musste ich als Fünftklässlerin schmerzhaft lernen, als bei uns an der Schule ein Feueralarm ausgelöst wurde. Als Rollstuhlfahrerin musste ich einen superlangsamen Treppenlift nutzen, um nach unten zu kommen und das Gebäude zu verlassen. Während ich noch darauf wartete, dass der Lift bei mir ankam, ließ meine Lehrerin mich mit einer Mitschülerin zurück, die mir mit meinem Rollstuhl helfen sollte, und eilte selbst mit den anderen die Stufen hinunter. Ich fühlte mich der Gefahr ausgeliefert und von meiner Lehrerin, die doch für meinen Schutz sorgen sollte, alleingelassen.

Später stellte sich heraus: Die Schule hatte überhaupt keinen Plan, wie sie mich evakuieren sollte, und forderte meine Eltern auf, dieses Problem zu lösen. Ein Rettungsstuhl, den mein Vater als Lösung recherchiert hatte, wurde dann aus Kostengründen aber doch nicht angeschafft. Es gab also während meiner gesamten Schulzeit keinen Plan, wie ich im Notfall evakuiert und oder hätte geschützt werden können. Und das ist nur ein einziges plakatives Beispiel dafür, wie der Katastrophenschutz im Regelfall nicht inklusiv ist und wie es nicht länger bleiben darf.

Katastrophenschutz muss inklusiv aufgesetzt und geschult werden. Zudem muss mehr zwischen Behindertenorganisationen, Schulen und dem Bevölkerungsschutz kommuniziert werden, um die Gefahren für behinderte Menschen zu benennen und bestmögliche Lösungen für die jeweilige Situation vorzuhalten. Dazu gehört beispielsweise das gemeinsame Abchecken von Fluchtwegen. All das muss angegangen werden, bevor eine Katastrophensituation eintritt, denn dann ist keine Zeit mehr dafür. Bis dahin ist es noch ein weiter Weg.

2. Phase: Vorbereitung auf Katastrophensituation

Hier geht es um die persönliche Vorbereitung auf eine Evakuierung. Es gibt Empfehlungslisten für Notfalltaschen von offiziellen Stellen, die sind aber nicht unbedingt auf die jeweiligen Bedarfe von behinderten Menschen eingestellt. Daher muss Folgendes beachtet werden: Brauche ich bestimmte Medikamente? Extrabatterien für bestimmte Geräte? Besitze ich klappbare Hilfsmittel, damit ich sie gut verstauen kann? Außerdem sind schriftliche Anweisungen für das Rettungspersonal hilfreich, in denen erläutert wird, was die jeweilige behinderte Person braucht.

Manchmal werden auch Markierungen am Haus oder außerhalb der Wohnung empfohlen, um leichter vom Rettungspersonal gefunden und als behinderte Person erkannt zu werden. Dies kann aber im Triage-Fall, wie die Covid-19-Pandemie gezeigt hat, das genaue Gegenteil bewirken: nämlich als nicht rettenswert betrachtet zu werden. Es empfiehlt sich in jedem Fall, im Voraus mit Nachbar*innen zu sprechen, damit diese Bescheid wissen und helfen können, oder auch mit offiziellen Diensten eine Assistenz für den Katastrophenfall zu vereinbaren.

Um im Notfall bestmöglich vorbereitet zu sein, müssen die Abläufe wie bei einem Erste-Hilfe-Kurs regelmäßig geübt werden. So kann eine Routine entwickelt werden, damit im Ernstfall so wenige Unsicherheiten wie möglich im Weg stehen. Zudem wird häufig empfohlen, Rettungsregister zu nutzen. Hier können sich behinderte Menschen mit ihrem Wohnort registrieren lassen und hinterlegen, welche Assistenzleistungen sie im Notfall brauchen. Aus meiner Sicht empfehlenswert ist das *Notfallregister,* da hier auch behinderte Menschen mitarbeiten.[26] Allerdings können hier keine Personen erfasst werden, die sich nur kurzfristig an einem Ort befinden oder gerade umgezogen sind und ihre neue Daten noch nicht offiziell hinterlegt haben.

3. Phase: Akute Katastrophensituation und Evakuierung

Im Mittelpunkt des Katastrophenschutzes stehen Handlungen, die Leben retten. Eine Möglichkeit, barrierefrei per Textnachricht einen Notruf abzusetzen, bietet seit 2021 Nora, die offizielle Notruf-App der Bundesregierung.[27] In einer akuten Katastrophensituation zeigt sich erst, ob Absprachen in der Nachbarschaft und Trainings mit öffentlichen Stellen im echten Evakuierungsfall auch wirklich funktionieren. Daher braucht es für einen wirksamen Katastrophenschutz ein profundes Wissen um die spezifische Situation behinderter Menschen. Nach der Erfahrung, die ich als Rednerin auf Veranstaltungen von Selbstvertretungen im In- und Ausland gemacht habe, ist das Wissen behinderter Menschen um ihre eigene Gefährdung oft sehr mäßig.

4. Phase: Wiederaufbau

Haben behinderte Menschen eine Katastrophensituation überlebt, müssen sie ihr Leben neu sortieren. Diese Phase ist die schmerzhafteste, da hier ein Umgang mit den erlebten Verlusten gefunden werden muss. Wurde das Zuhause während der Katastrophe zerstört, muss es, ebenso wie die Infrastruktur drum herum, wiederaufgebaut werden. Gerade hier passiert es sehr schnell, dass die Bedarfe von behinderten Menschen übersehen werden und niemand daran denkt, dass behinderte Menschen verloren gegangene Hilfsmittel ersetzen müssen. Der damit verbundene bürokratische Prozess ist häufig sehr zermürbend – zumal die Hilfsmittel meist nicht erst in ein paar Monaten, sondern in der Regel sofort im Alltag benötigt werden.

Noch komplizierter gestaltet sich die Lage, wenn der wenige barrierefreie Wohnraum nach der Katastrophe zerstört ist. Ebenso bedeutsam ist der Verlust von Strukturen wie die barrierefreie Bushaltestelle oder der Park um die Ecke, die möglicherweise so nicht mehr aufgebaut werden. In beiden Fällen bedeutet dies einen Umzug, temporär oder dauerhaft. Doch das ist gar nicht so leicht: Nur 2,4 Prozent des Wohnraums in Deutschland sind barrierefrei.[28] Die Umstellung ist groß und betrifft neben der neuen Umgebung, die erst erschlossen werden muss und nicht unbedingt barrierefrei ist, auch das soziale Umfeld. Beziehungen zum medizinischen Personal, zur Nachbarschaft oder zu Assistenzsystemen, die über Jahre aufgebaut wurden, müssen mühsam neu errichtet werden.

Wie wichtig es ist, in den Notfallplänen Menschen mit Behinderung zu berücksichtigen, zeigt einmal mehr das Beispiel von Hurrikan Katrina. Dort war nur ein Prozent der vorübergehenden Wohnmöglichkeiten barrierefrei. Dies führte zu einer Klage vor Gericht, woraufhin eine nationale Strategie aufgesetzt wurde, mehr Wohnraum für behinderte Menschen zu schaffen. Der Wiederaufbau der Infrastruktur hätte eine Chance für inklusive Stadtplanung und Infrastruktur sein können. Aber sie wurde nicht unbedingt genutzt.

Mehr behinderte Menschen in der Forschung nötig

Aleksandra Kosanic, Ökologin mit Behinderung, forscht zu den Auswirkungen der Klimakrise auf behinderte Menschen weltweit.[29] Vor drei Jahren hat sie mir erzählt, wie schwierig es war, ein Wissenschaftsmagazin zu finden, das bereit war, einen Übersichtsartikel ihres Forschungsteams zu veröffentlichen. Das renommierte Wissenschaftsmagazin *Nature* lehnte den Artikel ab – mit der Begründung, es gäbe dafür kein Publikum. »Das ist sehr üblich und zeigt die historische Benachteiligung von Menschen mit Behinderung in der Wissenschaft«, sagte mir Aleksandra Kosanic im Skype-Interview, zugeschaltet aus Liverpool, wo die Wissenschaftlerin wohnt und an der Universität forscht. »Behinderte Menschen sind normalerweise nicht Teil der wissenschaftlichen Diskussion. Auch in den Sachstands- und Sonderberichten des Weltklimarats werden behinderte Menschen nur mit wenigen Worten erwähnt.«[30]

Im Gespräch für den oben zitierten Artikel tauschten wir uns auch über die fehlende inklusive Bildung in Deutschland aus. Während eines längeren Forschungsaufenthalts in Deutschland als Doktorandin wurde ihr gar geraten, wegen ihrer Behinderung nicht in die Wissenschaft zu gehen. Diese Erfahrung verdeutlicht, dass es selbst im Globalen Norden als *weiße* Wissenschaftlerin mit Behinderung schwierig ist, im akademischen Betrieb ernst genommen zu werden.

Inklusive Forschung muss auch den Globalen Süden berücksichtigen

Dass behinderte Menschen in wissenschaftlichen Untersuchungen so vernachlässigt werden, hat auch damit zu tun, dass 80 Prozent aller behinderten Menschen aus dem Globalen Süden kommen.[31,32] Sie tragen das höchste Risiko, in Armut zu leben, was wiederum ein enormer Risikofaktor bei Katastrophensituationen ist. Ableismus ist ein entscheidender Teil kolonialer Gewalt, indem er indigene Bevölkerungen körperlich, spirituell, seelisch bis heute ausbeutet. Die Betroffenen leiden bis heute unter kollektiven Traumata, ausgelöst durch Genozide. Als *weiße* behinderte Person aus dem Globalen Norden trage ich große historische Verantwortung und bin meiner Community im Globalen Süden zu großem Dank verpflichtet, da ein Großteil der aktivistischen und diplomatischen Arbeit für Behindertenrechte in der Klimakatastrophe von indigenen behinderten Menschen und behinderten Menschen von dort geleistet wird – Arbeit, von der ich direkt profitiere, obwohl ich wesentlich bessere Schutzmöglichkeiten habe und mir bessere Ressourcen zur Verfügung stehen.

Ich betreibe trotz der psychischen Belastungen Bildungsarbeit für den Schutz behinderter Menschen in der Klimakatastrophe auch deshalb, um den bereits vorhandenen Stimmen aus dem Globalen Süden mehr Sichtbarkeit zu verschaffen. Als Nachwuchsforscherin setze ich mich daher auch kritisch mit den immer noch zu *weiß* geprägten Disability Studies auseinander.[33] Deshalb an dieser Stelle der Aufruf: Bitte verfolgt die Arbeit von Kera Sherwood-O'Regan, die nicht nur wie erwähnt ein bedeutendes Klimanetzwerk mitgegründet hat, sondern als Maori und queere Aktivistin viele weitere marginalisierte Perspektiven in die internationalen Debatten einbringt.[34] Außerdem möchte ich darauf aufmerksam machen, dass die größten Lasten der Klimakatastrophe indigene behinderte Menschen tragen.[35] Um dem Thema mehr Sichtbarkeit zu verschaffen, erscheint im August 2024 der erste Reader für Indigenous Disability Studies auf Englisch, was zugleich ein entscheidender Beitrag dazu ist, um Behinderung zu dekolonialisieren. Den Schmerz, in Klimadebatten nicht beachtet zu werden, teile ich als deutsche behinderte Frau auf meine Weise, da dieser Essay hier neben einem Sammelband zu Ableismus und Klimawandel der BUNDJugend eine der ersten Publikationen überhaupt darstellt. Ich hoffe, dies ist ein Anfang, dass in Zukunft auch im deutschsprachigen Raum behinderte Menschen in Klimadebatten aktiv einbezogen werden.[36]

unlearn medien

Julien Gupta & Manuel Kronenberg

Anfang 2024 hatten wir ein ziemlich unschönes und nicht ganz freiwilliges Hobby: Galgen und Deutschlandflaggen vor dem Wohnzimmerfenster unserer WG zählen. Wir wohnen in Berlin an einer viel befahrenen Straße, auf der sich täglich gefühlt der gesamte Berufsverkehr der Hauptstadt durchschiebt. Hier führte auch eine der Lieblingsrouten der protestierenden Landwirt*innen vorbei, die mit ihren Traktoren und Lkw – manche geschmückt mit Deutschlandflaggen und Galgen – hupend Richtung Brandenburger Tor rollten. Die Traktoren blockierten damals nicht nur die Straßen, sondern auch unsere Hoffnungsrezeptoren. Die von Rechtsextremen und anderen Deutschlandflaggenfans unterstützten Bauernproteste waren der Tropfen auf oder eher der Tritt gegen das sowieso schon zum Bersten volle Fass mit gesellschaftlicher Spaltung.

Doch dann erschien die jetzt schon legendär gewordene »Geheimplan«-Recherche von *Correctiv*.[1] Die Journalist*innen deckten auf, wie AfD-Politiker, Unternehmer*innen und Neonazis in einer Potsdamer Villa Pläne schmiedeten, um Millionen Menschen aus Deutschland zu vertreiben. Und plötzlich ging alles ganz schnell, die Stimmung kippte. In ganz Deutschland versammelten sich in den Wochen darauf Millionen auf den Straßen, um gegen Faschismus und für Demokratie zu demonstrieren.

Wenn eine einzelne Recherche die Macht hat, so viele Menschen vom Sofa zu holen, ist das auch ein Hoffnungsschimmer für alle, die zum Klima arbeiten und kommunizieren. Denn es zeigt: Gesellschaftlicher Wandel verläuft nicht linear. Es kann sich lange zäh anfühlen, und man muss vielleicht Hunderte Deutschlandflaggen zählen, bis endlich ein Kipppunkt erreicht ist und die Welt sich zum Besseren verändert. Es zeigt aber auch, dass es dafür verantwortungsbewusste, faktenorientierte und unabhängige Medien braucht – auch und insbesondere, wenn es ums Klima geht.

Zwischen Leugnung und Klimaangst

Gute Klimakommunikation ist für uns wie eine ausgestreckte, einladende Hand. Sie nimmt uns die Scheuklappen der Verdrängung ab und zieht uns aus dem Loch der Ohnmacht. Sie verschont uns nicht vor der bitteren Realität; gleichzeitig motiviert sie uns, zu handeln und somit Hoffnung zu schöpfen. Momentan ist die in vielen großen Medien verbreitete Klimaberichterstattung jedoch eher wie eine geballte, bedrohliche Faust. Mehr Teil des Problems als Teil der Lösung. Denn wenn sie überhaupt mal vorkommt, dann folgt sie viel zu häufig destruktiven Mustern: Sie konzentriert sich auf die Klimafolgen, meist ohne Blick auf die Lösungen, ist manchmal sogar faktisch falsch – und im schlimmsten Fall malt sie gleich die Apokalypse an die Wand.

Die Folge? Die ganze Palette von Verdrängung über Verharmlosung bis hin zu Ohnmacht. Immerhin leugnen hierzulande gar nicht mal so viele den menschengemachten Klimawandel, anders als zum Beispiel in den USA. (Übrigens, Klimawandel sagt man eigentlich nicht, aber dazu gleich mehr.)

Und trotzdem lässt die Klimakompetenz der Deutschen zu wünschen übrig: Nur 11 Prozent der Bevölkerung sind sich der gravierenden Gefahren durch die Erderhitzung wirklich bewusst.[2] Nicht wenige von denen, die sich intensiv mit der Klimakrise auseinandersetzen, haben mit Angstgefühlen zu kämpfen. Sie sind vor lauter Weltuntergangs-News ohnmächtig und resignieren. Das betrifft insbesondere junge Menschen. Von 10 000 befragten Kindern und Jugendlichen aus zehn Ländern gaben über 45 Prozent an, dass ihre Klimagefühle ihr tägliches Leben negativ beeinflussen.[3]

Die vorherrschenden Umgangsweisen mit der Klimakrise, von Verdrängung bis Klimaangst, sind ein Problem. Denn weder diejenigen, die verdrängen, noch diejenigen, die alles für nicht so schlimm halten, noch diejenigen, die vor lauter Hiobsbotschaften in Schockstarre verfallen, sind in der Lage zu handeln. Ohne handelnde Bürger*innen wird der nötige gesellschaftliche Wandel hin zu Klimagerechtigkeit aber nie gelingen.

Doch wie kann es überhaupt sein, dass sich die überwältigende Mehrheit der Bevölkerung der Dringlichkeit der Klimakrise immer noch nicht bewusst ist? Wir stellen uns das so vor: Jeder Mensch hat einen Klima-Türsteher im Kopf. Ein breiter Typ mit Vollbart und Bomberjacke von Alpha Industries (um alle Klischees zu bedienen). Er hat es sich zur Aufgabe gemacht, bloß keine unangenehmen Infos zur planetaren Krise in den ohnehin schon mit Sorgen vollen Laden zu lassen. Gute Klimakommunikation muss also vor allem eines: vorbeikommen an diesem Türsteher. Dafür braucht es nicht weniger als einen Wandel in der medialen Berichterstattung und einen neuen Journalismus, der Problembewusstsein und Handlungsbereitschaft fördert. Um dorthin zu kommen, müssen wir Medienschaffende vieles verlernen, was heute noch viel zu häufig als selbstverständlich gilt.

Die fünf größten Missverständnisse in der Klimaberichterstattung

Bislang bringen Medienberichte zur Klimakrise den Türsteher in unseren Köpfen regelmäßig gegen sich auf, indem sie immer wieder fünf großen Missverständnissen aufsitzen. Diese Missverständnisse schwirren wie Glaubenssätze durch viele Redaktionen und verhindern eine faktentreue und konstruktive Auseinandersetzung mit der Klimakrise. Sie zu vermeiden ist der erste wichtige Schritt in Richtung gute Klimakommunikation.

Missverständnis 1: »Es gibt doch schon viel Klima in den Medien«

Das Klima beschäftigt uns als Journalisten und Newsletter-Autoren jeden einzelnen Tag. Manchmal fühlt es sich jedoch so an, als wären wir einer großen Verschwörung auf den Leim gegangen: Das mit dem Klima kann doch nicht wirklich so schlimm sein! Würden sonst nicht alle pausenlos darüber reden? Wären Titelseiten und TV-Nachrichten nicht voll davon?

Sind sie aber nicht. Genau genommen wird die Klimakrise medial quasi totgeschwiegen. Aber Moment mal, denkst du jetzt vielleicht, es gibt doch inzwischen immer mehr Podcasts und Instagram-Kanäle übers Klima. Das stimmt zwar – und auch wir beide haben mit »Treibhauspost« einen eigenen Newsletter gestartet – aber einzelne neue Formate für ohnehin schon klimainteressierte Menschen ändern nichts an der Tatsache, dass Klima in den Medien im Großen und Ganzen ein Nischenthema ist. Das beweist auch ein Blick auf die Zahlen.

Aktuellen Analysen zufolge liegt der Anteil von Klimaberichterstattung

- in Tageszeitungen in Deutschland bei 3,5 Prozent,[4]
- in deutschen Online-Leitmedien bei 1,6 Prozent,[5]

- im deutschen Fernsehen (im Gesamtprogramm) bei 1,8 Prozent,[6]
- in Fernsehserien und -filmen bei 0,6 Prozent.[7]

Trotz Social Media und Telegram-Gruppen informieren sich die meisten Menschen immer noch im Fernsehen über die Klimakrise.[8] Hier wäre eine adäquate Berichterstattung also besonders wichtig. Leider geben selbst die öffentlich-rechtlichen Fernsehsender ein katastrophales Bild ab (weniger als 2,4 Prozent Klimainhalte im Gesamtprogramm).[9] Bei den TV-Sendungen *Anne Will, Hart aber fair* und *Maybrit Illner* wurde 2022 nur in zwei (!) der über 100 Ausgaben[10] über die Klimakrise gesprochen, 2023 waren es (im Zusammenhang mit der Energiepolitik) immerhin zwölf Sendungen.[11]

Aber wenigstens die gute alte *Tagesschau* greift das Klima einigermaßen häufig auf, oder? Nicht einmal annähernd. Wenn man in den zehn Jahren von 2009 bis 2018 alle Tage zusammenzählt, an denen in der *Tagesschau* nicht über das Klima berichtet wurde, kommt man auf satte 8,2 Jahre Ignorieren der Klimakrise.[12] Wie soll Krisenkommunikation in solch homöopathischen Dosen bitte am Klima-Türsteher vorbeikommen?

Missverständnis 2: »Klima ist ein Thema unter vielen«

Erinnerst du dich noch, als Will Smith bei der Oscarverleihung plötzlich aufstand, auf die Bühne marschierte und dem Moderator Chris Rock eine Ohrfeige verpasste? Bestimmt, denn die Schlagzeilen überschlugen sich regelrecht. Erinnerst du dich auch noch, wie viel Aufmerksamkeit der Weltklimarat der Vereinten Nationen (IPCC) ungefähr zur gleichen Zeit für seinen neuesten Bericht bekam – und vor allem: was drinstand?

Der IPCC warnte damals davor, dass Teile des Planeten in naher Zukunft unbewohnbar werden.[13] Selbst einigen großen

Medien war das höchstens eine Randnotiz wert. Die *Los Angeles Times* berichtete: »Erde auf dem Weg, unbewohnbar zu werden« – auf Seite drei. Peter Kalmus, NASA-Wissenschaftler und Klimaaktivist, konnte es nicht fassen und schrieb auf (damals noch) Twitter: »Das kann man sich nicht ausdenken.« Wenn eine Zeitung einen bald unbewohnbaren Planeten lediglich als eine weitere Story auf Seite drei behandle, sei das Klimaleugnung.[14]

Der russische Angriffskrieg, Corona, der Krieg im Nahen Osten – all das dominiert die Schlagzeilen. Und die nächste akute Krise mit globalen Auswirkungen kommt mit Sicherheit, vielleicht in Taiwan, Pakistan oder Nigeria. Die Frage ist nicht ob, sondern wann. Da bleibt nicht mehr viel Aufmerksamkeit übrig für noch mehr Krisen. Aber genau hier liegt das große Missverständnis: Die Erderhitzung ist nicht nur eine vorübergehende Krise und erst recht kein einzelnes Thema. Sie wirkt sich auf alle Bereiche der Gesellschaft aus. Es gibt nichts mehr, was nicht von der Erderhitzung betroffen ist oder sie mit verursacht (meistens beides).

In welchem Maß hat unsere Abhängigkeit von Gas den russischen Angriffskrieg auf die Ukraine begünstigt? Wie hängt die Zerstörung von Ökosystemen mit Pandemien zusammen? Warum treibt der weltweite Rechtsruck die Erderhitzung weiter an? Aber auch bei Olympischen Spielen, der Oscarverleihung, dem nächsten Bauprojekt ums Eck – die Klimakrise sollte immer mitgedacht werden. Oder wie es die Klimajournalismus-Netzwerke aus Deutschland und Österreich in ihrer Charta[15] formulieren: Das Klima ist kein Thema, sondern eine Dimension jedes Themas.

Missverständnis 3: »Es gibt immer zwei Seiten«

2023 war das heißeste Jahr seit 125 000 Jahren – sagen Wissenschaftler*innen des EU-Klimawandeldienstes Copernicus.[16]

Statistiken, die einen so langen Zeitraum betreffen, seien unglaubwürdig – sagt James Woudhuysen, der für rechte Medien Anti-Energiewende-Artikel schreibt.[17] Was stimmt denn nun? Sky News will »beide Seiten der Debatte«[18] zeigen und lädt Woudhuysen und Zoe Cohen von Extinction Rebellion in eine Talk-Sendung ein. Ein besseres Beispiel für deplatzierte Objektivität bei der Berichterstattung hätte der Nachrichtensender kaum liefern können. Dabei wollte er doch nur verschiedene Meinungen neutral wiedergeben – und ausgewogen zu berichten ist doch eigentlich ein journalistischer Qualitätsanspruch, oder?

In Beiträgen zur Klimakrise, insbesondere zu wissenschaftlichen Erkenntnissen, hat dieser sogenannte »He said, she said«-Journalismus aber nichts zu suchen. Denn unter Wissenschaftler*innen gibt es einen über 99-prozentigen Konsens zur Ursache der Klimakrise: menschengemachte Treibhausgase. Dies wird in den Medien immer noch allzu oft ausgeblendet (heute immerhin seltener als früher).[19] Dann werden die Fakten von Fachleuten und die Ansichten (oder sogar Desinformationen) von Nicht-Fachleuten gleichberechtigt wiedergegeben, um eine vermeintliche Ausgewogenheit zu schaffen, auch *False Balance* genannt. Im schlimmsten Fall glauben die Menschen so am Ende an einen wissenschaftlichen Dissens, den es gar nicht gibt.

Missverständnis 4: »Journalist*innen dürfen sich mit keiner Sache gemein machen«

Befeuert wird diese *False Balance* durch eine gesellschaftlich weit verbreitete Vorstellung, die auch viele Medienverantwortliche teilen: nämlich dass Klimaschutz ein parteipolitisches Interesse wäre. Die Initiative KLIMA° vor acht kann ein Lied davon singen. Sie fordert seit 2020 eine tägliche Klima-Berichterstattung im öffentlich-rechtlichen Fernsehen. Ihre Forderungen werden bis heute zurückgewiesen. *Tagesthemen*-Moderator Ingo Zamperoni befürchtet einen »Bias« in Richtung Klima.[20] Und der damalige ZDF-Intendant Thomas Bellut behauptete 2021: Das Klima sei momentan zwar ein wichtiges »Thema«, danach würde aber das nächste Thema kommen – und: »Damit macht man auch Politik.«[21]

In solchen Momenten wird dann gerne das in der Medienwelt fast schon legendäre Zitat des Journalisten Hanns Joachim Friedrichs hervorgeholt: Man dürfe sich als Journalist*in mit keiner Sache gemein machen, auch nicht mit einer guten. Diese Aussage ist jedoch völlig aus dem Kontext gerissen[22] und in ihrer Absolutheit schlicht nicht zutreffend. Denn natürlich macht sich Journalismus in einer Demokratie mit Werten gemein – er muss es sogar, es ist seine ureigene Funktion –, nämlich mit der Verfassung und den darin verankerten Menschenrechten. Und die sind durch die Klimakrise fundamental bedroht. Das heißt im Umkehrschluss: Klimaschutz ist kein parteipolitisches Interesse. Mit Klimaschutz sollten sich alle gemein machen, die Demokratie und Menschenrechte für schützenswert halten – das wiederum gilt für jede demokratische Partei.

Bei vielen Medienverantwortlichen ist das offenbar noch nicht angekommen: In der ARD läuft zur Primetime stattdessen weiterhin *Wirtschaft vor acht,* eine Sendung, in der die tagesaktuellen Börsenkurse vermeldet werden – natürlich auch von VW, Lufthansa, RWE und Co. Allesamt Konzerne, die jeden Tag zur Ausbeutung des Planeten beitragen.

Missverständnis 5: »Die Klimakrise ist ein weit entferntes Problem ohne Lösungen«

In einer Studie aus der Fachzeitschrift *Global Environmental Change* untersuchten Forscher*innen, wie Klimawissenschaften in den Medien dargestellt werden.[23] Sie fragten sich: Welche Ergebnisse der Klimaforschung landen in der Primetime und auf den Titelseiten? Und motivieren diese zu individuellem und kollektivem Handeln beim Klimaschutz?

Das Ergebnis: Medien greifen nur einen Bruchteil aller wissenschaftlichen Erkenntnisse zur Klimakrise auf. Dazu kommt, dass Klimafolgen überrepräsentiert sind – insbesondere solche, die weltweit am Ende des Jahrhunderts auftreten können. Was zu kurz kommt: Wie sich die Klimaerhitzung – heute schon – auf lokaler und regionaler Ebene auswirkt, vor allem aber, welche Maßnahmen und Lösungen es gibt, um dagegen zu wirken. Dieses Zerrbild erzeugt bei den Rezipient*innen emotionale Distanz. Denn die Folgen erscheinen als zu weit entfernt und die Herausforderungen als viel zu groß. Eine solche Berichterstattung holt die allerwenigsten für Klimaschutz vom Sofa.

Statt passive Überbringer von Hiobsbotschaften sollten Medien lieber Teil der Lösung sein, finden die Forscher*innen. Medien sollten vermitteln, dass die Klimakrise nicht einfach nur ein Umweltproblem ist und dass die Lösungen – wie die Beiträge in diesem Buch zeigen – über alle gesellschaftlichen Bereiche verstreut sind.

Diesen Fokus auf Lösungen in der Berichterstattung nennt man auch konstruktiven Journalismus. Heißt das jetzt, wir blenden die Probleme einfach aus und feiern blind jede gute Nachricht ab, auch wenn sie noch so klein ist? Auf keinen Fall. Feel-Good-Nachrichten, die eine heile Welt vorspielen, wären wenig konstruktiv. Konstruktiv zu berichten heißt vielmehr, die Probleme aufzuzeigen – und damit auch die Verantwortlichen klar zu benennen. Es heißt aber gleichzeitig auch, über eine reine Problembeschreibung hinauszugehen und mögliche Lösungen unter die Lupe zu nehmen. Welche Vorschläge gibt es? Wie lautet das Für und Wider? Nur so wird eine ernsthafte Debatte über Wege aus der Krise überhaupt möglich.

Diese fünf Missverständnisse sorgen nicht nur dafür, dass wichtige Klima-News vom Türsteher nach Hause geschickt werden. Sie bergen noch eine weitere Gefahr: dass der Türsteher stattdessen Informationen reinlässt, die sich als Fakten verkleidet haben, aber eigentlich unwahr sind. So finden Positionen Gehör, die die Klimakrise leugnen, verharmlosen oder Lösungsmaßnahmen diskreditieren. Das passiert heute immer noch viel zu oft – vor allem, weil solch irreführenden Bremser-Diskurse teils absichtlich gestreut werden.

Von wem? Von verschiedenen Akteur*innen, die von dieser Desinformation profitieren: autoritäre Staaten wie Russland oder Saudi-Arabien, rechte Medien und allen voran die Lobby der fossilen Industrie. Während die Klimakrise inzwischen zumindest in Deutschland kaum mehr aktiv geleugnet wird, steht heute vor allem das Anzweifeln der Lösungen auf dem Programm (siehe dazu das Kapitel »Desinformation« von Stefan Rahmstorf). Viele Medien greifen die Narrative der »Klima-Skeptiker« allzu häufig auf und verleihen ihnen Glaubwürdigkeit, indem sie sie wiederholen und verbreiten.[24] In der Treibhauspost-Redaktion nennen wir diese Narrative »fossile Märchen«.

Wie viele ihrer Grimm'schen Vorbilder sollen fossile Märchen Emotionen wie Trauer, Abneigung oder Angst auslösen. Und genau wie *Hänsel und Gretel, Aschenputtel* und *Rumpelstilzchen* sind sie frei erfunden und bedienen sich in ihren Narrativen gesellschaftlicher Stereotypen und Klischees.

»Klimaschutz ist teuer und bringt unseren hart erarbeiteten Wohlstand in Gefahr« ist ein solches fossiles Märchen. Es soll gezielt Abstiegs- und Verlustängste triggern und Bedenken gegen die notwendige Transformation schüren. Dass die Schäden durch Klimafolgen viel teurer werden als Investitionen in Klimaschutz (bis 2050 könnten sich die Klimaschäden allein in

Deutschland auf bis zu 900 Milliarden Euro belaufen),[25] wird dabei einfach unter den Tisch fallen gelassen.

Ein anderes fossiles Märchen: »Durch Klimaschutz gehen Arbeitsplätze verloren.« Natürlich ist es herausfordernd, den Strukturwandel in der Lausitz und anderen Braunkohlerevieren zu meistern, keine Frage. Genauso entstehen aber durch Umwelt- und Klimaschutz zahlreiche neue Arbeitsplätze. Laut Statistischem Bundesamt ist die Zahl der Beschäftigten in sogenannten »Green Jobs« innerhalb von zehn Jahren um 44,3 Prozent gestiegen.[26]

»Klimaschutz heißt Verzicht, Verbot und Bevormundung« lautet ein besonders populistisches fossiles Märchen, das mit der Angst vor dem Verlust persönlicher Freiheit sowie von Kultur und Tradition spielt. Dieses Narrativ wurde stark von den Medien befeuert, als die Grünen 2013 einen Veggie-Tag für Kantinen vorschlugen. Medien, die solche Narrative aufgreifen, spielen – bewusst oder unbewusst – fossilen Konzernen in die Karten.

Das, dessen Name nicht genannt werden kann

Die Strategien der Desinformation machen aber nicht Halt bei einzelnen Märchen. Sie zielen noch tiefer, auf unsere Sprache und auf einzelne Wörter, wie das Beispiel des US-amerikanischen Meinungsforschers und Beraters der Republikaner Frank Luntz zeigt: In einem vertraulichen Parteimemo empfahl er George W. Bush und seiner Regierung, bei öffentlichen Auftritten statt der Bezeichnung »Global Warming« den Begriff »Climate Change« zu verwenden, weil er ungefährlicher klinge.[27]

Diese Strategie ist mehr als ein harmloses Jonglieren mit Worten. Denn sprachliche Konzepte wecken Assoziationen und Emotionen und strukturieren damit unsere Wahrnehmung. Sie lenken unsere Aufmerksamkeit auf bestimmte Aspekte der

Wirklichkeit und lassen andere in den Hintergrund treten, erlauben es uns, sie auszublenden. Sprache ist mehr als nur ein Werkzeug, um uns auszudrücken und zu beschreiben, was ist. Sprache bestimmt den Modus, in dem wir auf die Welt blicken. Sie formt unser Bewusstsein und definiert das Denkbare.[28]

Wenn wir irreführende Worte nutzen, spielen wir im schlimmsten Fall denen in die Hände, die von einer ungerechten Welt und von einem »Weiter so« profitieren.[29] Diese Macht der Worte wirkt auch bei Begriffen wie Erderwärmung und Klimawandel: Sie strahlen weder Handlungsbedarf noch Dringlichkeit aus. Oder welche Gefühle assoziierst du mit »Wärme«? Wahrscheinlich ein angenehmes, wohliges Gefühl. Und das Wort »Wandel« haben wir in diesem Text schon dreimal in einem positiven Kontext verwendet.

Aber was wären passendere Worte? Klimakrise? Oder sogar Klimakatastrophe? Ökozid? Planetarer Kollaps? Gibt es überhaupt ein angemessenes Wort? »Das mit dem Klima« ist, in den Worten des Philosophen Timothy Morton, ein sogenanntes Hyperobjekt. Ein Objekt, dessen Ausdehnung über unser Verständnis von Raum und Zeit hinausgeht. Es ist übermäßig komplex, es durchzieht alle Lebensbereiche, umfasst unendlich viele Wirkmechanismen, durchdringt uns Menschen, beeinflusst unser Handeln. Alle sind Teil davon, gleichzeitig ist aber niemand in der Lage, das Ganze zu erfassen.

Wir stellen uns dieses Hyperobjekt als gigantischen, chaotischen Knoten vor, in dem alle gesellschaftlichen Bereiche und Ungerechtigkeiten miteinander verheddert sind. In der Mitte des Knotens sind die planetaren Krisen miteinander verflochten: Klima, Artensterben, die Versauerung der Ozeane, Abholzung, die Vergiftung mit Chemikalien und Plastikmüll. Sie bedingen sich häufig gegenseitig, verstärken sich sogar. Da steckt aber noch mehr in diesem riesigen Gewirr des Knäuels: postkoloniale Strukturen, verflochten mit strukturellem Rassismus, beides wiederum zusammengebunden mit Verdrängung und fachmännisch verknotet mit patriarchaler Macht und Diskriminierung. Zu allem Überfluss ist das kapitalistische Wirtschaftssystem auch noch völlig aus dem Ruder gelaufen, auf Nicht-Nachhaltigkeit ausgelegt und muss angepasst werden.

Unsere Sprache hat Grenzen. Kein einzelnes Wort kann alle Dimensionen dieses Knotens abbilden. Umso wichtiger ist es, zu erkennen, dass unsere Begriffe für diesen Knoten – für »das, dessen Name nicht genannt werden kann«[30] – unsere Wahrnehmung des Problems einschränken. Denn jeder einzelne Begriff beschneidet das komplexe Gebilde um vielzählige seiner Dimensionen.

Das gilt auch für den Begriff »Klimakrise« (der mangels Alternativen auch von uns und vielen anderen Klimajournalist*innen häufig verwendet wird). Er transportiert eine mindestens irreführende Vorstellung; denn eine Krise ist etwas, das vorbeigeht, sie ist eine temporäre Störung. Es klingt so, als bräuchte es nur das richtige Krisenmanagement, vielleicht noch die eine oder andere neue Technologie, schon würden wir alles wieder in den Griff bekommen und so weitermachen können wie bisher. Diese Vorstellung findet sich auch im aktuellen Klimadiskurs wieder. Der dreht sich nämlich vornehmlich um Dekarbonisierung, nach dem Motto: Wir müssen nur überall klimaneutral werden, nur das CO_2 aus der Gleichung streichen, schon geht alles wieder auf. Wie wir leben, wie wir wirtschaften, wie wir Ökosysteme und Menschen ausbeuten, darüber müssen wir dann nicht mehr reden.

Dieser CO_2-Tunnelblick blendet nicht nur die heute schon schwerwiegenden Folgen der Erderhitzung aus, insbesondere im Globalen Süden, sondern auch das äußerst wahrscheinliche Überschreiten von mehreren Klimakipppunkten auf dem Weg zur Klimaneutralität. Ein »klimaneutrales« Leben auf einem um

2,7 Grad erhitzten Planeten (worauf wir bei einem Weiter-so-Kurs aktuell zusteuern) gleicht in der Realität wohl eher der Hölle auf Erden als einem erstrebenswerten gesellschaftlichen Ziel.

Unlearn CO_2 heißt daher auch, den medialen Tunnelblick auf Treibhausgase zu verlernen. Ein erster Schritt in diese Richtung ist zu erkennen, dass unsere Begriffe für »du weißt schon was« unsere Wahrnehmung für das Problem begrenzen und wir uns deshalb umso mehr davor hüten sollten, uns am Lieblingsvokabular der Bremser*innen zu bedienen. Vor allem aber dürfen wir uns nicht von der Begrenztheit unserer Sprache abhalten lassen, den Blick immer wieder aufs große Ganze zu richten. Gute Klimakommunikation sollte versuchen, den gigantischen Knoten aus Rassismus, Kolonialismus, Patriarchat, klimaschädlichem Wachstum und all den anderen Gesellschaftskrisen zu entwirren. Sie sollte klar benennen, wenn die Fäden all dieser Ungerechtigkeiten mit denen der Klimakatastrophe zusammenlaufen.

Geschichten ohne Helden

Das Überwinden von Missverständnissen, fossilen Märchen und irreführender Sprache reicht jedoch noch nicht aus, um am Klima-Türsteher in unseren Köpfen vorbeizukommen. Fakten, die ganz allein (und schlecht gekleidet) in den Laden wollen, werden von ihm mit Sicherheit knallhart abgewiesen. Hand in Hand mit Emotionen haben sie jedoch eine Chance. Und nichts verbindet Fakten so elegant mit Emotionen, wie gute Geschichten es tun. Wenn wir Geschichten hören, schütten wir vermehrt diverse Hormone aus. Cortisol fesselt uns, Dopamin motiviert uns, Oxytocin fördert unsere Bindung zu anderen Menschen. Kurz: Geschichten wirken stärker als jede Statistik. Unser Hirn braucht Drama.

Was heißt das für eine gute Klimakommunikation? Dass wir

Geschichten brauchen, die uns fesseln. Geschichten vom Wandel, die uns zeigen, wie eine klimagerechte Welt aussehen kann. Bislang allerdings scheitert unsere Art des Geschichtenerzählens, wenn es ums Klima geht. Das liegt auch daran, dass sich unsere Erzählungen bestimmter Muster bedienen, allen voran der sogenannten Heldenreise.[31] Sie ist in so gut wie jeder großen Hollywood-Erzählung ein tragendes dramaturgisches Element, aber auch in der medialen Berichterstattung (wie wir gleich sehen werden). Doch die Heldenreise vermag es nicht, die Klimakrise, geschweige denn den nötigen gesellschaftlichen Wandel, adäquat abzubilden. Warum? Weil sie bestimmte Zutaten benötigt, die so gar nicht zum Rezept für gute Klimaberichterstattung passen, nämlich:

Helden: Unsere bisherigen Geschichten tun so, als müsste die Welt von auserwählten, starken Individuen, sprich von ein paar Superhelden, gerettet werden. Von Einzelkämpfer*innen mit besonderen, meist männlich konnotierten Fähigkeiten (Stärke, Leidensfähigkeit, Superkräfte). Die Klimakrise lässt sich aber natürlich nicht im Alleingang lösen, schon gar nicht von einem starken »männlichen« Helden. Stattdessen braucht es kollektives Handeln, Solidarität, Strategie und Geduld.

Bösewichte: Je böser der Schurke, desto stärker der Held. Das Problem: In der Klimakrise gibt es zwar haufenweise schlimme Bösewichte, allen voran die *Carbon Majors* (RWE, Shell, ExxonMobil etc.) und ihre Manager*innen. Die bringen aber bei Weitem keinen Gruselfaktor à la Lord Voldemort mit sich, auch wenn sie wohl deutlich mehr Leid verursachen. Hinzu kommt: Im Globalen Norden tragen wir alle irgendwie zum Schlamassel bei. Was wir bekämpfen müssen, ist kein einzelner finsterer Bösewicht. Vielmehr müssen wir uns einem über Jahrhunderte gewachsenen zerstörerischen Gesellschaftssystem mit fragwürdiger Einstellung zur Natur entgegenstellen – oder besser gesagt: es verlernen. Die Bandbreite der Beiträge in diesem Buch macht das mehr als deutlich.

Happy End: Zur Heldenreise gehören immer auch Konflikte, Spektakel und – ganz wichtig – eine große Auflösung, ein Happy End wie in Hollywood. In der Klimakrise gibt es diese eine große Lösung nur leider nicht. Die Erhitzung abstellen, Abspann laufen lassen und dann so weitermachen wie vorher, das funktioniert nicht. Wir brauchen viele kleine Maßnahmen, die wir Schritt für Schritt umsetzen. Und selbst dann geht es lediglich ums Eindämmen der Krise, um ein möglichst dauerhaftes Stabilisieren des Klimas. Wer glaubt, beim Klima gäbe es entweder ein Happy End oder eben ein pompöses Scheitern à la Roland Emmerich, der verkennt, dass die Klimakrise schrittweise über uns hereinbricht, im Laufe von Jahrzehnten und Jahrhunderten, gleichzeitig aber auch jede noch so winzige Anstrengung zählt, um die Folgen einzudämmen. Dass jedes Zehntelgrad weniger Erhitzung ein riesiger Erfolg ist. Und vor allem: dass Klimaschutz nicht obsolet wird, auch wenn wir die 1,5-Grad-Grenze überschreiten.

Ein weltbekanntes Beispiel für die journalistische Vernarrtheit in Heldengeschichten ist Greta Thunberg. Von den Medien wurde sie zur Klimaheiligen erhoben. Der Heldinnenstatus kam mit den unerfüllbaren Erwartungen an sie, sich tadellos zu verhalten und der Welt den Weg aus der Klimakrise zu zeigen. Und prompt, als sie mit ihrer Positionierung im Nahostkrieg Befremden auslöste, wurde sie von fast allen Medien fallen gelassen (und auch von vielen Anhänger*innen). Es ist wie beim Mythos von Ikarus, eine dramatische Geschichte von Aufstieg und Fall – ein in den Medien besonders beliebter Erzählbogen.[32] Das größte Problem an der Erzählung der tragisch gestürzten Heldin: dass mit Gretas Fall gleichsam die gesamte Klimabewegung infrage gestellt wurde. »Das Ende der Klimabewegung, wie wir sie kennen« und »Fridays No Future« waren da noch die freundlicheren Überschriften.[33]

Wandel – vor allem wie wir ihn zum Erreichen von Klimagerechtigkeit brauchen – ist also alles andere als eine Heldenreise. Wandel, schreibt die Autorin Rebecca Solnit, gleicht eher einem Staffellauf.[34] Ein Unterfangen mit vielen vernetzten Protagonist*innen – die einen führen weiter, was andere begonnen haben. Doch was heißt das konkret für Klimakommunikation?

Es heißt, den Blick umzulenken: weg von einzelnen Persönlichkeiten und ihrer Integrität, hin zu inhaltlichen Ideen und Handlungsoptionen. Weg vom tagesaktuellen Doom, hin zu positiven Trends wie die fortschreitenden Innovationen im Energiebereich oder die steigende Zahl erfolgreicher Klimaklagen. Weg von Konflikten und vom alltäglichen Spektakel (wie Machtkämpfe oder einzelne Extremwetterereignisse), hin zu existenziellen Zukunftsfragen, etwa: Wie definieren wir Wohlstand? Müssen wir demokratische Teilhabe vereinfachen? Und vor allem: Wer arbeitet heute schon an welchen Lösungen?

Vorbei am Klima-Türsteher

Damit sich die geballte Faust der momentanen Klimaberichterstattung zur einladenden Hand ausstreckt, braucht sie ein umfassendes Update. Denn kein einzelner TV-Beitrag, Zeitungsartikel oder Instagram-Post zum Klima kann wettmachen, was strukturell falsch läuft.

Dennoch lohnt sich der Blick auf einige Positivbeispiele. Denn es gibt sie, die Leuchttürme in der Medienlandschaft, die den Weg nach vorne weisen. Sie zeigen, dass konstruktive Klimakommunikation zwar immer noch eine Nische ist, aber keine Utopie mehr.

Der britische *Guardian* setzt Maßstäbe, was Häufigkeit und wissenschaftliche Genauigkeit seiner Klimaberichterstattung angeht. Und das Team vom anfangs erwähnten Recherchezusammenschluss *Correctiv* hat ein großes Netzwerk an Lokaljournalist*innen aufgebaut, um den Blick für die Klimakrise und ihre konkreten Zusammenhänge vor Ort zu schärfen.[35] Genauso wichtig aber sind Initiativen, die direkt an den strukturellen Stellschrauben drehen. Allen voran die Klimajournalismus-Netzwerke, die sich weltweit formiert haben, seit einigen Jahren auch im deutschsprachigen Raum. Die beiden Netzwerke aus Deutschland und Österreich etwa haben gemeinsam eine Charta[36] veröffentlicht, die beschreibt, was guten Klimajournalismus ausmacht – mit mehr als 300 Unterschriften von teils prominenten Medienschaffenden, die diese Ideen in die verschiedensten Redaktionen tragen. Von solchen Initiativen und Leuchtturm-Medien brauchen wir noch viele, viele mehr. Sie kommen nicht nur in den allermeisten Fällen am inneren Klima-Türsteher vorbei. Sie haben sogar verdammt gute Chancen auf einen dauerhaften Platz auf der Gästeliste.

Gute Klimaberichterstattung räumt auf mit journalistischen Missverständnissen und fossilen Märchen. Sie hinterfragt Bremserargumente, Greenwashing und dreiste Lügen. Sie ist wissenschaftlich auf dem neuesten Stand, berichtet über Zusammenhänge und fokussiert sich auf Lösungen. Sie erzählt von den Erfolgen im Kampf gegen die Klimakrise, immer im Bewusstsein über die Grenzen unserer Sprache.

Das ist Klimakommunikation mit ausgestreckten Händen: transformativ, informierend, konstruktiv und aktivierend. Denn sie ermächtigt Menschen dazu, sich in dieser alles umfassenden Krise nicht mehr hilflos zu fühlen, sondern Teil des Wandels zu werden. Oder mit anderen Worten: CO_2 endlich zu verlernen.

unlearn recht

Alexandra Endres & Roda Verheyen

Hat die Natur, haben die natürlichen Systeme der Erde ein Recht auf Erhalt oder sogar ein Recht auf eine gesunde Entwicklung? Die Frage ist nicht akademisch, sondern existenziell, auch für uns persönlich. Wie wir darauf antworten, entscheidet über die Lebensgrundlagen der Menschheit – und damit auch über die Existenzgrundlagen der Menschen, denen wir uns verbunden fühlen, und auch über unsere eigenen.

Doch leider sieht die herrschende Rechtslage – bis auf einige Ausnahmen – für den Klima- und Naturschutz nicht sehr gut aus. Generell schützt das geltende Recht vor allem bestehende (Nutzungs-)Interessen, insbesondere der Wirtschaft, gerade auch der fossilen Konzerne. Das ist historisch begründet, denn in unserem Rechtssystem spiegelt sich der Stand der gesellschaftlichen Debatten; veränderte Prioritäten schlagen sich erst verzögert nieder. Für unsere Gesetze und anderen Vorschriften bedeutet das: In der Regel folgen sie immer noch der alten, bis heute vorherrschenden, auf fossilen Füßen stehenden Wohlstands- und Wachstumslogik.

Doch die gute Nachricht ist, dass Gesellschaften sich verändern. Erst recht in Krisenzeiten, wenn der Handlungsdruck immer weiter steigt. Und so, wie sich gesellschaftliche Debatten weiterentwickeln, wird auch der rechtliche Rahmen, den die

Bürger*innen eines Landes sich geben – vertreten durch das Parlament als ihr zentrales gesetzgeberisches Organ – kontinuierlich angepasst. Gleichermaßen kann sich auch die Auslegung der Gesetzestexte durch die Gerichte verändern.

Darin liegt auf rechtlicher Ebene die entscheidende Chance im Kampf gegen die Klimakrise: Der gesellschaftliche Fortschritt kann die Gesetzgebung und Rechtsprechung für den Klimaschutz vorantreiben. An manchen Stellen geschieht das bereits. Nur erfolgt der Wandel nicht von selbst, sondern muss erstritten und vor Gerichten durchgesetzt werden.

Um unser Recht klimafest zu gestalten, also so zu verändern, dass es der Klimakrise und ihren Auswirkungen wirksam begegnen (und auch die Biodiversität ausreichend schützen) kann, müssen wir an den Grundlagen unserer heutigen Wirtschafts- und Lebensweise rühren. Denn die nötigen Veränderungen gefährden mächtige, etablierte Interessen. Deshalb wächst der Widerstand gegen eine ehrgeizige Klimapolitik. Und deshalb sind die nötigen rechtlichen Veränderungen so schwer durchsetzbar. Aber weil gerade dadurch die Basis dafür geschaffen werden kann, dass Menschen auch in Zukunft ein gutes Leben führen können, lohnt es sich, für sie zu kämpfen – dafür, dass unser Rechtssystem die Natur und damit unser aller Lebensgrundlagen besser schützt als die Interessen fossiler Konzerne und dass es endlich berücksichtigt, dass die ökologische Belastbarkeit des Planeten endlich ist.

Zum Glück gibt es bereits viele Ideen und auch ein paar handfeste Erfolge, die uns diesem Ziel näherbringen – so wie beispielsweise der Klimabeschluss des Bundesverfassungsgerichts aus dem Jahr 2021. Er ist eine starke juristische Grundlage, um klimaschädliche Emissionen künftig radikal zu senken.

Die planetaren Grenzen respektieren

Die Menschheit bringt die Erde schon heute an ihre ökologischen Belastungsgrenzen und teilweise weit darüber hinaus. Das ist ein alarmierender Befund. Eigentlich müsste unser Rechtssystem die planetaren Grenzen unter allen Umständen schützen! Denn wenn wir weiterhin diese Grenzen in immer mehr Bereichen überschreiten, gefährden wir unser eigenes Überleben.

Auch unsere unveräußerlichen, unteilbaren Menschenrechte – darunter das Recht auf Freiheit, auf ausreichend Nahrung, auf Leben und Gesundheit, um nur einige wichtige zu nennen – können nicht mehr gewahrt werden, wenn wir die natürlichen Grundlagen unseres Überlebens dauerhaft und tiefgreifend beschädigen. Das ist der Fall, wenn beispielsweise in Folge der Klimakrise Getreide auf den Feldern verdorrt und Vieh verdurstet, wenn Menschen in manchen afrikanischen Ländern aufgrund von Dürren kein Trinkwasser mehr finden oder wenn im europäischen Sommer durch die überhitzten Städte die Anzahl lebensbedrohlicher bis tödlicher Herzprobleme drastisch zunimmt.

Das Konzept der planetaren Grenzen ist schon lange wissenschaftlich etabliert. Eine Forschungsgruppe um den schwedischen Resilienzforscher Johan Rockström, heute einer von zwei wissenschaftlichen Direktoren des Potsdam-Instituts für Klimafolgenforschung (PIK), stellte es erstmals im Jahr 2009 vor.[1] Seither wurde es stetig weiterentwickelt und verfeinert. Aber der wichtigste Grundgedanke hat sich Studie um Studie immer wieder bestätigt: Nur wenn die Menschheit die planetaren Grenzen respektiert, bewahrt sie ihren »sicheren Handlungsspielraum«, wie die Forschenden um Rockström es nennen. Macht sie so weiter wie bisher, beschleunigt sie tiefgreifende, unumkehrbare Umweltveränderungen und ruiniert auf diese Weise nicht nur ihre Umwelt – sondern vor allem auch ihre eigene Lebensgrundlage.

Das Konzept der planetaren Grenzen müsste eigentlich attraktiv sein für alle, die Recht setzen und es anwenden. Grenzen (polemisch auch »Verbote« genannt) sind im geschriebenen Recht völlig üblich und normalerweise auch gut umsetzbar. Gerichte können sie im Rahmen von unbestimmten Rechtsbegriffen wie »schädlich« oder »zumutbar« auslegen – zum Beispiel, wenn sie darüber entscheiden, ob Behörden Fahrverbote zur Verminderung »schädlicher Luftverunreinigungen« erlassen müssen oder nicht. Die planetaren Grenzen könnten vom Recht ganz ähnlich ausgelegt werden wie andere Grenzen auch – trotzdem sind sie bis heute im geschriebenen Recht unterrepräsentiert und werden in Urteilen kaum als Begründung herangezogen. Und das, obwohl zuletzt im Herbst 2023 Forscher*innen öffentlich davor warnten, dass bereits sechs der neun Belastungsgrenzen überschritten sind.[2] Konkret heißt das: Die Menschheit verbraucht zu viel Süßwasser, sie nutzt zu viel Fläche für Landwirtschaft und Siedlungsbau und holzt zugleich zu viele Wälder ab. Sie hat zu viel Phosphor und Stickstoff in die Böden eingebracht, vergiftet und verschmutzt ihre Umwelt mit Schadstoffen und Plastik, verursacht ein massenhaftes Artensterben in rasantem Tempo – und mit ihren Treibhausgasemissionen bringt sie nebenbei auch noch das Klima aus dem Gleichgewicht.

Der Verlust an Biodiversität ist besonders weit fortgeschritten. Darüber sind auch Klimaforscher*innen sehr besorgt. Denn wenn Ökosysteme verschwinden, weil zum Beispiel Wälder abgeholzt oder Moore trockengelegt werden, treibt das nicht nur die Klimakrise weiter voran. Es schwächt zugleich in wachsendem Ausmaß die Fähigkeit der Erde, die katastrophalen Folgen der Erderhitzung abzupuffern – und damit sinken auch die Möglichkeiten, dass Menschen sich an die klimatischen Veränderungen anpassen können.

Die Konsequenz daraus ist eigentlich ganz einfach: Wir

müssten unsere klimaschädlichen Emissionen sofort auf null senken, indem wir aufhören, fossile Energiequellen zu nutzen. Zugleich müssten wir die wenige unberührte Natur, die es auf der Erde noch gibt, unter absoluten oder jedenfalls sehr weitgehenden Schutz stellen. Zuallererst trifft diese Verpflichtung die reichen Industrieländer, die bisher am stärksten davon profitiert haben, dass wir die Atmosphäre als Müllkippe für unsere Treibhausgase missbrauchen. Außerdem sind sie in der Lage, den klimafreundlichen Wandel zu finanzieren. Dass sie vorangehen, wäre einfach ein Gebot der Gerechtigkeit. Aber natürlich gilt auch: Um die Klimakrise in den Griff zu bekommen, müssen alle mitmachen, weltweit.

Für das Recht bedeutet das eine radikale Umkehr von der bisherigen Praxis: Jeder weitere Ausstoß von CO_2 und anderen Treibhausgasen und jeder weitere Naturverbrauch müssten ab sofort verboten werden! Ausnahmen wären möglich, bestätigten aber nur die Regel. Das klingt utopisch. Tatsächlich gibt es aber in manchen Ländern bereits ein Recht und eine Rechtsprechung, die klimaschädlichen Emissionen Grenzen setzt, zum Beispiel in den Niederlanden, in Frankreich, Belgien und auch in Deutschland. Immerhin eine planetare Grenze ist damit auch rechtlich anerkannt. Schon das ist revolutionär.

Eine Grenze, die die Freiheit schützt

Im April 2021 fällte das Bundesverfassungsgericht einen historischen Beschluss. Als höchstes deutsches Gericht bestätigte es: Um die Freiheitsrechte künftiger Generationen zu schützen, muss die deutsche Klimaschutzpolitik die Vorgaben des Pariser Klimaabkommens aus dem Jahr 2015 umsetzen. Diese Entscheidung setzt den deutschen CO_2-Emissionen enge Grenzen – und sie ist auch für künftige Bundesregierungen bindend. Klimaschutz hat somit Verfassungsrang.

Mit diesem Urteil hatte niemand gerechnet – auch Roda nicht, die damals als Anwältin federführend an einer der vier Beschwerden beteiligt war, über die das Bundesverfassungsgericht entschied. Es war ein riesiger, völlig überraschender Erfolg. Die Richterinnen und Richter waren sich einig: Je länger wir zögern, engagierten Klimaschutz wirklich umzusetzen, desto kleiner wird der noch verbleibende Spielraum; und desto stärker werden künftige Generationen in ihrer Freiheit eingeschränkt. Die Freiheit, die wir heute genießen, ist nicht mehr wert als die der Menschen, die nach uns kommen.

»Künftige Generationen«: Das klingt, als zeigten sich die Konsequenzen unseres Zögerns erst in sehr ferner Zukunft. In Wahrheit sind aber schon unsere Kinder und Enkelkinder davon betroffen – und auch wir selbst, wie die jüngsten Temperaturrekorde und die immer häufiger und intensiver auftretenden Wetterextreme beweisen.

Mit ihrer Entscheidung erkennen die höchsten deutschen Richter*innen vor allem ein Ziel des Pariser Abkommens als maßgeblich an: Die Erderwärmung bei deutlich unter zwei Grad, idealerweise bei 1,5 Grad Celsius über dem vorindustriellen Niveau, zu stoppen.[3] Will man dieses Ziel erfüllen, ergibt sich daraus ein wissenschaftlich fundiert kalkuliertes CO_2-Budget,[4] das (unter der Annahme, dass allen Menschen dasselbe Budget zusteht) den verbleibenden Spielraum für die deutschen Emissionen beschreibt. Durch das Urteil von 2021 sagt das höchste deutsche Gericht, dass die deutsche Politik und Gesetzgebung sich an diesem Budget orientieren müssen – was bisher nicht der Fall ist.

Eine Neuberechnung des Budgets durch den Sachverständigenrat der Bundesregierung im März 2024, knapp drei Jahre später,[5] ergab: Das deutsche CO_2-Budget, das immerhin eine Chance von 67 Prozent verspricht, die Erderwärmung noch bei 1,5 Grad aufzuhalten, ist aufgebraucht. Deutschland hat – gemessen am

Anteil an der Weltbevölkerung – seinen Spielraum bereits mehr als ausgeschöpft. Das Budget, das die durchschnittliche Erwärmung unseres Planeten mit einer Wahrscheinlichkeit von 67 Prozent noch auf 1,75 Grad begrenzt – und das der Entscheidung des Bundesverfassungsgerichts zugrunde lag –, ist zwar noch nicht ganz erschöpft. Doch es schrumpft ebenfalls rapide und wäre deutlich vor 2045 aufgebraucht – dem Jahr, in dem Deutschland laut Klimaschutzgesetz treibhausgasneutral sein soll. Es ist völlig offen, wie Politik, Gesetzgeber und Gerichte darauf reagieren.

Es gibt weitere Beispiele dafür, dass Gerichte die planetare Klimagrenze und die aktuellen Forschungsergebnisse der Klimawissenschaft als Maßstab für politisches Handeln anerkennen. Den Anfang machten bereits 2015 die Niederlande,[6] und neben dem Klimabeschluss aus Karlsruhe stehen heute Beschlüsse und Urteile aus Frankreich, Irland, Belgien, Pakistan, der Tschechischen Republik und vielen anderen Ländern.

Einen wichtigen Erfolg haben im Frühjahr 2024 Schweizer Seniorinnen vor dem Europäischen Menschenrechtsgerichtshof (EGMR) erzielt. Das Gericht verurteilte die Schweiz, mehr fürs Klima zu tun – weil die Schweizer Klimapolitik den unveräußerlichen, unteilbaren, individuellen Menschenrechten der Seniorinnen zuwiderlief. Außerdem definierte der EGMR konkrete Kriterien, an denen sich eine menschenrechtskonforme Klimapolitik seither messen lassen muss. Zunächst verurteilte er damit die Schweiz – aber indirekt bindet das Urteil auch die anderen Mitgliedstaaten der Europäischen Menschenrechtskonvention, darunter auch Deutschland.

Diese Erfolge ermutigen zu weiteren Klimaklagen. In einem Verfahren in Südkorea dient der Klimabeschluss des Bundesverfassungsgerichts als ein wichtiges Vorbild.[7] Die Anzahl von Klimaklagen steigt weltweit, und zunehmend gibt es auch Verfahren gegen Unternehmen. Ein Beispiel dafür ist eine Klage gegen

Shell in den Niederlanden, durch die 2021 erreicht wurde, dass der Ölkonzern seine CO_2-Emissionen bis 2030 um 45 Prozent im Vergleich zu 2019 senken muss – wogegen Shell Berufung eingelegt hat. In Deutschland hat eine – von Roda vertretene – Klage des peruanischen Bergführers Saúl Luciano Lliuya gegen den Kohlekonzern RWE Aufsehen erregt. Auch Unternehmen in der Schweiz, Italien und den USA müssen sich verantworten.

Das sind bahnbrechende Urteile und Verfahren, auf denen man aufbauen muss. Denn so revolutionär die Entscheidungen der Gerichte in den verschiedensten Ländern auch sind: Die weltweiten Emissionen steigen trotz der Urteile immer weiter an.

Ein juristisches Vakuum tut sich auf

Es gibt einen wichtigen Grund, warum zumindest in Deutschland trotz des wegweisenden Urteils des Bundesverfassungsgerichts noch zu viele Treibhausgase ausgestoßen werden: Das oberste deutsche Gericht hat sich in seinem Beschluss nicht dazu geäußert, wie das noch verbleibende CO_2-Budget auf die einzelnen Sektoren und Akteure verteilt werden soll. Wer darf noch emittieren und in welchem Ausmaß? Was gilt für Unternehmen, Privatleute, die öffentliche Hand? Die Energieversorgung, die Chemieindustrie, den Verkehr? Sollen Emissionsquellen, die für die Grundversorgung der Bevölkerung wichtiger sind als andere, bevorzugt behandelt werden?

Darüber zu entscheiden ist Aufgabe des Gesetzgebers, also des Parlaments. Der Bundestag setzt aber derzeit, ebenso wie die Bundesregierung, andere Schwerpunkte. In einer Zeit, in der wieder Krieg in Europa herrscht, die gesellschaftlichen Konflikte schärfer ausgetragen werden und rechte Parteien in vielen Ländern auf dem Vormarsch sind, ist der Klimaschutz von einem frustrierend starken Rollback bedroht.

Doch es gibt noch einen weiteren Grund, weshalb aus der

Theorie des Beschlusses noch keine Praxis geworden ist: Das in Deutschland tradierte Umweltrecht folgt einer völlig anderen Logik als die Entscheidung der höchsten Richter*innen, und diese Logik lässt sich nicht einfach so übergehen. Statt das Wohl der Natur stellt sie das Wohl der Wirtschaft in den Mittelpunkt.

Man könnte auch sagen: Zwischen der Entscheidung des Verfassungsgerichts und einzelnen, ganz konkreten Genehmigungsverfahren und Projekten tut sich ein juristisches Vakuum auf. Deshalb werden legalerweise neue Straßen gebaut, bestehende Kohlegruben weiter ausgebaggert und zusätzliche Flüssigerdgas-Terminals genehmigt – obwohl jedes einzelne Vorhaben dazu beiträgt, die Emissionen noch weiter in die Höhe zu treiben, also unser CO_2-Budget immer stärker zu überziehen. Das klassische Umweltrecht setzt auch der Produktion von Plastik oder belastenden Chemikalien keine quantitativen Grenzen – das ist ein erhebliches Problem für Klimaziele und den Schutz der Biodiversität. Das Umweltrecht orientiert sich nicht an den ökologischen Grenzen der Welt. Stattdessen nimmt es den je aktuellen Stand der Technik als Maßstab, um Grenzwerte für einzelne Schadstoffe festzulegen – es berücksichtigt dabei jedoch nur bereits bekannte Schadstoffe. Das führt dazu, dass potenziell gefährliche Stoffe, deren Giftigkeit noch nicht weiter erforscht ist, gar keinen Einschränkungen unterliegen.

In der juristischen Praxis heißt das: Der Bau einer Fabrik muss genehmigt werden, solange die betreibende Firma die Lärmschutz-, Abwasser- oder Rauchgasreinigungsvorschriften erfüllt. Autos erhalten eine Zulassung, sofern sie die bestehenden Abgasgrenzwerte einhalten. Und wenn die Fabrik erst einmal steht, das Auto erst einmal zugelassen ist, greift der Bestandsschutz. Dann kann die Genehmigung nicht mehr so ohne Weiteres widerrufen werden, selbst wenn Abgas-, Lärmschutz- oder andere Grenzwerte immer weiter verschärft werden.

Vorrang für das Wirtschaftswachstum

Das Muster hinter solchen Fällen ist immer das gleiche: Wirtschaftswachstum und der Erfolgsmaßstab des »Immer mehr« genießen Vorrang. Umwelt- und Klimaschutz sind nur Abwägungsbelange, das heißt, sie müssen gegen andere Rechtsgüter wie die Freiheit des Eigentums abgewogen werden.

Dabei haben staatliche Akteure einen gewissen Spielraum, den sie nach eigenem Ermessen nutzen können – aktuell fallen ihre Abwägungen allzu oft gegen den Natur- und Klimaschutz und für wirtschaftliche Interessen aus. Weder Verbrauch noch Produktion werden mengenmäßig eingeschränkt. Das Recht, eine natürliche Ressource zu nutzen, wird regelhaft – bisher jedenfalls – vor Gericht stärker gewichtet als das Recht der Natur auf Schutz.

Das alles gilt, obwohl das Grundgesetz bereits 1994 um Artikel 20a erweitert wurde. Dieser verpflichtet den Staat – also die Parlamente, die vollziehenden Behörden und die Gerichte – dazu, »in Verantwortung für die künftigen Generationen die natürlichen Lebensgrundlagen« und seit 2002 auch »die Tiere« zu schützen.[8] Die Verfassung bietet also einen ausreichenden Ausgangspunkt für die Wahrung planetarer Grenzen – nur wird das bisher selten berücksichtigt, wenn Eigentumsrechte, Wachstum und Naturschutz gegeneinander abgewogen werden.

Übrigens legitimiert auch das Recht auf Eigentum nicht alle beliebigen Nutzungsvorhaben, denn laut Grundgesetz soll sein Gebrauch »zugleich dem Wohle der Allgemeinheit dienen«.[9] Auch wenn damit bis vor Kurzem die Enteignung ganzer Dörfer für den Braunkohlebergbau begründet wurde, lässt dies doch alle Möglichkeiten für ein Recht, das die planetaren Grenzen achtet. Leider hat sich diese Erkenntnis bei Gerichten und auch im kleinteiligeren Fachrecht noch nicht durchgesetzt.

Deshalb dürfen ökologische Ressourcen weiterhin ungebremst genutzt werden, solange die resultierende Umweltverschmutzung nicht über gewisse Grenzen hinausgeht. Wer ein Projekt beantragt, muss dessen Unschädlichkeit für die Natur bislang nicht belegen. Tatsächlich kann heute in fast allen Ländern der Welt eine Genehmigung auch dann erteilt werden, wenn das Projekt erhebliche negative Folgen für die Umwelt hat.

Und während die Unternehmen (und damit deren Gesellschafter*innen und Anteilseigner*innen, also nur einige wenige) Gewinne machen, werden die externen Kosten der Umwelt- und Klimakrisen weiterhin der Allgemeinheit aufgebürdet. Die Erderhitzung strapaziert die öffentlichen Kassen auch jenseits von besonders zerstörerischen Katastrophen wie der Flutkatastrophe im Ahrtal – etwa wenn Waldbesitzer*innen und Landwirt*innen staatliche Fördermittel zum Ausgleich von Dürreschäden erhalten[10] oder wenn Städte Bäume pflanzen, Parks vergrößern und Sickerflächen anlegen, um in Zukunft besser gegen Hitzewellen und Starkregen gewappnet zu sein.

Einzelne machen Gewinne mit der Ausbeutung des Planeten, die Allgemeinheit zahlt. Das zeigt: Indem das bestehende Recht nicht genug gegen die Klimakrise unternimmt, bevorzugt es nicht nur wirtschaftliche Interessen vor denen der Umwelt – sondern verfestigt und vergrößert bereits bestehende Ungerechtigkeiten.

Die Erderhitzung gefährdet nicht nur die Freiheitsrechte, sie bedroht darüber hinaus das Recht auf Leben und Gesundheit, auf eine ausreichende Ernährung und sauberes Wasser, auf soziale Sicherheit und Familienleben. Und wenn Menschen durch die Klimakrise ihre Heimat verlieren, verletzt das nicht nur ihr Recht darauf, den eigenen Aufenthaltsort frei zu bestimmen, sondern gefährdet auch ihren sozialen Zusammenhalt und ihr kulturelles Erbe, zum Beispiel wenn wichtige Gebäude, Friedhöfe oder andere spirituelle Versammlungsorte durch den Anstieg des Meeresspiegels zerstört werden.

Aufgrund der zunehmenden Verschärfung der Lage stehen Menschenrechte heute im Mittelpunkt vieler Klimaklagen.[11] Manche sagen: Weil die Menschen ein Teil der Natur und damit von ihr abhängig sind, sollte auch die Natur eigene, unveräußerliche Rechte erhalten – diese Weltsicht ist beispielsweise in den indigenen Gemeinschaften Lateinamerikas besonders weit verbreitet.

Inzwischen sind schon einige Urteile, die diese Auffassung unterstützen, in verschiedenen Ländern verkündet worden. So hat 2016 das kolumbianische Verfassungsgericht dem Fluss Atrato eigene Rechte zugesprochen, die den menschlichen Grundrechten ähneln. 2017 erhielt der Whanganui-Fluss in Neuseeland eigene Rechte per Gesetz. 2018 erkannte der Oberste Gerichtshof Kolumbiens dem Amazonas-Regenwald des Landes eine eigene Rechtspersönlichkeit zu. Und im Nachbarland Ecuador sind die Rechte der Natur seit 2008 sogar in der Verfassung verankert, in Bolivien seit 2010. Auch in Europa gibt es erfolgreiche Urteile: In Spanien wurde einer Lagune per Gesetz ein Eigenrecht verliehen.

Wir leben längst in einer Welt voller Menschen. Unser Rechtssystem stammt aber noch aus einer Zeit mit viel menschenleerer Natur. Das ist bis heute zu spüren. Doch allein seit 1980 hat sich die Weltwirtschaft ungefähr verzehnfacht. Das Wirtschaftswachstum stößt allein aus rein stofflichen Gründen an seine Grenzen. Die Grenzen des Wachstums zeigen sich auch in der irgendwann erschöpften Fähigkeit natürlicher Systeme wie der Ozeane und der Atmosphäre, unseren Müll, CO_2 oder andere Emissionen aufzunehmen. Deshalb müssen wir aus der Wachstumslogik ausbrechen, wie Claudia Kemfert in ihrem Beitrag »Unlearn Wachstum« darlegt.

Neue Ideen für ein klimafestes Rechtssystem

Ein Leben in Würde für alle innerhalb der planetaren Grenzen, so lautet das große Ziel – das sich übrigens auch die Bundesregierung in ihrer aktuellen Nachhaltigkeitsstrategie[12] zu eigen macht. Um das zu erreichen, muss sich auch unser Rechtssystem weiterentwickeln. Es muss der Aufgabe dienen, die Energie- und Klimawende anzutreiben und dabei die natürlichen Ressourcen und mit ihnen die Menschenrechte zu schützen. Für eine Umgestaltung in diesem Sinne gibt es einige Ideen.

Ökologische Verhältnismäßigkeit: Eine Neuausrichtung beginnt im Kleinen und ganz konkret. Natur- und Klimaschutz müssen Vorrang genießen, wenn es darum geht, ob Straßen, Gaskraftwerke und Terminals für Flüssigerdgas gebaut werden. So sind Genehmigungen nur noch möglich, wenn die Klima- und Biodiversitätsziele, die Deutschland sich gesetzt hat, durch den Bau oder Betrieb der neuen Infrastruktur nicht gefährdet werden. Das im Grundgesetz garantierte Recht auf Eigentum würde endlich auch ökologisch eingeschränkt. Dadurch wurden Artikel 14 und 15 des Grundgesetzes, die den Schutz des Eigentums, seinen Gebrauch zum Wohle der Allgemeinheit und die Möglichkeit von Enteignungen regeln, vom Kopf auf die Füße gestellt. Und Artikel 20a, der den Schutz der Natur und Tierwelt als Ziel staatlichen Handelns postuliert, würde endlich wirksam werden.

Diesen Gedanken hat zum Beispiel der Bremer Umweltjurist Gerd Winter in seinem Konzept der »ökologischen Verhältnismäßigkeit« formuliert.[13] Winter forscht zum Prinzip der Verhältnismäßigkeit, an dem der Staat sich orientieren muss, wenn er in bürgerliche Freiheitsrechte eingreift – zum Beispiel in das Recht auf Eigentum.

Dieses Prinzip überträgt er auf die Nutzung natürlicher Ressourcen. Auch hier muss die Bewertung, ob legitime Ansprüche vorliegen, dem Grundsatz der Verhältnismäßigkeit folgen, argumentiert Winter. Das bedeutet: Der Staat muss zunächst gut begründen, warum er Ressourcen abbaut, Treibhausgasemissionen zulässt oder Flächen versiegelt. Er muss dann immer das umweltschonendste Mittel wählen, das für die Erreichung seines Ziels – etwa den Bau einer Straße, die Versorgung des Landes mit Energie, die Schaffung neuen Wohnraums – geeignet ist. Und falls die Prüfung der Verhältnismäßigkeit ergibt, dass jedes denkbare Mittel unangemessene ökologische Auswirkungen hat, dann muss er sein Vorhaben eben aufgeben oder die Genehmigung eines privatwirtschaftlichen Projekts verweigern.

Bisher zog die Natur in solchen Prüfungen wie gesagt meist den Kürzeren. Aber in einer Zeit, in der unsere Gesellschaft die planetaren Grenzen immer weiter überschreitet und die Wissenschaft immer besser belegen kann, wie sehr dadurch die Lebensgrundlagen der Menschheit gefährdet werden, kann sich das schnell ändern – und das muss es auch. Seit dem wegweisenden Urteil des Bundesverfassungsgerichts im Jahr 2021 sind in der Güterabwägung zum einen die Belange der Natur und menschliche Freiheitsrechte – die meist höher gewichtet werden – in Einklang zu bringen. Zum anderen muss mit Blick auf die Klimabilanz staatliche Planungshoheit oder das Freiheitsrecht, persönliches Eigentum weitestgehend nach Belieben zu nutzen, gegen die Handlungsfreiheit künftiger Generationen abgewogen werden.

Planetare Gemeingüter: Johan Rockström, der Begründer des Konzepts der planetaren Grenzen, denkt in globalem Maßstab. Gemeinsam mit weiteren Autor*innen hat er folgende Idee: Wir sollten bestimmte Ökosysteme, von deren Erhalt die Bewohnbarkeit der Erde abhängt, als »planetare Gemeingüter« unter einen besonderen Schutz stellen. Beispiele dafür sind unter anderem die tropischen Regenwälder, die Permafrostböden der Nordhalbkugel und die Korallenriffe.

Den Forscher*innen schwebt ein recht komplexes Regulierungssystem vor, in dem nicht nur die Nationalstaaten das Sagen haben, sondern etwa auch lokale indigene und andere Gemeinschaften: Würde beispielsweise ein Regulierungsrahmen für den Amazonas-Regenwald eingeführt, dann läge die Hauptverantwortung für dessen Schutz bei »einer begrenzten Anzahl souveräner Länder, indigener Völker und Gemeinschaften«, wie die Wissenschaftler*innen in einem Fachaufsatz schreiben. Die Staaten und alle anderen Akteur*innen, die sich für den Schutz des Waldes engagieren, müssten für ihren Aufwand entschädigt werden – das bedeutet internationale Kompensationszahlungen sowie Technologietransfers in beträchtlichem Ausmaß. Aktivitäten in einer Region, die sich auf planetare Gemeingüter anderswo auswirken – beispielsweise Emissionen, die zum Schmelzen des Polareises beitragen –, müssten durch »starke politische und rechtliche Beschränkungen für solche lokal begrenzten Aktivitäten« eingehegt werden. Die Forschungsgruppe um Rockström schlägt vor, diese Art der globalen Regulierung durch ein Kontrollgremium zu koordinieren, das zunächst an die Vereinten Nationen angebunden sein würde. Viele Details ihres Vorschlags bleiben recht vage und müssen erst noch entwickelt werden.[14]

Eigenrechte der Natur: Ein umfassender Ansatz, um das Rechtssystem klimafest und naturverträglich zu gestalten, wird derzeit besonders lebhaft diskutiert. Es handelt sich um die Idee, dass ein neues Recht etabliert werden muss: das Recht auf das Leben eines Baumes oder auf die Balance eines Flusssystems, ohne dies erst über menschliche Nutzungsinteressen oder Menschenrechte begründen zu müssen. Gemeint sind die bereits angesprochenen Eigenrechte der Natur.[15] Initiativen, der Natur eigene Rechte zuzugestehen, gibt es in vielen Ländern weltweit, wie oben bereits dargestellt. Würde sich die Auffassung eines Eigenrechts der Natur auf breiter Ebene durchsetzen, wären Klagen auf Klima- und Naturschutz viel einfacher vor Gericht zu bringen, und die Stellung der Natur würde weiter gestärkt – auch in deutschen Genehmigungsverfahren.

Menschenrechte: Es gibt aber noch einen anderen umfassenden Ansatz, der juristisch einfacher einzuführen ist, nämlich die Schaffung eines universellen neuen Menschenrechts darauf, in einer sauberen, gesunden Umwelt zu leben. Als anschlussfähig und überfällig bezeichnet der Wissenschaftliche Beirat der Bundesregierung Globale Umweltveränderungen (WBGU) dieses Menschenrecht (das es tatsächlich in einigen Verfassungen der Welt schon gibt). In seinem Gutachten »Gesund leben auf einer gesunden Erde« fordert er ausdrücklich »ein Menschenrecht auf gesunde Umwelt als Leitbild und kontrollfähigen Maßstab in nationalen Verfassungen zu verankern, insbesondere im Grundgesetz und in der EU-Grundrechtecharta, damit die Zivilgesellschaft staatliches Handeln oder Unterlassen gerichtlich einklagen kann«.[16]

Diese Diskussion findet auf Ebene der Vereinten Nationen ebenso statt wie im Europarat. Wichtig ist dabei vor allem der unscheinbare Zusatz »kontrollfähiger Maßstab«, denn dieser legt die Grundlage für eine rechtliche Handhabe. So wie das Pariser Klimaabkommen in Artikel 20a des Grundgesetzes rechtlich manifestiert wurde und dem Bundesverfassungsgericht damit den Maßstab für ein CO_2-Budget geliefert hat, können auch die anderen planetaren Grenzen rechtlich verankert werden.

Umweltvölkerrecht: Schließlich kann das bestehende Völkerrecht Bausteine liefern, um das Recht in Zukunft klimafest zu machen. In den letzten Jahren entstanden der Vertrag zum Schutz der Biodiversität auf Hoher See, das UN-Plastikabkommen, über das gerade verhandelt wird, und das Global Biodiversity Framework von 2022. Sie können durchaus Hoffnung machen auf ein Rechtssystem, das an den planetaren Grenzen ausgerichtet ist.

Welche konkreten Pflichten die verschiedenen Staaten erfüllen müssten, um die Klimakrise völkerrechtsgemäß zu bekämpfen, wird der Internationale Gerichtshof bald umreißen. Denn die UN-Generalversammlung hat das Gericht 2023 angerufen, eine rechtliche Einschätzung zu den Klimapflichten abzugeben. Dabei werden die physikalischen Tatsachen der begrenzten Aufnahmekapazitäten der Atmosphäre genauso eine Rolle spielen wie Gerechtigkeitsaspekte hinsichtlich der menschlichen Nutzung, also den Treibhausgasemissionen in der Zukunft.

Wie das Recht CO_2 heute schon verlernt

Vielleicht wird keine dieser Ideen allein bewirken, dass die nationalen und internationalen Rechtssysteme endlich darauf ausgerichtet sind, die Klimakrise wirksam zu bekämpfen. Aber vielleicht ja alle zusammen: die ökologische Verhältnismäßigkeit Gerd Winters, die neuartige Governance der globalen Gemeingüter, wie sie die Forscher*innen um Johan Rockström vorschlagen, die Eigenrechte der Natur, das Menschenrecht auf eine gesunde Umwelt, das Völkerrecht.

Erste Schritte sind bereits getan: Mit dem bahnbrechenden Karlsruher Klimabeschluss und Gerichtsurteilen, die Regierungen in vielen anderen Ländern zu mehr Klimaschutz verpflichten, und mit der steigenden Zahl von Klimaklagen auch gegen Unternehmen – und zuletzt mit dem historischen Urteil des

Europäischen Gerichtshofs für Menschenrechte, in dem er die Schweiz und indirekt auch alle Mitgliedsstaaten des Europarats auf eine wirksame Klimapolitik verpflichtete. Das Recht ist längst dabei, CO_2 zu verlernen. Doch bis es seine alten, fossil geprägten Grundsätze auch tatsächlich vergessen hat, bleibt noch viel zu tun.

unlearn automobilität

Katja Diehl

Immer wieder werde ich gefragt: Warum tust du dir das an – und wie bleibst du dabei so fröhlich? Gemeint ist meine Arbeit als Soloselbstständige für eine klima- und menschengerechte Mobilitätswende. Weil diese Frage so häufig gestellt wird, ist sie auch ein guter Einstieg in meinen Beitrag zum »Unlearning« der falschen Framings rund ums Thema Mobilität und privater Autobesitz.

Wir alle bewegen uns so durch diese Welt, dass wir möglichst viele Routinen ausbilden können, die uns den Alltag erleichtern. Ich selbst bin eher ländlich aufgewachsen, habe wie alle anderen in meinem Umfeld früh einen Führerschein gemacht, aber nie ein eigenes Auto besessen. Schon als Teenager war völlig klar, dass wir nicht mehr von den Eltern gefahren werden wollten – das wäre ja peinlich! –, sondern mit dem Rad unterwegs waren. Wir haben echt lange Strecken überwunden, um auf Landjugendfeste und Scheunenpartys zu gelangen. Obwohl ich dank Fahrrad mobil war, habe ich nicht hinterfragt, warum es trotzdem so normal war, dass alle einen Führerschein machten und diejenigen, die es sich leisten konnten, auch bald ein Auto vor der Tür stehen hatten. Ich habe nicht hinterfragt, warum der kleine Supermarkt verschwand, genauso wie der Kiosk und andere kleinere Läden in fußläufiger Distanz. Warum alle bald zum Vollsortimenter fuhren, irgendwo mitten auf die grüne Wiese gebaut, und immer weniger Linienbusse unterwegs waren. Den Grund dafür habe ich erst im Rahmen meiner Arbeit erkannt: die politisch und anscheinend auch gesellschaftlich gewollte Abhängigkeit vom eigenen Pkw zugunsten einer machtvollen Autoindustrie. Die wird als die »wichtigste Industrie« des Landes geframt, was auch deshalb gelingt, weil wir viele Industrien der Zukunft von erneuerbaren Energien, Batterieherstellung bis Windradproduktion außer Landes oder pleitegingen ließen. Und das Narrativ wirkt, obwohl es nicht stimmt. Allein in der Altenpflege arbeiten 1,2 Millionen Menschen,[1] 779 700 in der Autoindustrie.[2] Beim Umsatz liegt das Gastgewerbe vorn.[3] So oder so geht es der Autoindustrie so gut wie lange nicht mehr, Rekordgewinne und große Boni an Mitarbeitende beweisen es. Dieser Branche darf also ruhig etwas Druck gemacht werden, sich endlich radikal an der Mobilitätstransformation zu beteiligen.

Nach dem Abi zog es mich in größere Städte, in denen ich kein Auto haben musste, um mobil zu sein. Mir war wichtig, dass es einen Bahnhof mit guter Anbindung gab. In der Stadt selbst erledigte ich alles mit dem Rad oder zu Fuß, bei schlechtem Wetter fuhr ich auch mal mit dem Bus. Für mich fühlte es sich nach Freiheit an, ohne Auto leben zu können, ohne die Kosten dafür aufbringen zu müssen und die Scherereien damit zu haben. Gleichzeitig wurde mir immer bewusster, wie sehr alle ohne eigenes Auto als Bürger*innen zweiter Klasse, wenn nicht sogar dritter Klasse behandelt werden. Bis heute investiert Deutschland mehr in Straßen als in Schienen. Autofahrende müssen sich fast keine Gedanken um ihre Sicherheit machen oder wo sie ihre kaum bewegten Fahrzeuge abstellen. Es gibt für sie überall breite Straßen und Parkflächen. Das verschmälert die Fußwege in Städten und macht sie mit dem Rollstuhl oder Kinderwagen unpassierbar.

Mein Gerechtigkeitssinn war geweckt – und er treibt mich bis heute an. Es macht mich wütend, dass sich Menschen im Rollstuhl anmelden müssen, um Fernstrecken mit der Bahn fahren zu können. Ich verstehe es nicht, dass immer noch mehr Geld in Autostraßen investiert wird als in den Ausbau alternativer Transportwege. Es bricht mir das Herz, dass der erste Schritt von kleinen Kindern groß gefeiert wird, nur um gleich zu lernen: Sei vorsichtig draußen, da ist es zu gefährlich mit all dem Autoverkehr.

Wir haben zugelassen, dass unsere Lebensräume zu Transitorten geworden sind, die möglichst schnell mit dem Auto zu durchfahren sind. Ob Stadt oder Land – überall dasselbe Bild. Daher möchte ich hier die Chance ergreifen und dafür werben, diesen Orten wieder Lebens- und Begegnungsqualität zurückzugeben und sie auf die Menschen zuzuschneiden, nicht auf Autos. Daran arbeite ich – jeden Tag.

Ist das Auto das richtige Symbol für Freiheit?

Wenn wir Mobilität sozial und klimagerecht gestalten wollen, müssen wir weniger Wagen wagen. Aber wir schleichen um diesen Fakt herum, als ob wir noch eine zweite Erde in petto hätten. Anstatt mehr autofreie Räume zu gestalten, verzeichnen wir jedes Jahr Zulassungsrekorde. Die Autos werden immer größer, obwohl sie immer weniger bewegt werden und immer weniger Menschen gleichzeitig drinsitzen. Den hohen Stellenwert des Autos in unserer Gesellschaft kann ich nicht nachvollziehen, weder mit dem Hirn noch mit dem Herzen. Selbst wenn es die Klimakatastrophe nicht gäbe, bräuchten wir dringend eine Mobilitätswende. Die Priorisierung des Autos schließt viele Menschen aus, die nicht Auto fahren wollen oder können. 13 Millionen Erwachsene in Deutschland haben keinen Führerschein, 13 Millionen Kinder und Jugendliche sind zu jung, um selbst zu fahren, 14,2 Millionen Menschen leben in Armut und können es sich nicht oder nur schwer leisten, ein Auto zu finanzieren. Menschen mit geringem Einkommen sind zudem häufig besonders von Autolärm und Abgasen betroffen, da bezahlbare Wohnungen oft an Hauptverkehrsstraßen liegen.

Ob in Werbeanzeigen der Autoindustrie, in Roadmovies oder bei Verfolgungsjagden im abendlichen Krimi: Das Auto ist das allgegenwärtige, obwohl auch eins der teuersten Symbole für Lifestyle und Identität. Spätesten seit dem vom ADAC propagierten Leitspruch »Freie Fahrt für freie Bürger« ist es zudem der Inbegriff von Freiheit. Frei ist aber nur, wer eine Wahl hat! In Sachen Mobilität wäre das die Wahl, ein Auto oder ein anderes Verkehrsmittel sicher und komfortabel nutzen zu können. Diese Wahl haben jedoch viele Menschen nicht.

Es wird so sehr aufs Auto gesetzt, dass in vielen Regionen Deutschlands heute nichts mehr ohne geht. Weil Versorgung und öffentliche Dienste auf wenige Standorte konzentriert sind, haben wir eine Autozwangsmobilität. Zusätzlich wurden ehemals gut funktionierende Strukturen des öffentlichen Nahverkehrs politisch gewollt marodiert oder ganz abgebaut. So finde ich mich selbst immer wieder am Lenkrad des Familienautos meiner Eltern, da deren alltägliche Bedarfe, von Besuchen bei Ärzt*innen bis Einkauf, sonst unmöglich zu erfüllen sind.

Deutschlandweit gibt es zwar ein dichtes Netz an Haltestellen des öffentlichen Nahverkehrs. Doch weniger als die Hälfte der Haltestellen im ländlichen Raum wird mehr als zweimal pro Stunde angefahren. Und nur 5 Prozent der Gemeinden mit weniger als 20 000 Einwohner*innen haben On-Demand- oder Sharing-Angebote, also Fortbewegungsmöglichkeiten, die in der Stadt selbstverständlich sind.

Chapeau an die Autoindustrie und unsere autozentrierte Verkehrspolitik, dass sie es geschafft haben, diese Unfreiheit als Freiheit zu framen. Dieses mächtige Narrativ erschwert es mir enorm, mit Menschen ins Gespräch zu kommen, die aktuell ihr Leben mit Automobilität organisieren müssen. Weil sie die Abhängigkeit als Lösung missdeuten und es als Angriff auf ihre Lebensgestaltung verstehen, wenn die Autozentriertheit angezweifelt wird. Ich habe mir daher angewöhnt, Fragen zu stellen.

Immer, wenn ich einen Menschen treffe, der sich absolut nicht vorstellen kann, dass das Auto alles andere als Freiheit bedeutet, stelle ich zwei Fragen: »Willst du oder musst du mit dem Auto fahren?« und: »Kann ein Mensch ohne Führerschein dein Leben leben?« Diese ungewohnte Denkrichtung durchbricht fast immer die üblichen Defensivmuster, mit denen die eigene Automobilität erklärt und gerechtfertigt wird. Erst durch das Hinterfragen des Status quo und damit einer sehr mächtigen Routine – denn unsere Mobilität gestalten wir nicht täglich neu – gelingt es, einen neuen Blickwinkel einzunehmen. Durch die Irritation, die meine Fragen erzeugen, wird innegehalten und überlegt. Sehr viele geben zu, über die eigene Automobilität bisher nicht reflektiert zu haben. Sie ist Teil eines oft durchgetakteten Alltags, der ohne Auto nicht zu bewältigen wäre.

Viele Gesprächspartner*innen werden durch meine Fragen nachdenklich, weil sie realisieren, dass ein Großteil der Autofahrten ein Muss ist, weil Alternativen fehlen oder die Sicherheit an Haltestellen und Bahnhöfen nicht gegeben ist, weil keine Barrierefreiheit gewährleistet ist oder schlicht das Geld fehlt, da Zugfahren häufig teurer scheint, wenn es mit dem Geld fürs Tanken verglichen wird (was nur wieder zeigt, wie sehr die echten Kosten für die Autohaltung verdrängt werden).

Das Zeitbudget, das wir jeden Tag auf Mobilität verwenden, hat sich nicht stark verändert – die Wegstrecken jedoch explodierten im Gleichschritt mit der Macht, die Autos über unsere Räume erhielten. Nach den Weltkriegen war die Zerstörung von Infrastruktur noch einmal ähnlich gewaltig, als nach US-amerikanischem Vorbild Autobahnen durch einst funktionierende Städte gefräst wurden.

Autogerechte Städte zu planen schien zunächst ein sehr menschenfreundliches Ansinnen zu sein. Denn um jene zu schützen, die sich nicht mit Autos bewegten, sollten die Funktionen von Stadträumen getrennt werden. Damit sich sehr viel mehr Autos sehr viel schneller auf den Straßen bewegen konnten, als es das menschliche Maß von Geschwindigkeit erlaubt, rückten Arbeit, Wohnen und Erholen auseinander und gaben Platz für Autostadtstraßen frei. Das wiederum erzeugte den Zwang, längere Wege für die alltäglichen Erledigungen zurücklegen zu müssen. Ziele aus der Nachbarschaft befanden sich auf einmal in einem anderen Stadtteil. Und da die Verkehrsverbindungen auf den Autoverkehr konzentriert waren, entwickelten sich Strukturen, die exklusiv für das Auto sind.

Vor allem im ländlichen Raum verschwanden in der Folge kleine Läden, Supermärkte, Kulturorte – das fühlte sich zunächst nicht weiter schlimm an, denn mit dem Auto konnte auf die grüne Wiese gefahren werden, die meist gar nicht grün, sondern betoniert war, um große Vollsortimenter mit fußballfeldgroßen Parkplätzen auszustatten. Doch auf die Dauer macht es sich bemerkbar, dass die Infrastruktur stark unter der Konzentration aufs Auto leidet und viele Dinge des alltäglichen Lebens auf dem Land mit Fuß- oder Radverkehr ebenso wenig zu erledigen sind wie mit dem öffentlichen Nahverkehr. Die Freiheit, die das Auto versprochen hat, ist inzwischen zur Abhängigkeit geworden – wenn es auch viele gibt, die das nicht wahrhaben wollen.

Wir brauchen eine neue Definition von Freiheit

Die bisher skizzierte Faktenlage beweist: Der »mobile Status quo« verstößt gegen das Grundgesetz. Dort wird in Artikel 2 festgehalten:

(1) Jeder hat das Recht auf die freie Entfaltung seiner Persönlichkeit.
(2) Jeder hat das Recht auf Leben und körperliche Unversehrtheit.

In vielen ländlichen Regionen Deutschlands ist die freie Entfaltung der Persönlichkeit jedoch nicht möglich, denn hier kann nur leben, wer sich einen Führerschein und ein Auto leisten kann und will. Und auch das Recht auf Leben und körperliche Unversehrtheit wird durch die aktuelle Verkehrslage nicht gewahrt. Radfahrende zum Beispiel haben kaum eine eigene und damit sichere Infrastruktur. Auf deutschen Straßen sterben täglich bis zu acht Menschen. Und pro Jahr gibt es etwa 350 000 Schwerstverletzte. Besonders diejenigen, die ohne Auto unterwegs sind, setzen sich einer großen Gefahr aus. Das muss nicht so sein, wie ein Blick nach Norwegen und Finnland zeigt, wo einzelne Städte es geschafft haben, manche Jahre gar keine Verkehrstoten zu beklagen.[4]

Das Auto ist im Emissionsranking ganz vorn

Und dann ist da noch die Sache mit dem Klima. 2023 wurden im Verkehrssektor 146 Millionen Tonnen Treibhausgase freigesetzt. Das entspricht 22 Prozent der gesamten Treibhausgasemissionen, die Deutschland in diesem Jahr produziert hat. Obwohl Autoindustrie und Autolobby immer gerne von »sauberen Verbrennern« sprechen, ist dieser Anteil verglichen mit 1990 um 9 Prozent gestiegen.[5]

Sortiert nach der größten Emissionsquelle – und damit auch dem größten Hebel für eine Dekarbonisierung –, sind private Pkw im Verkehrssektor führend. Sie verantworten – mit steigender Tendenz – 61 Prozent des CO_2-Ausstoßes. Das ist deutlich mehr, als innerdeutsche Flüge, der Schiffs- oder der Lkw-Verkehr verursachen. Doch statt diesen Hebel endlich zu betätigen und die Emissionen zu reduzieren, strich die Bundesregierung 2023 kurzerhand die Sektorziele für Verkehr, Energie, Gebäude, Industrie aus dem Klimaschutzgesetz – was einem Freifahrtschein für das Verkehrsministerium und seiner verfehlten Klimapolitik gleichkommt.[6]

Eine Ursache für das toxische Wachstum der Pkw-Emissionen liegt darin, dass die positiven Effekte technischer Verbesserungen der Motoren durch immer größere und immer schwerere Automodelle nivelliert und sogar ins Negative gezogen werden. SUVs sind so beliebt wie nie, obwohl ihre Gestaltung mit den alltäglichen Erfordernissen nichts zu tun hat. »Der weltweite CO_2-Ausstoß von SUVs nähert sich einer Milliarde Tonnen. 2022 waren 46 Prozent der weltweiten Pkw-Verkäufe SUV, führend dabei: die Vereinigten Staaten, Indien und Europa.«[7]

Fortschritt mit einer Vorwärtsbewegung zu assoziieren, steckt im Wort. Auch Erfolg wird meist mit einer Steigerung verbunden: Mehr Verbrennung fossiler Stoffe wird mit Wirtschaftswachstum gleichgesetzt und damit als wirtschaftlicher Erfolg betrachtet. Im Privaten gelten Größe und Schwere von Autos ebenso wie die Anzahl pro Haushalt als Insignien von Erfolg. Nicht zuletzt deswegen bleiben Dienstwagen- und Dieselprivilegien unangetastet, während die Subvention von Agrardiesel politisch infrage gestellt wird. Jedes Jahr stellen wir einen neuen Rekord auf, was den Bestand an Autos anbelangt. 2023 wurde die 49-Millionen-Marke überboten.

Seit 1976 legen Berufstätige in Deutschland immer längere Wege zu ihrer Arbeit zurück. Die Distanzen haben sich nahezu verdoppelt. Auch liegen Arbeits- und Wohnort immer öfter in unterschiedlichen Gemeinden. 63 Prozent der beruflichen Pendelwege werden mit Pkw zurückgelegt, in denen im Schnitt nur noch 1,075 Personen sitzen – also meist nur die Fahrer*innen.[8]

Doch warum halten wir so verbissen an der Automobilität fest, obwohl sie offensichtlich ungerecht, gefährlich und klimaschädlich ist? Das hat verschiedene Gründe. Einer der gewichtigsten ist die erschreckende Verstrickung von Politik und Autoindustrie.

Das Verkehrsministerium – bis heute wurde es nur von *weißen,* mittelalten Männern geführt – hieß früher Straßenbau- und Autoministerium. Den Autoverkehr in den Mittelpunkt zu stellen, liegt also in der DNA dieses Ministeriums. Bis heute sind seine Hauptgesprächspartner ganz selbstverständlich Vertreter der Autokonzerne und der Verband der Automobilindustrie (VDA). Der Zivilgesellschaft bleiben diese Zugänge zu oft verwehrt.

Hier wie in vielen anderen Bereichen gibt es den sogenannten »Drehtüreffekt«, wenn Politiker*innen nach Aufgabe ihres Amts nahtlos in die Industrie wechseln. Präsident des VDA war beispielsweise lange der ehemalige Verkehrsminister Matthias Wissmann (CDU). Aktuell bekleidet Hildegard Müller den Posten, die ehemalige Büroleiterin von Angela Merkel. Natürlich nehmen diese Menschen Kontakte und Verbindungen aus der Politik in ihre Lobbyarbeit mit, wenn sie die Seiten wechseln.

Die Verzahnung zwischen Politik und Autoindustrie führt dazu, dass beispielsweise der Abgasbetrug der Industrie bis heute nicht beendet ist. 2022 haben die Forschenden, die den Dieselskandal aufdeckten, erneut erhoben, wie es um den systematischen Betrug steht. Das Ergebnis schockiert, denn Autohersteller schönen ihre Zahlen inzwischen noch hemmungsloser und stärker als zuvor: So lag die Differenz zwischen den Herstellerangaben und den realen Abgaswerten inzwischen durchschnittlich bei 14,1 Prozent. 2018 lag die Differenz noch bei durchschnittlich 7,7 Prozent![9]

Milliardenschwere falsche Anreize

2013 gab es unter Kanzlerin Angela Merkel den ersten »Autogipfel«. Damals wurde das Ziel ausgerufen, dass 2020 eine Million Elektroautos auf deutschen Straßen fahren sollten. In dieser Tradition lud jede folgende Regierung die Autokonzern-Bosse, den Lobbyverband VDA und die IG Metall jährlich zu einem Treffen, von dem die Zivilgesellschaft, Umwelt- und Verbraucher*innenverbände sowie die Wissenschaft ausgeschlossen oder einzelne Vertreter*innen als Feigenblatt geladen sind. Klimaschutz stand somit auch nicht in einem Umfang auf der Agenda, wie es für den größten CO_2-Emittenten angemessen gewesen wäre. Stattdessen ging es immer wieder um Beschlüsse, von denen sich die Autoindustrie einen Geldsegen erhoffte – etwa Kaufprämien für Plug-in-Hybride, deren Beitrag zum Klimaschutz nachweislich homöopathisch ist.[10]

Während 63 Prozent der Bevölkerung bereits 2020 gegen Kaufprämien waren,[11] hielt die Politik bis 2023 an ihnen fest – ohne dass der beschworene Effekt der Dekarbonisierung eintrat. Am 1. Juli 2023 waren nach Ablauf der staatlichen Förderung laut Kraftfahrtbundesamt nur rund 1,1 Millionen (teil-)elektrische Autos auf deutschen Straßen unterwegs. Und das, obwohl die Bundesregierung seit 2016 den Kauf von (teil-)elektrischen Pkw mit Prämien von bis zu 10 000 Euro gefördert hatte. Die bisherigen Anreize führen nicht zum gewünschten Ergebnis. Die Antriebsform wandelt sich schleppend – und selbst das wäre nur ein Anfang in der so dringend benötigten Verkehrswende!

Stattdessen sollten alle reinen Autosubventionen gestoppt und in Mobilitätssubventionen umgewidmet werden, die vor allem gemeinschaftlich genutzte und ressourcen- sowie klimaeffiziente Fortbewegung belohnen. Statt Dienstwagenprivileg für wenige braucht es eine Mobilitätspauschale für alle, statt Dieselprivileg die Finanzierung des Ausbaus von Nahverkehr, statt

Autobahnbau fantastische Radwegsysteme, die unterbrechungsfreies Pendeln ermöglichen. Das fördert nebenbei die gesundheitliche Bilanz, denn schon Nahverkehrsnutzende sind sportlicher unterwegs als Autofahrende!

Antriebswende ist nicht gleich Verkehrswende

Wie könnte eine klimakompatible und sozial gerechte Mobilität aussehen? Bevor ich diese Frage beantworte, muss ich einen hartnäckigen Mythos aus dem Weg räumen: dass die Verkehrswende geschafft ist, sobald wir einfach alle Verbrennerautos durch E-Autos ersetzt haben. Versteht mich nicht falsch: Die Zukunft des Autos ist vollelektrisch, das ist klar. Zahlreiche Studien belegen, dass ein vollelektrischer Pkw während seiner Lebensdauer weniger CO_2 produziert als ein Verbrenner: Die Spannweite der Einsparung eines E-Autos liegt bei 28 Prozent gegenüber einem Oberklasse-Diesel und bei 42 Prozent gegenüber einem Kleinwagen-Benziner.[12] Je grüner unser Strommix wird, desto besser fällt die Bilanz aus, während Benziner und Diesel zuverlässig große Mengen an CO_2 emittieren und uns außerdem von Despoten abhängig machen, die uns die fossilen Brennstoffe liefern.

Zwar ist aus Klima- wie aus Kostensicht der elektrische Antrieb die bessere Wahl.[13] Das beste Auto ist dennoch dasjenige, das gar nicht erst gebaut wird. Denn die Kosten für jedes einzelne Auto sind immens hoch. Vor allem, wenn man die externen Kosten mit einbezieht, das sind die Folgekosten, die durch die Automobilität entstehen. Diese werden nicht von den Autofahrenden individuell getragen, sondern auf die Gemeinschaft umgelegt in Form von Steuer- und Krankenversicherungskosten, aber auch geminderter Lebensqualität.

Aus einem Bericht von Allianz pro Schiene geht hervor: »Externe Kosten des Verkehrs belaufen sich in Deutschland auf

149 Milliarden Euro jährlich. Größter Kostentreiber ist der Straßenverkehr mit 141 Milliarden Euro. [...] So verursachen Pkw-Nutzer pro Kilometer mit rund elf Cent mehr als dreimal so hohe externe Kosten wie Bahnfahrer.«[14] Eine aktuelle Studie der Linnaeus University hat diese schwer zu greifende, riesige Zahl auf die individuelle Autonutzung heruntergebrochen[15] und dabei drei Autotypen betrachtet: einen Kleinwagen (Opel Corsa), die Kompaktklasse (VW Golf) und einen SUV (Mercedes GLC). Die gesellschaftlichen Gesamtkosten eines einzigen Opel Corsa lägen somit bei 600 000 Euro, beim Golf bei 653 561 Euro und beim Mercedes GLC bei 956 798 Euro.

Müssten Autobesitzer*innen die an die Gesellschaft externalisierten Kosten tragen, könnten sich nur Gutverdiener*innen ein Auto leisten – und dann auch nur wenige etwas anderes als einen Fahrzeugtyp wie den Opel Corsa.

Wie viel kostet uns das Auto wirklich?

Das Auto kostet uns nicht nur Geld, wir bezahlen es auch mit unserer Gesundheit. Mittlerweile werden Kinder geboren, die, noch bevor sie ihren ersten Atemzug machen, unter Asthma leiden. Sie erkranken schon im Mutterleib, weil sie Giften ausgesetzt sind, die vom Straßenverkehr herrühren. Atemwege werden gereizt, Lungenerkrankungen häufen sich. Nach EU-Angaben sterben jährlich 49 000 Menschen vorzeitig wegen erhöhter Luftbelastung durch Stickstoffdioxid und 238 000 durch Feinstaub. Hinter diesem fast harmlos anmutenden Wort, an das wir uns vielleicht auch schon zu sehr gewöhnt haben, stecken kleinste Teilchen, die jedwede körperliche Barriere überwinden und bis in die kleinsten Lungenbläschen eindringen können. Verschiedene Schätzungen gehen von weltweit bis zu sieben Millionen Todesfällen pro Jahr durch Innenraum- sowie Außenluftverschmutzung aus.[16]

Laut der US-Behörde EPA (Environmental Protection Agency) ist die Luftverschmutzung in Fahrzeuginnenräumen oft bis zu fünfmal so hoch wie im Außenbereich. Die Außenluft ist durch schädliche Stoffe belastet wie Ozon und Stickoxide, Feinstaub und Mikroorganismen. In Innenräumen steigt die Konzentration dieser Schadstoffe mit der Verweildauer an. Kinder, die auf der Autorückbank sitzen, sind besonders hoher Luftverschmutzung ausgesetzt, so der britische Chemieprofessor David King. Selbst wenn die Eltern ein sauberes E-Fahrzeug fahren, sitzen ihre Kinder in einer Box, in der sich die giftigen Gase aller Fahrzeuge drum herum sammeln.[17]

Einer von zehn Lungenkrebsfällen ist auf Luftverschmutzung zurückzuführen. Diesel und Benzin sind die größte Quelle für Stickoxide und Stickstoffdioxid. Diese Gase schädigen die Lunge und stehen im Zusammenhang mit Asthma- und Keuchhustenerkrankungen im Kindesalter.

Das Perfide ist, dass die Schadstoffbelastung in einer Höhe zwischen 1,5 und vier Metern über dem Boden gemessen wird. Babys in Kinderwagen sowie kleinere Kinder, die aufgrund ihrer Körpergröße näher am Auspuff dran sind, sind einer etwa 44 Prozent höheren Schadstoffkonzentration ausgesetzt als die Erwachsenen, mit denen sie unterwegs sind. Dabei sind sie besonders gefährdet, da sie sich in einer körperlichen Entwicklungsphase befinden und die hohe Schadstoffbelastung zu lebenslangen Schäden führen kann.[18]

Es gibt noch viele weitere Gründe, warum ein Antriebswechsel nur ein Baustein einer ganzheitlichen Lösung sein kann. Denn Autoreifen sind die größte Quelle für Mikroplastik in unserer Umwelt.[19] Auch was die Lärmbelastung angeht, ist mit E-Autos weniger gewonnen, als man vielleicht denken mag: Der »Lärmvorteil« eines elektrischen Pkw geht ab 30 Kilometer pro Stunde verloren, weil dann das Abrollgeräusch genauso laut ist wie bei einem Pkw mit Verbrennermotor. Wir müssen also nicht nur CO_2 verlernen, sondern auch das Privateigentum Pkw überwinden.

Und damit rein in die Welt, die wir schon heute für morgen gestalten könnten – wenn wir Politiker*innen hätten, die den Menschen insgesamt im Fokus haben und nicht (nur) Autofahrende. Bei jedem Schritt in Richtung klimaresiliente Städte und Regionen sowie wahlfreie, sozial gerechte, inklusive Mobilitätsangebote jenseits des privaten Autos ertönt viel zu schnell ein »Aber«, versammelt sich eine brüllende Minderheit, die Parkplätze leidenschaftlicher verteidigt als ihr eigenes Leben, und viel zu oft werden erste zarte Versuche der Transformation zurückgenommen. Aber nicht verzagen! Für die unterschiedlichen Räume von Stadt bis Land gibt es bereits zahlreiche Maßnahmen, die uns alle in Summe sehr viel mehr Freiheit, Zeit und Lebensqualität gewinnen ließen, als es mit dem (Verbrenner-)Auto aktuell möglich ist.

Urbane Zentren – Lebensqualität ohne Autos

In urbanen Zentren gibt es schon weit mehr Alternativen zum Auto als im suburbanen oder ländlichen Raum. Dennoch sind unsere Städte voll mit Autos. Für flächengerechte und klimaresiliente Räume mit erhöhter Lebensqualität braucht es neue Regeln. Ziel muss sein, öffentlichen Raum wieder für jene nutzbar zu machen, die dort leben.

Um das zu erreichen, sind verschiedene Mittel vorstellbar. Eins davon ist die Parkraumbewirtschaftung. Damit es zur gewünschten Wirkung kommt, sollten die Preise hochgesetzt und die Flächen begrenzt werden. Wien beispielsweise verfolgt diese Strategie seit Jahrzehnten.[20] Dort gibt es immer weniger oberirdische Parkflächen, und die bereits vorhandenen werden bepreist und das Geld in den Nahverkehrsausbau gesteckt. In Barcelona müssen Anlieferungen im Voraus per App gebucht werden. In den ausgewiesenen Lieferzonen darf dann eine halbe Stunde kostenlos gehalten werden. Und Koblenz geht beim Parken für Anwohner*innen mit gutem Beispiel voran: Seit dem 1. März 2024 wird die Gebühr nach in Anspruch genommener Fläche berechnet. Wer mehr Fläche verbraucht, zahlt auch mehr.[21]

Viele urbane Gebiete, die wir absurderweise Wohngebiete nennen, obwohl ein Großteil der Nahversorgung von einst nicht mehr vorhanden ist, würden Lebensqualität durch autofreie Zonen gewinnen, die nur noch von Lieferverkehr, Handwerk und Menschen mit Behinderung befahren werden dürfen. Im Schritttempo.

Und damit kommen wir zur nächsten Maßnahme: Tempolimits. Die Geschwindigkeit muss runter, denn mit jedem Stundenkilometer weniger sinkt die Wucht, mit der Autos bei einem Zusammenstoß auf andere Verkehrsteilnehmer*innen prallen. Zudem erlaubt eine langsamere Geschwindigkeit wieder mehr Augenkontakt und Verständigung im Straßenverkehr. Städte wie Paris[22] oder Brüssel,[23] in denen ein beinahe flächendeckendes Tempolimit von 30 Kilometern pro Stunde eingeführt wurde, machen es vor. Die Zahl der durch Autounfälle verursachten Todesopfer ist seitdem nachweislich auf einem Tiefstand, und auch die Lärmbelastung sank deutlich.

Der Mensch muss zurück in den Fokus. Das Auto ist ein Verkehrsmittel unter vielen, ist aber mit Privilegien versehen, die endlich abgeschafft werden müssen, von Subventionen bis hin zur Raumdominanz. Es gibt zum Beispiel für Hamburg die Vision der »Fünf-Minuten-Stadt«, das heißt, dass ich innerhalb von fünf Minuten, egal, an welchem Punkt der Stadt ich starte, Anschluss an das öffentliche Verkehrssystem habe. Wenn Autos nicht mehr unsere Städte verstopfen, werden die Viertel belebter, sozialer und sicherer. Nachbar*innen von gegenüber kennen sich auf einmal, weil die Straße die Häuserblöcke nicht mehr voneinander trennt wie ein heißer Lavastrom. Kinder können vor der eigenen Haustür spielen und müssen nicht mehr von ihren Eltern zu umzäunten Spielplätzen gebracht werden. Das wäre ein großer Gewinn auch für die Eltern, vor allem an Zeit.

Suburbane Räume – mit dem Fahrrad erschließen

Außerhalb der Zentren wird das Angebot des öffentlichen Nahverkehrs deutlich dünner. Dazu reicht es in Berlin beispielsweise schon, den S-Bahn-Ring zu verlassen. Aber auch an dieser Stelle noch mal die Erinnerung: Dieser Zustand ist politisch gewollt, menschgemacht und damit bei entsprechendem Willen revidierbar!

Positiv ist der Fahrradboom, der sich ohne staatliche Förderung Bahn gebrochen hat. Viele Menschen sind mit Beginn der Pandemie vom Auto aufs Rad umgestiegen, manche von ihnen sogar dauerhaft. Nicht wenige entscheiden sich für das E-Bike, da die Unterstützung durch einen elektrischen Antrieb eine andere Reichweite ermöglicht.

Dennoch kann nur gut mit dem Rad unterwegs sein, wer eine sichere Infrastruktur hat – der Mangel daran hält viele davon ab, aufs Rad umzusteigen. Hier muss sich endlich etwas tun, vor allem im Hinblick auf Radwegnetze, die das Umland mit den Zentren verbinden.

Das schwache Vertrauen in die Infrastruktur belegt auch eine Untersuchung anlässlich des Weltfahrradtages im Jahr 2022. Dort heißt es: »Während in Deutschland der beschleunigte Ausbau von über 100 Autobahnprojekten möglich ist, verschließt das Ministerium vor diesem Sicherheitsmangel für Radfahrende die Augen, obwohl eigens durchgeführte Umfragen in diesem Bereich die Dringlichkeit vor Augen führen.«[24]

Demnach fühlen sich 94 Prozent der Befragten vor allem auf vom Auto- und Fußverkehr getrennten Radwegen sicher.[25] Und doch geht der Ausbau der sicheren Fahrradwege kaum voran. Es wird daher zu Recht getitelt: »Verkehrswende im Schneckentempo: Sachsen hat 2023 gerade mal acht Kilometer neue Radwege an Staatsstraßen gebaut.«[26]

Wir brauchen aber nicht nur mehr Fahrradwege, damit die Menschen sich in suburbanen Räumen von ihrer Autoabhängigkeit lösen können. Genauso müssen wir billige Parkplätze ab-, den ÖPNV ausbauen und dafür sorgen, dass die Menschen Alternativen haben – etwa Carsharing oder Leihräder. Der Schlüssel sind sogenannte Wegeketten: Wer mit dem Leihrad zum Bahnhof kommt, braucht kein Auto mehr, um in die Stadt zu fahren.

Eine Erfolgsstory ist das Kölner KVB-Rad, angeboten vom hiesigen Verkehrsverbund und von Beginn an in der Planung mit dem Nahverkehr zusammengedacht. Das Angebot wird erfreulich stark genutzt, [27,28] was auch daran liegt, dass Menschen unkompliziert zwischen öffentlichen Transportmitteln und Leihrädern wechseln können. Solche Initiativen braucht es noch viel mehr!

Ländlicher Raum – auch ohne Auto mobil

Immer wieder schallt es mir entgegen: Im ländlichen Raum geht nichts ohne das eigene Auto! Das stimmt nur, solange Politik und Gesellschaft weder willens sind, den Status quo zu hinterfragen noch ihn zu verändern. Denn natürlich ist auch dieser Zustand politisch bewusst erzeugt und unbewusst akzeptiert worden – mit entsprechenden Folgen: Strukturschwache Regionen in dörflichen und kleinstädtischen Räumen ohne Nahversorgung, Bildungs- und Kulturangebote kommen mit durchschnittlich 43 Tageskilometern pro Kopf auf die höchste Mobilitätsstrecke. Fast alles wird mit dem Auto erledigt. Hier liegt die Zahl inzwischen bei mehr als 600 Pkw pro 1000 Einwohner*innen, Tendenz steigend.[29]

Das ist kein Wunder, denn seit 1990 wurde ein Fünftel des nationalen Schienennetzes stillgelegt. Im ländlich geprägten Ostdeutschland fallen Schienenverbindungen über 2600 Kilometer weg.

Die Verkehrspolitik der Bundesregierung hat stets mehr in die Bundesfernstraßen als in die Schieneninfrastruktur investiert. Das machte die »Bundesstraßen zur Lebensader der ländlichen Regionen, während stillgelegte Schienen der Natur überlassen werden und alte Bahnhäuser verfallen«.[30] Dieser Trend muss umgekehrt, das Streckennetz ausgebaut und die Fahrfrequenz erhöht werden. Wo das nicht reicht, müssen Möglichkeiten zum individuellen Transport eingerichtet werden, beispielsweise in Form von öffentlichen Demand-Abholservices mit Kleinbussen.

Ein weiterer Hebel sind Steuern: Die Pendlerpauschale belohnt längere Entfernungen zwischen Wohnort und Arbeitsplatz, der zumeist im nächsten Stadtzentrum liegt. Zusammen mit dem günstigeren Wohnraum auf dem Land führt das in Summe oft zu einem ökonomischen Gewinn (ich betone das »oft«, weil viele Menschen das gar nicht wirklich berechnen, vor allem auch nicht den Zeitverlust, den sie so beim Pendeln generieren). Ein Grund, diese Subvention zu hinterfragen, auch, weil von ihr vor allem Besserverdienende profitieren, die öfter pendeln und hohe Werbungskosten geltend machen: Über 40 Prozent der Subventionen fließen an die 30 Prozent mit den höchsten Einkommen.[31]

Klar ist: Die Autosubventionen setzen falsche Anreize und schaden dem Planeten und unserer Gesundheit – sie müssen endlich fallen. Bis heute bleiben außer der Autokaufprämie für elektrische Fahrzeuge allerdings alle (!) Autosubventionen unangetastet. Gleichzeitig braucht es strukturelle Veränderungen, um ländliche Räume von der Autoabhängigkeit zu befreien.

Beginnen könnte dies mit der Reetablierung von Daseinsvorsorge. Das Einkaufen für den täglichen Bedarf sollte keine weiten Wege erfordern. Wenn für den Supermarkt in der Nähe aufgrund kassenloser Systeme kein Personal vorgehalten werden muss, lässt sich der Wocheneinkauf mit dem Fahrrad oder zu Fuß zu erledigen.[32] Dinge des täglichen Bedarfs ohne Auto erledigen zu können steigert die Lebensqualität und Zeiteffektivität erheblich!

Eine weitere Lösung sind Fahrgemeinschaften. Frankreich macht vor, wie Menschen ermutigt werden können, zusammen zu fahren, damit insgesamt weniger Autos unterwegs sind. Seit dem 1. Januar 2023 gibt es dort ein »Carpooling-Gesetz« mit einem Fördervolumen von 150 Millionen Euro. Realisiert wurden beispielsweise spezielle Fahrspuren nur für Autos, in denen mehrere Personen sitzen. Dieses Programm löst das Problem, dass vor allem im täglichen Pendelverkehr zum Job nur eine Person im Auto sitzt: die mit dem Lenkrad in der Hand. Um das Potenzial dieser Pkw zu nutzen und die Gesamtsumme fahrender Pkw zu mindern, wirken Anreize für Fahrgemeinschaften zur Verhaltensänderung dort, wo zum Beispiel nur eine schlechte Nahverkehrsanbindung existiert.

Die größte Innovation ist die Regelung, dass Inhaber von Monatsabos für den öffentlichen Nahverkehr nichts für Fahrgemeinschaften bezahlen müssen. Fahrende erhalten im Schnitt zwei Euro pro Fahrt von der Stadt oder der Region und dem Staat. Ähnlich wie Bikesharing-Systeme wird auch goFlux – eine deutsche App für Mitfahrgelegenheiten – als sinnvolle Erweiterung für die persönliche Mobilität gesehen. Das Angebot und das Netz der Verkehrsunternehmen werden durch solche Maßnahmen erweitert. Dadurch wird ihr Angebot attraktiver.

Teil der Utopie sind also weiterhin Pkw, diese aber bedarfsgerecht, nicht in SUV-Übermaß und mit höherer Besetzung als heute. Wir haben uns durch die Vernachlässigung der Alternativen zum Auto in eine Abhängigkeit begeben, die leider nicht sofort beseitigt werden kann. Manche Ausbauprogramme für die Schiene sind auf Jahrzehnte ausgelegt – und wichtig! Schnelle Lösungen versprechen On-Demand-Rufbussysteme, um zu einem Punkt der Wahl zu gelangen und diese Strecke mit anderen zurückzulegen, die in dieselbe Richtung wollen. Solche Systeme könnten etwa im ländlichen Raum als Zubringer zu größeren Haltestellen oder Bahnhöfen dienen, wenn diese nicht gut angebunden sind, und würden es im ländlichen Raum ermöglichen, Dritt- und Viertwagen abzuschaffen. Aber auch das private Teilen von Fahrten sollte belohnt werden. Es macht doch zudem viel mehr Spaß, nicht alleine unterwegs zu sein oder gar im Stau zu stehen! Schon durch diese beiden Hebel könnten Flächen frei werden, die aktuell für die Bevorratung von Pkw im öffentlichen Raum dienen – und wieder nutzbar für alle werden.

Freiheit vom Auto – Traum oder Wirklichkeit?

Bereits diese wenigen von mir ausgewählten Beispiele zeigen auf, dass eine klima- und sozialgerechte Mobilitätswende möglich ist, wie einfach sie wäre, und vor allem, was für ein schönes Leben sie uns ermöglichen würde. Wir könnten alle, wirklich alle mitnehmen, anstatt immer nur jene zu privilegieren, die sich aus welchen Gründen auch immer für die Automobilität und damit die ressourcenintensivste und in der Folge tödlichste Mobilitätsform entschieden haben. Das Auto muss dafür aber raus aus unseren Köpfen. Im Urlaub gelingt es uns oft schon, von einer besseren Realität nicht nur zu träumen. Wir reisen nicht dorthin, wo gut geparkt und schnell durchgefahren werden kann, sondern dorthin, wo wir im Sonnenschein mit einem Cappuccino auf dem Marktplatz sitzen, die vorbeibummelnden Menschen beobachten und uns in Ruhe unterhalten können. Warum wollen wir das nicht vor unserer eigenen Haustür? Sowohl in der Stadt als auch in den verstädterten ländlichen Räumen?

Wir sind soziale Wesen, wir brauchen die menschliche Begegnung, um glücklich zu sein. Doch diese findet meist nur noch über Autowege statt. Es ist an der Zeit, auszusteigen, heute noch mit dem Bau der guten Zukunft für alle zu beginnen. Denn diese gemeinsame Gestaltung macht so viel mehr Spaß als Parkplatzsuche und Stau. Ich freue mich drauf!

unlearn wachstum

Claudia Kemfert

Das schlechte Gewissen ist zum Grundbrummen unserer Lebensweise geworden. Wir wissen, dass wir ein gewaltiges Klima- und Umweltproblem haben. Trotzdem gönnen wir uns das dicke Rindsteak oder aber den Billigflug übers Wochenende nach Rom oder London. Wir kennen das bedrohliche Ausmaß der von der Lebensmittelbranche verursachten Treibhausgase, vor allem bei Fleisch und Milchprodukten. Wir wissen, dass im Gebäudesektor ein hoher Teil der CO_2-Emissionen in Deutschland verursacht wird. Und wir sind uns im Klaren, wie klimaschädlich Verbrennungsmotoren jeder Art im Verkehrssektor sind. Wir wissen, dass unser Handeln negative Folgen für unseren Planeten hat. Aber wir tun es trotzdem. Und zwar am laufenden Band. Deutschland ist nämlich einer der größten CO_2-Emittenten der Welt.[1]

Was bei solchen Debatten häufig übersehen wird: Egal, wie sehr wir versuchen, unser Verhalten individuell klima- und umweltgerecht zu verändern – vegan essen, Rad statt Auto fahren, keine Flugreisen machen, vorwiegend Secondhandkleidung kaufen etc. –, am Ende bleibt ein verdammt großer CO_2-Fußabdruck, einfach weil wir in Deutschland leben.

Nur individuell ist das nicht lösbar; also muss die Gesellschaft als Ganzes ran. Doch da entsteht schnell eine Hilflosigkeit. Politische Macht – wer hat die schon? Die Regierung spricht gern von Sachzwängen und Notwendigkeiten. Zudem muss sie in mühsamer Gremienarbeit die großen Probleme mit kleinteiligen Gesetzen häppchenweise angehen – und beim Zuschauen vergeht da schnell die Geduld. Und die in den Medien auftretenden Fachleute verweisen fast immer auf die Wirtschaft.

Da geht es dann um Investitionen oder Renditen, Prognosen oder Szenarien, um Unternehmen oder Branchen, und fast immer geht es um einen zentralen Begriff: »Wirtschaftswachstum«. Das ist der Moment, an dem sich viele schnell die Ohren zuhalten und lieber nicht weiter darüber nachdenken: »Verstehe ich sowieso nicht«, »All diese Berechnungen sind mir zu kompliziert«, »Mathe war nie mein Ding!« – das sind gängige Reaktionen.

Leider. Und völlig zu Unrecht. Denn in Wahrheit geht es gar nicht unbedingt ums Rechnen oder überhaupt um Zahlen. Es geht um Werte und Normen.

Wer jetzt weiterliest, hat die Chance, zu verstehen, warum es sich lohnen könnte, doch über Wirtschaft und Wachstum nachzudenken, und was daran widersprüchliche Gefühle, sogenannte kognitive Dissonanzen, verursacht. Nur Mut!

Wirtschaftswachstum – ist das nicht etwas Gutes?

Im ersten Moment ist Wirtschaftswachstum sehr positiv belegt. In den Nachrichten wird bejubelt, wenn die Wirtschaft mal wieder kräftig zugelegt hat, und gewarnt, wenn die Wirtschaft nicht ausreichend zu wachsen droht. Warum aber braucht es dieses Wachstum?

Unternehmen und Regierungen nehmen oft Kredite auf, um Investitionen zu finanzieren oder Schulden zu bedienen. Diese Kredite müssen mit Zinsen zurückgezahlt werden, was einen kontinuierlichen Strom von Einnahmen erfordert. Um diese

Zahlungen leisten zu können, müssen Unternehmen Gewinne erzielen, und sie müssen weiterwachsen, um im Wettbewerb zu bestehen. In einem solchen System, das auf Krediten und Zinsen basiert, entsteht ein Zwang zum Wachstum.

Allerdings muss das Wachstum nicht immer quantitativ sein, also mehr Kundschaft, mehr Produkte, mehr Absatzmärkte. Auch qualitative Veränderungen, etwa durch technologischen Fortschritt und Innovation, können zu monetären Gewinnen führen. Fortschrittliche Technologien ermöglichen es Unternehmen, effizienter zu produzieren, neue Märkte zu erschließen und innovative Produkte und Dienstleistungen anzubieten. Dies führt zu einem sich selbst verstärkenden Zyklus des Wachstums, da der technologische Fortschritt weitere Investitionen und Entwicklung vorantreibt.

Wenn die Wirtschaft wächst, können in der Regel viele gute Dinge passieren: Der Lebensstandard kann sich verbessern, weil mehr Waren und Dienstleistungen produziert werden können. Es können neue Arbeitsplätze entstehen, da Unternehmen expandieren und mehr Arbeitskräfte benötigen, um die steigende Nachfrage nach Produkten und Dienstleistungen zu befriedigen. Die Arbeitslosigkeit kann sinken und die Löhne können steigen.

Wirtschaftswachstum lässt in der Regel auch die Staatseinnahmen wachsen. Damit werden öffentliche Dienstleistungen finanziert, wie Bildung, Gesundheitsversorgung, Infrastruktur, öffentliche Sicherheit, Umweltschutz, Kultur- und Sporteinrichtungen, Renten- und Sozialleistungen. Das Gefühl des Wohlstands steigert die Zufriedenheit in der Gesellschaft.

Und schließlich sichert Wirtschaftswachstum die Stabilität einer Volkswirtschaft. Aus den finanziellen Überschüssen lassen sich Investitionen in Forschung, Entwicklung und Infrastruktur finanzieren. Dies fördert Innovationen und technologischen

Fortschritt, was wiederum die Wettbewerbsfähigkeit stärkt und langfristiges Wachstum ermöglicht. Ein wunderbarer Erfolgskreislauf. Aber:

Spätestens seit der 1972 veröffentlichten Studie »Die Grenzen des Wachstums«,[2] die vom Club of Rome beauftragt und vom Massachusetts Institute of Technology (MIT) erstellt wurde, wissen wir, dass das Wirtschaftswachstum enorme Nebenwirkungen hat und dass es »Grenzen des Wachstums« gibt.

Das leuchtet im Prinzip sofort ein: Die Erde hat nur begrenzte natürliche Ressourcen wie Öl, Kohle, Holz, Wasser und landwirtschaftlich nutzbare Flächen. Diese Ressourcen können nicht unbegrenzt wachsen, und ihr Verbrauch hat bereits heute bestimmte Grenzen erreicht oder überschritten.

Auch ist unser Planet nicht unendlich belastbar, obwohl die Wachstumslogik auf genau dieser Annahme basiert. Die menschliche Aktivität führt zur Verschmutzung von Luft, Wasser und Boden, und die natürlichen Systeme der Erde haben begrenzte Kapazitäten, Schadstoffe aufzunehmen und zu verarbeiten. Werden diese Grenzen überschritten, führt das zu schwerwiegenden Umweltproblemen wie Klimawandel, Versauerung der Ozeane oder massivem Artensterben. Genau das erleben wir derzeit schon in besorgniserregendem Ausmaß.

Die meisten gegenwärtigen Energiesysteme basieren auf nicht erneuerbaren Ressourcen wie Öl, Kohle und Gas. Diese Ressourcen werden jedoch zunehmend knapper und teurer zu fördern, während ihr Verbrauch weiter steigt. Es wird daher immer schwieriger, den Energiebedarf der Weltbevölkerung zu decken. Zugleich basiert unsere heutige Wirtschaft vor allem auf Energie. Das Wirtschaftswachstum der vergangenen 150 Jahre entstand im Wesentlichen durch Produktivitätssteigerung infolge verbesserter Energiesysteme. In puncto Mobilität war ein Pferd schon schneller als ein Mensch; aber noch schneller wurde das Auto, dessen Leistungskraft immer noch in PS, also »Pferdestärken«, gemessen wird. Aus der Einzelfertigung in Handarbeit in der Werkstatt wurde die Massenfertigung durch Maschinen in der Fabrik. Basis der Industrialisierung war der Kohleabbau. Und auch der Energiebedarf der Digitalisierung ist immens: Wenn die Wirtschaft wächst, steigt auch die Nachfrage nach Energie. Denn Energie ist ein wesentlicher Produktionsfaktor. Der überwiegende Teil der weltweit verwendeten Energie stammt aber aus fossilen Brennstoffen wie Kohle, Erdöl und Erdgas. Diese Ressourcen werden jedoch zunehmend knapper und teurer zu fördern, während ihr Verbrauch weiter steigt. Und ihre Verbrennung setzt CO_2-Emissionen frei, die über die Zeit zu einer massiven Erderhitzung führen, sie tragen zum Klimawandel bei. Dieser simple Zusammenhang lässt sich empirisch nachweisen: Mehr Wirtschaftswachstum heißt mehr Energieverbrauch heißt mehr CO_2-Emissionen heißt mehr Klimakrise.

Der Club of Rome argumentierte daher schon 1972 nachdrücklich für eine Umstellung auf ein nachhaltiges Entwicklungsmodell, das die Bedürfnisse der aktuellen Generationen befriedigt, ohne die Möglichkeiten künftiger Generationen zu gefährden. Was damals visionär war, ist heute bittere Realität: Der IPCC (Intergovernmental Panel on Climate Change), also die UN-Organisation, die weltweite wissenschaftliche Erkenntnisse der Klimaforschung zusammenstellt,[3] sieht eindeutige Verbindungen zwischen Wirtschaftswachstum und Klimakrise.

Ein Großteil der Treibhausgasemissionen, die zum Klimawandel beitragen, stammt aus wirtschaftlichen Aktivitäten wie der Verbrennung fossiler Brennstoffe zur Energieerzeugung, industriellen Prozessen, Transport und Landwirtschaft. Wirtschaftswachstum führt außerdem zu einem erhöhten Verbrauch von natürlichen Ressourcen wie Land, Wasser und Rohstoffen. Die damit verbundene Umweltverschmutzung, Entwaldung, der Verlust der Artenvielfalt und andere ökologische Probleme befeuern die Klimakrise zusätzlich.

Wirtschaftswachstum ist nicht gleichmäßig verteilt und führt zu Ungleichheiten sowohl innerhalb von Gesellschaften als auch zwischen Ländern. Menschen in ärmeren Weltregionen und Gemeinschaften sind häufig stärker von den Auswirkungen der Klimakrise betroffen, da sie weniger Ressourcen und Möglichkeiten haben, sich anzupassen oder zu reagieren.

Um die Klimakrise wirksam anzugehen, hält der IPCC deswegen strukturelle Veränderungen in der Wirtschaft für notwendig. Und genau deswegen wird in den letzten vierzig Jahren intensiv über »Wirtschaftswachstum« diskutiert.

In der Debatte ums Wirtschaftswachstum spielen drei Begriffe eine wichtige Rolle: Effizienz, Suffizienz und Konsistenz.

Effizienz – einfach dasselbe in Grün?

Den Zusammenhang von Wachstum und Klimakrise versucht man seit vielen Jahren zu »entkoppeln«, zumindest in den meisten Industrienationen. Die Idee dahinter: Entweder muss weniger Energie verbraucht werden oder eine Energie, die kein CO_2 emittiert, oder beides.

Aus einer ähnlichen Logik entstand die »Green-Growth-Strategie«. Die Grundüberzeugung lautet: Für eine gewisse Lebensqualität sei Wirtschaftswachstum unabdingbar. Im Wesentlichen durch technologischen Fortschritt ließen sich Wirtschaftswachstum und Umwelteffekte beziehungsweise Emissionen jedoch entkoppeln.[4] So entstehe eine nachhaltigere Form des Wirtschaftswachstums, eben ein »grünes Wachstum«.

Konkret bedeutet das vor allem, über alle Lebenszyklen der Wirtschaft hinweg die Effizienz des Energieverbrauchs zu steigern. Denn Energie verursacht am wenigsten Emissionen, wenn sie erst gar nicht verbraucht wird. Und gleichzeitig muss man verstärkt und irgendwann ausschließlich emissionsfreie beziehungsweise klimaneutrale wie auch erneuerbare Energien nutzen.

Diese Strategie wurde viele Jahre und Jahrzehnte proklamiert und mit mehr oder weniger großem Elan umgesetzt. Das Ergebnis ist ambivalent: Während der Ausbau der erneuerbaren Energien leider eher schleppend vorankommt und vielerorts eher ausgebremst als vorangetrieben wird, gab es große Erfolge im Bereich Effizienzsteigerung. Nur leider nicht in ausreichendem Maße.

Autos beispielsweise verbrauchen heute theoretisch weniger Sprit als früher, tatsächlich aber verbrauchen sie mehr. Denn sie sind größer und schwerer geworden und haben durch Klimaanlage und elektronische Services unterm Strich einen höheren Energieverbrauch als die Spritfresser in früheren Jahrzehnten. Zwar gehen die Emissionen, die eine Person mit dem Pkw pro Kilometer zurücklegt, seit 1995 langsam, aber stetig zurück. Aber gleichzeitig nahm der Pkw-Verkehr zu. Mehr Autos, mehr Strecke – und so sinken die Emissionen im Verkehrssektor nicht, teilweise steigen sie oder stagnieren.

Auch beim Heizen in privaten Haushalten ist der Energiebedarf, der sogenannte »Raumwärmebedarf«, pro Quadratmeter seit Ende der 1990er-Jahre deutlich gesunken. Offenbar haben energetische Sanierung von Altbauten und bessere Dämmung von Neubauten dazu beigetragen. Nur leider liegt der Raumwärmebedarf, wenn man ihn pro Person berechnet, noch fast auf demselben Niveau wie 1990. Denn im Jahr 2020 leben wir tendenziell auf größerer Fläche, nämlich im Durchschnitt auf einer 35 Prozent größeren Wohnfläche als dreißig Jahre zuvor.

»Rebound-Effekt« nennt sich diese Art von Überkompensation, wenn technologische Verbesserungen oder Effizienzgewinne bei der Nutzung von Ressourcen dazu führen, dass der

Verbrauch dieser Ressourcen insgesamt zunimmt anstatt abzunehmen. Diese Rebound-Effekte gibt es nicht nur bei Klimaschutzmaßnahmen, sondern insgesamt in der Nutzung von Ressourcen. Zwar gelingt es seit Beginn der Industrialisierung, die Kosten der Rohstoffgewinnung und -nutzung permanent zu reduzieren; im Gegenzug verbrauchen wir aber immer mehr Rohstoffe. Auch Ressourcenverbrauch und Wirtschaftswachstum hängen zusammen. Zwar ist es in Deutschland und vielen anderen Ländern gelungen, Ressourcen- und Energieverbrauch sowie CO_2-Emissionen vom Wirtschaftswachstum zu entkoppeln, aber manchmal nur *zeitweilig* etwa aufgrund der Coronapandemie, manchmal dauerhaft, oftmals aber *auf Kosten anderer* Volkswirtschaften, indem die Produktion in andere Länder verlagert wurde. Es scheint leider im Wesen der Menschen zu stecken, dass man zwar, um Kalorien zu sparen, fettreduzierte Chips isst, aber dann statt einer Handvoll gleich die ganze Tüte futtert.

Unterm Strich wächst deshalb die Skepsis, ob jemals ein ausreichendes Maß der Entkopplung möglich sein wird. Auch ich bin von meiner einstigen Überzeugung des Königswegs *Green Growth* inzwischen ziemlich abgerückt – einfach weil es nicht oder nicht schnell genug funktioniert. Die wirtschaftlichen und gesellschaftlichen Anreize sind offenbar zu groß, dass immer wieder diese Rebound-Effekte entstehen. Und wir haben keine Zeit mehr, noch lange herumzuprobieren. Die Erderhitzung ist schon in bedenklicher Weise fortgeschritten. Wir brauchen schnellere Lösungen.

Vor zwanzig Jahren hätte die konkrete Umsetzung einer globalen Green-Growth-Strategie dazu führen können, den Klimawandel einzudämmen und ein nachhaltiges Wirtschaften zu ermöglichen. Heute jedoch, nach zwanzig Jahren erfolgloser Klimaschutzmaßnahmen, brauchen wir noch tiefgreifendere

Ideen. Bei einem fortschreitenden Klimawandel und nicht nachhaltiger Wirtschaftsweise reicht eine Green-Growth-Strategie bei Weitem nicht mehr aus. Zwar ist es in Deutschland wie in vielen anderen Ländern gelungen, Energie- und Ressourcenverbrauch vom Wirtschaftswachstum zu entkoppeln, aber trotzdem sind wir weit entfernt von der Erreichung der Klimaschutz- und Nachhaltigkeitsziele.

Suffizienz – oder doch besser schrumpfen?

»Nur weniger ist weniger« lautet deswegen die häufigste Kritik an der Green-Growth-Strategie. Die Idee eines grünen Wachstums, so heißt es, wecke falsche Hoffnungen, dass wir an unserem wachstumsorientierten Wirtschaftssystem ohne radikale Änderungen festhalten könnten. Unser Lebensstil verbrauche aber Ressourcen in einem Ausmaß, die es im globalen Maßstab einfach nicht gibt.

Einmal im Jahr zeigt beispielsweise der Earth Overshoot Day, wann die Menschheit alle natürlichen Ressourcen verbraucht hat, die bis Ende des Jahres wieder nachwachsen können. Leider wandert der Tag immer weiter in Richtung Jahresbeginn: 1971 fiel der Earth Overshoot Day[5] noch auf den 25. Dezember, 1991 auf den 11. Oktober, 2021 auf den 3. August, und 2024 wird er auf den 25. Juli vorrücken. Neben dem internationalen Stichtag gibt es für viele Länder nationale Country Overshoot Days. Und da sieht es bitter aus für Deutschland: 2024 rutschten wir bereits am 2. Mai in die roten Zahlen. Würden alle Menschen so leben wie wir, bräuchten wir den Planeten Erde dreimal! Nur etwa ein Dutzend Länder sind noch früher dran: Katar »gewinnt« mit dem 11. Februar, Luxemburg und die Vereinigten Arabischen Emirate landen auf Platz 2 und 3. Am anderen Ende des Rankings stehen Ecuador und Indonesien; für deren Lebensweise reicht der Planet immerhin bis zum 24. November.

Als Gegenmodell zu Green Growth wird meist die »Degrowth«-Strategie genannt. Die will, wonach es klingt: rückläufiges Wachstum, also Schrumpfen, Verkleinern oder – Achtung, Triggerwort! – Verzicht. Die Grundüberzeugung lautet: Eine hinreichende Entkopplung von Umwelteffekten beziehungsweise Emissionen und Wirtschaftswachstum werde nie gelingen. Dafür sei aber auch ohne Wirtschaftswachstum eine höhere Lebensqualität möglich.

Statt Effizienz heißt das Zauberwort »Suffizienz«, Genügsamkeit. Suffizienz zielt darauf ab, den Verbrauch von Ressourcen auf ein nachhaltiges Maß zu reduzieren, indem man bewusst auf überflüssigen Konsum verzichtet und sich auf das konzentriert, was wirklich notwendig ist, um ein erfülltes Leben zu führen. Gefordert wird Konsumbewusstsein, das den realen Bedarf hinterfragt und vor allem die Folgen von Konsum einbezieht. Es geht darum, einen Lebensstil zu führen, der im Einklang mit den Grenzen des Planeten steht und dabei gleichzeitig ein hohes Maß an Lebensqualität ermöglicht.[6]

Konkret bedeutet das: Wenn wir nicht von selbst aufhören, immer mehr zu verbrauchen, wird zum Beispiel eine klimaverträgliche Obergrenze definiert. Eine Art CO_2-Budget: Wenn jeder Mensch nur noch 6,5 Kilogramm CO_2 pro Tag ausstoßen darf, dann wird er lernen, wie er mit weniger zurechtkommt. Jedes Land ist gefordert, dass dieses Klimabudget nicht überschritten wird, und muss dies mit entsprechenden Maßnahmen umsetzen.

Es gibt begeisterte Verfechter*innen dieser Strategie. Sicher, ein Leben ohne Verschwendung ist möglich, aber Slogans wie »Frieren für die Freiheit«, wie von Ex-Bundespräsident Joachim Gauck formuliert, machen keine gute Laune. Nie wieder Kreuzfahrt und Mallorca? Keine Currywurst? Leben wie früher? In weiten Teilen der Bevölkerung jedenfalls dürfte sich der Jubel in Grenzen halten.

Schließlich wird uns seit etwa einem Jahrhundert mit viel Werbeaufwand vermittelt, dass Luxus und Konsum gleichbedeutend mit Glück und Erfolg sind. Heirat, Kinder, ein Haus, ein Auto, Reisen – dann ist alles perfekt. Aber so langsam merken wir, dass Werbung oft mehr verspricht, als sie halten kann. Dennoch wird Verzicht immer noch häufig als nachteilig wahrgenommen. Verbot sowieso. Und schon stecken wir in der Dissonanzfalle.

Zwar hatte während der Coronapandemie die Drosslung der Industrieproduktion und des Verkehrs tatsächlich unsere CO_2-Emissionen reduziert. Und ja, viele Menschen haben währenddessen ihre Lebensgewohnheiten grundsätzlich hinterfragt, und manche fanden es sogar richtig erholsam, nicht mehr dem Mantra des »Immer schneller, immer weiter, immer mehr« hinterherjagen zu müssen. Aber die Zeit, in der sich die einen endlich vom »Konsumwahn« befreit fühlten, war für andere eine schwere Phase von Angst und Versorgungsengpässen. Die Schließung von Kinos, Theatern, Konzerthäusern und Bibliotheken konnten die einen problemlos mit Streamingangeboten großer Medienkonzerne kompensieren, aber die anderen hatten plötzlich keine Arbeit und kein Einkommen mehr. Geschlossene Kitas und Schulen bedeuteten Stress für Eltern und Kinder. Und auch das Gesundheitssystem drohte wegen Überforderung durch zu viele Schwerstkranke einerseits und Personalengpässe andererseits zu kollabieren. Und damit unser Leben nicht völlig zusammenbrach, musste der Staat mit milliardenschweren Konjunkturpaketen, erst der »Bazooka«, dann dem »Wumms«, rettend zu Hilfe eilen. Ökonomisch nachhaltig war das sicher nicht.

Würde derlei *ohne* Wirtschaftswachstum nicht zum Normalfall? Wie ließe sich unser Leben finanzieren – ohne Wirtschaftswachstum? Wie rauskommen aus dem Dilemma zwischen Effizienz mit Rebound und Suffizienz mit Frust?

Konsistenz – und was, wenn sich alles im Kreis dreht?

Wenn zwei sich streiten, gibt es etwas Drittes: Konsistenz. Oder mit anderen Worten: eine Kreislaufwirtschaft, also eine Welt ohne Abfälle, in der alles wiederverwertet wird. Die Natur macht es uns in wunderbarer Weise vor. Ein verlockender Gedanke. Die *Circle Economy* ist in der Theorie die perfekte Lösung.

Indem Abfälle in der Kreislaufwirtschaft als Ressourcen betrachtet und in den Produktionsprozess zurückgeführt werden, sinkt die Menge an Müll und Deponieabfällen. Dies verringert nicht nur die Umweltverschmutzung, sondern reduziert auch die Emissionen, die mit der Entsorgung von Abfällen verbunden sind, wie Methan aus Deponien. Recycling, Wiederverwendung und die Reparatur von Produkten erforderten zudem weniger Energie und Ressourcen als die Herstellung neuer Produkte; so werden die klimaschädlichen Emissionen gemindert. Gleichzeitig entstehen neue Geschäftsmodelle, Technologien und Infrastrukturen, was wiederum neue Arbeitsplätze schafft. Klingt in der Theorie nach einem tollen Perpetuum mobile.

Doch in der Praxis der letzten Jahrzehnte zeigen sich erhebliche Schwierigkeiten. Die Umstellung auf eine Kreislaufwirtschaft braucht Investitionen in Sammelsysteme, Recycling- und Aufbereitungsanlagen. So erhöht sich jedoch wiederum der Wachstumsdruck. Viele Produkte sind nicht für eine einfache Reparatur, Wiederverwendung oder Recycling ausgelegt. Ein Übergang zur Kreislaufwirtschaft erfordert daher auch ein verändertes Produktdesign. Das macht es kompliziert und bedingt eine langfristige Planung und Konzeption. Dafür wären regulatorische Rahmenbedingungen notwendig, die weit über die aktuellen Verordnungen hinausreichen müssten. Doch das ist politisch anspruchsvoll. Das von der EU beschlossene Recht auf Reparatur ist schon mal ein Anfang. Das ist politisch anspruchsvoll. Und schließlich braucht Kreislaufwirtschaft die Akzeptanz und aktive Teilnahme der gesamten Bevölkerung. Wer jedoch einmal in öffentliche Glas- oder Altpapiersammelbehälter geblickt hat, verliert schon mal den Glauben an die Sortierfähigkeiten der Mitmenschen. Hier ist noch sehr viel Aufklärungs- und Bildungsarbeit zu leisten.

Nicht zuletzt stoßen wir immer wieder an die Grenzen unserer technischen Erfindungskraft. Bislang gelingt es uns nur, die Lebensdauer von Rohstoffen im Verwertungsprozess zu verlängern, von echten Kreisläufen kann kaum die Rede sein. Es wird zwar viel von »Re-Cycling« gesprochen, aber vollkommene Kreisläufe sind (noch?) Utopie. Uns rennt jedoch die Zeit davon. Die Klimakrise wird immer bedrohlicher. Vom Artensterben gar nicht zu reden.

Wir haben keine Zeit zu verlieren. Statt uns über Strategie A, B oder C die Köpfe zu zerbrechen, beschreiten wir am besten *alle drei* Wege gleichzeitig nebeneinander und miteinander verzahnt. Hauptsache, wir kommen endlich mit großen Schritten weiter!

Effizienz, Suffizienz, Konsistenz – das visionäre Kombipaket

Schauen wir doch durchs Schlüsselloch in diese bessere Zukunft: Statt ungezügeltes Wirtschaftswachstum als Maßstab für Wohlstand zu betrachten, werden wir eine völlig andere Art von Wachstum wertschätzen. Wir werden ständig über die Indikatoren der Nachhaltigkeit unseres Planeten aufgeklärt: Ressourcenverbrauch, die Sauberkeit der Luft oder den Anteil erneuerbarer Energien. Ein »Good Growth Index« wird uns anzeigen, wie es um Umweltschutz, Artenvielfalt und Gesundheit steht. Wir sehen Wachstumskurven zum Anteil von erneuerbaren Energien, klimaschonender Mobilität, steigender Lebensqualität sowie Techniken zur Herstellung von sauberem Trinkwasser.

Solches Wirtschaftswachstum wäre wünschenswert. Statt eines unersättlichen Konsums, der zu Überfischung, Vermüllung und Zerstörung der Erde führt, pflegen wir eine bewusste Selbstfürsorge, die achtsam mit den eigenen Bedürfnissen, aber auch mit den verfügbaren Ressourcen umgeht. Wir praktizieren eine nachhaltige Effizienz, die nicht den monetären Profit steigert, sondern eine soziale und ökologische Rendite erwirtschaftet. Wir vermeiden Verschwendung und kommen mit möglichst wenig Ressourcenverbrauch ans Ziel.

Wir berücksichtigen dabei auch die Rebound-Effekte, reflektieren unsere Wünsche und Begierden bewusst und finden eine positive Form der Genügsamkeit, also ein Konsumbewusstsein, das den realen Bedarf hinterfragt und vor allem die jeweiligen Folgen eines bestimmten Konsumverhaltens einbezieht. Zur Effizienz tritt die Suffizienz.

Aus einem fundierten Verantwortungsgefühl für unsere Umwelt und uns selbst haben wir für unseren Konsum eine klimaverträgliche Obergrenze definiert. Jeder Mensch hat ein CO_2-Budget und darf maximal 6,5 Kilogramm CO_2 pro Tag ausstoßen. Alle Länder sind gefordert, dieses Klimabudget nicht zu überschreiten. Deutschland wird sich damit noch eine Weile ziemlich schwertun (momentan sind wir noch bei rund dreißig Kilogramm pro Kopf), aber wir lernen von anderen Ländern, etwa von Norwegen, Dänemark und dem Königreich Bhutan.

Wir werden große Fortschritte machen, nicht nur die Lebensdauer von Rohstoffen im Verwertungsprozess zu verlängern, sondern hier und dort echte Kreisläufe zu etablieren. Eine Welt ohne Abfälle, in der alles wiederverwertet wird, ist nicht mehr ferne Utopie. Tatsächlich lernen wir aufgrund intensiver Forschung und Entwicklung von der Natur, die uns eine solche Kreislaufwirtschaft in wunderbarer Weise vormacht. Zu Effizienz und Suffizienz gesellt sich die Konsistenz.

Aber wie kommen wir dahin? Können wir gleichzeitig wachsen und schrumpfen – und uns dabei noch im Kreis drehen? Klingt nach einem Knoten im Kopf. Aber es geht, wenn wir gedanklich aufräumen und uns zuallererst klarmachen, was genau »Wirtschaftswachstum« eigentlich ist.

BIP – wie messen wir eigentlich wirtschaftliches Wachstum?

Um das Gedankenknäuel zu entwirren, lohnt ein Blick in die Geschichte. Denn das Drama der Erderwärmung und das Überschreiten der planetaren Grenzen nahm mit der Industrialisierung im späten 19. Jahrhundert seinen Anfang. Da etwa könnte man den Beginn des sogenannten »Anthropozäns« datieren, also jenes Zeitalters, »in dem der massive Einfluss des Menschen überall auf dem Planeten Erde nachweisbar ist: in der Luft, im Wasser, an Land, vom Weltall aus und in Ablagerungen im Boden«.[7] In Folge des Wandels vom agrarisch geprägten hin zum industriellen Wirtschaftssystem wuchs das Bedürfnis, die wirtschaftliche Aktivität systematisch zu erfassen und zu analysieren.

Im Laufe der Zeit[8] entwickelte sich als Instrument zur Messung und Bewertung der wirtschaftlichen Aktivität ein Verfahren: das Bruttoinlandsprodukt (BIP), wie wir es heute kennen.[9] Es gilt als wesentliche Maßeinheit für die Gesamtleistung einer Volkswirtschaft und misst den Gesamtwert aller Waren und Dienstleistungen, die innerhalb der Grenzen eines Landes produziert wurden, abzüglich des Wertes der importierten Waren und Dienstleistungen. Wenn wir über Wirtschaftswachstum reden, dann sind genau diese Kennzahlen die Grundlage. Quartal für Quartal ermittelt das Statistische Bundesamt anhand weltweit festgelegter Kriterien diese eine Zahl, die alsdann in allen Nachrichten verkündet wird. Für das vierte Quartal 2023 lautete sie 2,0. Um so viel Prozent war das deutsche BIP auf rund 1053 Milliarden Euro gestiegen.[10]

Das passiert nicht nur in Deutschland, sondern weltweit und wird von den Vereinten Nationen (UN) genutzt und überwacht. Die Abteilung für Statistik der UN ist für die Entwicklung internationaler Standards für die Datenerfassung und -analyse verantwortlich und unterstützt die Mitgliedstaaten bei der Erstellung und Berichterstattung von BIP-Daten. Auf Basis dieser Analysen entsteht ein globales Ranking, demgemäß die USA die größte, China die zweit-, Japan die dritt- und Deutschland eben die viertgrößte Volkswirtschaft der Welt ist.[11]

Das BIP ist also kein Naturgesetz, sondern eine politische Konvention, eine Verabredung, bestimmte Daten auf eine bestimmte Weise zu erfassen.[12] Könnte die volkswirtschaftliche Leistung also auch auf andere Weise berechnet werden? Und was wäre der Unterschied?

Auch dafür lohnt sich ein kurzer Blick in die Geschichte. Denn ursprünglich wurde die Stärke einer Volkswirtschaft anhand des Einkommens oder des Konsums der Menschen ermittelt. Dieses Verfahren kennen wir heute als Bruttonationaleinkommen, bis zum Jahre 1999 hieß es Bruttosozialprodukt. Diese Zahl lieferte eine wichtige Grundlage auch für innenpolitische Entscheidungen; schließlich war das reale Volksvermögen ein gewichtiges Argument, um soziale Maßnahmen zu begründen oder abzuwehren.

Es gab keine mathematischen oder wissenschaftlichen Gründe, die Methode zu verändern, sondern politische. Und das kam so:

In Kriegszeiten fließt sehr viel Staatsgeld in die Waffenproduktion. Als 1941 die USA in den Krieg in Europa eintraten, stand Präsident Roosevelt unter Druck, diese teure Entscheidung seiner Bevölkerung zu erklären. Damals wechselte man einfach von der Berechnung des Volksvermögens anhand des

Einkommens der Beschäftigten auf eine Berechnung anhand der Produktionsmengen der Industrie. Und voilà: Dank der hochtourigen Kriegsproduktion stieg das Volksvermögen trotz der hohen Ausgaben. Trotz immenser Ausgaben konnte der Präsident positive Zahlen präsentieren, obwohl es der Bevölkerung nicht besser ging.

Solche politischen Eingriffe in die Berechnungsmethode kann man zu Recht kritisieren. Zumal dahinter ein prinzipieller Mangel steckt: So bewertet das BIP kurzfristige wirtschaftliche Aktivitäten wie die Produktion von Waffen positiv, ohne die langfristigen negativen Auswirkungen auf die Gesellschaft zu berücksichtigen, also Tote, Verletzte, langfristige Kriegsschäden.

Besonders gravierend erscheint das heute aus ökologischer Perspektive. Denn auch die durch industrielle Produktion verursachten Umwelt- und Klimaschäden fließen nicht als Negativwert ins BIP ein, ganz im Gegenteil: Die Flut im Ahrtal hat zwar enorme Schäden verursacht, aber im Hinblick aufs BIP steigert der Wiederaufbau das Volksvermögen. Das ist geradezu widersinnig.

Es gibt eine Reihe von weiteren Kritikpunkten am BIP. Vollkommen vernachlässigt werden nämlich bestimmte – durchaus systemrelevante – Aktivitäten wie unbezahlte Haus- oder Care-Arbeit, Kindererziehung, Garten- oder ökologische Arbeiten oder ehrenamtliche Tätigkeiten in Sport, Kultur oder Politik.[13] Es wäre demnach statistisch wertvoller, wenn das Nachbarskind beim Ballspiel meine Fensterscheibe kaputt macht und ein Glaser sie repariert, als wenn ich dem Kind unentgeltlich bei den Hausaufgaben helfe.

Auch problematisch ist, dass das BIP nichts über die Verteilung des Einkommens und des Wohlstands innerhalb einer Gesellschaft sagt. So könnte es sein, dass einige wenige ein hohes Einkommen und sehr viele sehr wenig haben, also die

Volkswirtschaft als Ganzes zwar wirtschaftlich stark scheinen mag, aber die Gesellschaft überwiegend in Armut lebt, also das Land gar nicht im vermuteten Wohlstand schwelgt.[14]

Trotz aller Kritik – das BIP kann bleiben, nur nicht ganz allein

Was nicht heißt, dass das BIP keine Berechtigung hat. Denn die Berechnungsmethode findet weltweit Akzeptanz, und das BIP hat sich inzwischen als wichtiger Maßstab internationaler Vereinbarungen etabliert.

Beispielsweise dient das BIP bei der Erreichung der Ziele für nachhaltige Entwicklung (SDGs), die von den Vereinten Nationen nach Jahren mühsamer politischer Verhandlungen verbindlich festgelegt wurden, für das Monitoring des Fortschritts der globalen Entwicklung. Und auch bei den jährlichen Klimakonferenzen spielt das BIP eine Rolle, etwa bei den Verhandlungen um Ausgleichszahlungen für »Loss and Damage«, also Schäden und Verluste durch den Klimawandel, durch extreme Wetterereignisse, den Meeresspiegelanstieg oder die Häufung von Dürren. Hier sind tendenziell die reichen Volkswirtschaften in der Verantwortung und sehen sich entsprechenden Zahlungsforderungen gegenüber.

Und das Bruttonationaleinkommen pro Kopf nutzen die Vereinten Nationen zusammen mit den Kriterien Lebenserwartung und Bildung (gemessen anhand der durchschnittlichen Schulbildung und Schulzeit), um die wirtschaftliche Leistungsfähigkeit und Entwicklung von Ländern zu vergleichen, insbesondere im Rahmen von Berichten wie dem Human Development Index (HDI). Dort liegen die vier globalen BIP-Spitzenreiter Deutschland auf Platz 9, Japan auf Platz 19, die USA auf Platz 21 und China nur noch auf Platz 79. Spitzenreiter ist hier die Schweiz vor Norwegen und Island.

Und was die Lücken der BIP-Bemessungen angeht, gibt es zahlreiche Statistiken, die hierfür Daten und entsprechend Rankings liefern. Bereits 1921 wurde ein Maß für die Einkommens- oder Vermögensverteilung innerhalb einer Gesellschaft entwickelt, das nach seinem Erfinder, dem italienischen Soziologen Corrado Gini, »Gini-Koeffizient« benannt ist. Ein hoher Gini-Koeffizient weist auf eine ungleiche Einkommensverteilung und soziale Ungleichheit hin. Je niedriger der Gini-Koeffizient, desto gleichmäßiger sind die Einkommen oder Vermögen verteilt. Demnach ist die Einkommensungleichheit in Slowenien, Dänemark und Norwegen am geringsten und in Chile, Mexiko und der Türkei am höchsten.[15]

Die globale Nothilfe- und Entwicklungsorganisation Oxfam erstellt jedes Jahr einen Bericht zur sozialen Ungleichheit. Im Jahr 2020 meldete sie, dass die ärmere Hälfte der Weltbevölkerung gemeinsam nicht einmal ein Prozent des globalen Vermögens besitzt; an der Spitze der Vermögensverteilung stehen lediglich 2153 Personen, die jeweils über mehr als eine Milliarde US-Dollar Privatvermögen verfügen.[16] Und der jüngste Bericht von Januar 2024 stellt fest: »Die fünf reichsten Männer der Welt haben ihr Vermögen seit 2020 verdoppelt, fast fünf Milliarden Menschen sind ärmer geworden.«[17]

Von der Ungleichheit betroffen sind vor allem Mädchen und Frauen, die täglich 12,5 Milliarden Stunden unbezahlte Familien- und Hausarbeit leisten. Pionierinnen der feministischen Ökonomie versuchen, die wirtschaftlich erhebliche Bedeutung dieser unbezahlten Care-Arbeit zu ermessen: »Würden diese [Stunden] auch nur mit dem Mindestlohn bezahlt, wäre deren Summe 24 Mal größer als der Umsatz von Apple, Google und Facebook zusammen.«[18]

Das zeigt: Wenn wir den Blick immer allein auf das im BIP errechnete Wirtschaftswachstum richten, dann ist das eine ziemlich einseitige Sichtweise. So als wenn wir unseren individuellen Gesundheitszustand nur daran festmachten, wie groß oder wie schwer wir sind. Das mögen in bestimmten Lebensphasen, etwa kurz nach der Geburt und in der Kindheit, relevante Daten sein; aber über Gesundheit und Wohlbefinden verraten sie so gut wie nichts.

Wenn wir ein vorsorgeorientiertes Wirtschaftsverständnis[19] entwickeln wollen, dann sollten wir nicht allein auf die BIP-Zahlen schauen, um zu sehen, wie es um unsere Gesellschaft bestellt ist. Wir müssen auch andere Aspekte betrachten, um sicherzustellen, dass es allen gut geht, unabhängig davon, ob die Wirtschaft gerade wächst oder nicht. Es gibt viele Ideen, wie wir das Wohlergehen der Gesellschaft messen können, ohne nur auf das Wirtschaftswachstum zu schauen.

Woran wir Wohlstand und Wohlfahrt festmachen könnten

Es gibt bereits eine Fülle an Vorschlägen zu alternativen Wohlfahrtsindikatoren,[20] wie zum Beispiel den Nationalen Wohlfahrts-Index,[21] den Sustainable Development Index,[22] den Better Life Index[23] oder den Genuine Progress Indicator.[24] Der Jahreswirtschaftsbericht der Bundesregierung etwa berücksichtigt seit 2022 Indikatoren für soziale und umweltbezogene Entwicklungen, wie etwa Investitionen in Klimaschutzmaßnamen oder den Verdienstabstand zwischen Männern und Frauen.

Der Sachverständigenrat für Umweltfragen (SRU), ein wissenschaftliches Gremium, das die Bundesregierung berät und in dem ich seit 2016 Mitglied bin, schlägt vor, auf die Aggregation von Einzelindikatoren zu verzichten und stattdessen die verschiedenen Aspekte von Wohlfahrt separat zu betrachten.[25]

Doch zuerst müssen wir ein zukunftsfähiges Verständnis von Wohlfahrt entwickeln, das nicht nur auf immer mehr materiellen Konsum setzt. Dafür braucht es endlich eine breite öffentliche Debatte darüber, was Wohlfahrt wirklich bedeutet. Es ist an der Zeit, qualitative Aspekte wie Freiheit, Demokratie und Menschenrechte, Lebensqualität und Wohlbefinden als Indikatoren eines guten Lebens ernst zu nehmen.

Möglicherweise würde eine genauere Betrachtung der Wohlfahrtsindikatoren eine Umkehrung traditionell behaupteter Kausalverhältnisse offenlegen. Viele Menschen denken, dass Arbeitslosigkeit nur dann vermieden werden kann, wenn die Wirtschaft ausreichend wächst. Aus wissenschaftlicher Sicht kann jedoch auch umgekehrt ein höheres Beschäftigungsniveau – ausgelöst etwa durch besseres Matching auf dem Arbeitsmarkt – das Wirtschaftswachstum erhöhen.[26] Genauso ermöglicht nicht nur ein starkes Wirtschaftswachstum die Finanzierung von Schulen und Gesundheitswesen, sondern auch andersherum sind gut funktionierende Schulen und ein effektives Gesundheitswesen Grundlage und Ursache für eine wachsende Wirtschaft.

Unter dem Aspekt der Vorsorgeorientierung wäre es notwendig, unsere Sozialsysteme vom Wirtschaftswachstum unabhängiger zu machen.[27] Das könnte möglich werden, indem wir die Besteuerung gerechter gestalten und die Ungleichheit verringern.[28] Das würde zudem indirekt die Bevölkerungsgesundheit stärken und könnte so die Gesundheitsausgaben dämpfen.[29] Wenn wir wenig gemeindienliche oder umweltschädliche Aktivitäten stärker besteuern, ließe sich aus den Steuereinnahmen transformationsdienliches Wachstum fördern. Auch die Finanzmärkte könnten, um den Ansprüchen einer Vorsorgeorientierung gerecht zu werden, so gestaltet werden, dass sie langfristig orientiert und nicht nur auf kurzfristige Gewinne aus sind.[30]

Eine Vorsorgeorientierung erfordert Maßnahmen auf nationaler, europäischer und internationaler Ebene. Das klingt groß, ist aber über einen Zeitraum von zwanzig Jahren durchaus realisierbar.

»Probleme kann man niemals mit derselben Denkweise lösen, durch die sie entstanden sind«, sagte Albert Einstein. Es ist an der Zeit, uns abzugewöhnen, das Wirtschaftswachstum als Maßstab für Wohlstand zu definieren. Statt täglich zur besten Sendezeit vor der *Tagesschau* Börsenkurse zu zeigen, als ginge es um unser Überleben, sollten wir lieber Wissenswertes über die Indikatoren der Nachhaltigkeit unseres Planeten erfahren: Ressourcenverbrauch, die Sauberkeit der Luft oder der Anteil erneuerbarer Energien.[31] Immerhin geht es beim Klima wirklich um eine existenzielle Krise für die menschliche Zivilisation.

Statt länger um das goldene BIP-Kalb zu tanzen, sollten wir aufhören, die verschiedenen Formen des Wachstums über einen Kamm zu scheren. Es gibt Formen des Wachstums, die etwas Wunderbares, die erfreulich sind. Nicht nur in der Kindheit wachsen wir, sondern unser ganzes Leben lang – äußerlich und innerlich. Menschen, Tiere und Pflanzen sind Teil eines ewigen Kreislaufs aus Werden und Vergehen. Leben ist Wachstum. Die Erde ist über Milliarden von Jahren zu dem gewachsen, was sie heute ist. Und sie dreht sich immer weiter. Wäre das Wirtschaftswachstum ähnlich organisiert, würden wir uns darüber freuen.

Wachsender Umweltschutz, wachsende Bildung, wachsende Gleichberechtigung, wachsender Respekt, wachsendes Miteinander – das alles ist doch wünschenswert.[32] Der wachsende Einsatz von erneuerbaren Energien, klimaschonender Mobilität, steigender Gesundheitsvorsorge und Techniken zur Herstellung von sauberem Trinkwasser kann für wachsenden Wohlstand sorgen. Dann wäre Wirtschaftswachstum nicht die Ursache eines globalen Klimawandels, sondern dessen Lösung.[33]

Problematisch ist nur ein ungezügeltes Wirtschaftswachstum, das den Planeten zerstört, statt ihn zu beleben. Deswegen brauchen wir eine *vorsorgeorientierte Postwachstumsökonomie,* bei der wir eine Balance zwischen Green Growth[34] und Degrowth[35] finden – und die basiert auf zivilgesellschaftlichem Engagement, auf politischem Handeln und unternehmerischem Mut.[36]

Der Markt regelt das – wenn wir den Marktrahmen regeln

Es braucht ein komplettes Umsteuern in allen Bereichen. Ab sofort muss jede Investition statt in fossile in erneuerbare Energien fließen. Das Motto lautet: »Renewables First!« Also Schluss mit Subventionen für fossile oder atomare Energien. Stattdessen müssen die Folgeschäden endlich eingepreist werden. Wenn Öl, Gas und Kohle so teuer wären, wie sie es in Wahrheit sind, werden die Leute mit großer Begeisterung auf Wind, Wasser, Sonne und Geothermie umsteigen.

Wir brauchen eine Regulierung der Finanzmärkte für attraktive Investitionen in die globale Energiewende. Und das alles ist nur der Anfang und mit dem entsprechenden politischen Willen eigentlich leicht umzusetzen.

Dann geht's weiter mit dem nächsten Schritt: Statt uns von »Technologieoffenheit«-Gerede ablenken oder von utopischen Fantasielösungen blenden zu lassen, die nur dazu dienen, die zerstörerischen, aber für einige wenige äußerst lukrativen fossilen Geschäftsmodelle am Leben zu erhalten, sollten wir die Weichen in Richtung nachhaltige Wirtschaft stellen.

Heißt: Alle Produkte sind recycelbar. Es gibt ein Recht auf Reparatur. Mobilität ist ökoelektrisch und klimaneutral. Umweltschäden und klimaschädliche Emissionen bekommen einen Preis. Die Einnahmen werden als Klimageld pro Kopf an alle Menschen ausgezahlt; das schafft einen sozialen Ausgleich und erleichtert den Übergang.

All das lässt sich durch entsprechende Rahmenbedingungen ermöglichen und einen Wettbewerb klimabewusster Ökonomie in Gang setzen. Rahmenbedingungen sind Gesetze und Verordnungen, aber auch Steuern und Subventionen. Das ist keine »Verbotskultur«. Das ist politischer Alltag und eine Form demokratischer Selbstbestimmung.

Es wird nicht ans Ziel führen, die Menschen durch aggressive Forderungen nach Konsumverzicht zu verschrecken und zu überfordern. Wir werden die Treibhausgase ohnehin nicht allein über Verzicht auf das notwendige Maß reduzieren. Wir brauchen positive Ziele. Wir Menschen brauchen nicht Druck und Angst, sondern Hoffnung und Ziele. Wer uns einen machbaren Weg in die richtige Richtung zeigt und die notwendigen Hilfsmittel zur Verfügung stellt, dem folgen wir gern.

Statt Askese zu predigen und zu üben, sollten wir Freude verbreiten: Denn dank Klimaschutz bleibt die Welt lebenswert. Klimaschutz macht Spaß. Und nachhaltig leben ist einfach. Wenn es der Werbebranche jahrzehntelang gelungen ist, beengte Blechkisten als Hort der Freiheit und stinkende Zigaretten als cool & sexy zu verkaufen, sollte es doch auch möglich sein, eine lebendige Natur, frische Luft, eine Stadt der kurzen Wege, faire Preise und ein friedliches Miteinander als lebenswerte Zukunft zu präsentieren.

Wenn uns das gelingt, dann können wir bald ganz ohne schlechtes Gewissen sagen: Wachstum ist etwas Wunderbares!

unlearn mode

Nina Lorenzen

Es ist unerwartet heiß im September. Die Jacke, die ich morgens noch schnell übergeworfen habe, klebt an meinem Körper. Seit Stunden laufe ich durch Berlin. Wir sind so viele, dass es nur schleppend vorangeht.

»Fast Fashion killt das Klima« steht auf dem Banner, das ich vor mir hertrage. Die letzten Wochen habe ich damit verbracht, mit anderen Menschen aus der Modebranche einen gemeinsamen Demoblock zum Thema »Mode & Klima« beim Globalen Klimastreik zu organisieren. Mit über hundert Menschen machen wir auf den Zusammenhang zwischen Mode, CO_2, Wasserverbrauch und sozialer Gerechtigkeit aufmerksam. 1,4 Millionen Menschen auf den Straßen in ganz Deutschland rufen an diesem Tag die Bundesregierung dazu auf, die Klimakatastrophe endlich mit konsequenten politischen Maßnahmen zu bekämpfen. Die Stimmung ist euphorisch, bis sich die Eckpunkte des neuen Bundes-Klimaschutzgesetzes in der Menge herumsprechen, das die Bundesregierung ein paar Meter weiter im Futurium verkündet. Nach über sieben Stunden Protestlauf biegen wir enttäuscht in die Straße des 17. Juni ein und steuern auf das Brandenburger Tor zu. Wieder zurück auf Anfang.

Fast Fashion killt das Klima

Heute wissen wir, dass das 2019 verabschiedete Klimaschutzgesetz vom Bundesverfassungsgericht in Teilen für verfassungswidrig erklärt wurde, weil hinreichende Reduktionsziele für Treibhausgasemissionen nach 2030 fehlten. Damit seien die Beschwerdeführenden, darunter auch Fridays for Future, in ihrer grundrechtlich gesicherten Freiheit verletzt, erklärte das Karlsruher Gericht.

Der Zusammenhang zwischen Mode und Klima war beim Globalen Klimastreik 2019 noch nicht allgemein bekannt. Menschengemachter Klimawandel – damit assoziierten viele SUVs in Großstädten, das tägliche Stück Fleisch auf dem Teller, den Flug in den Sommerurlaub. Aber nicht Mode. Die war bislang hauptsächlich für schlechte Arbeitsbedingungen kritisiert worden. Das – und einiges mehr – wollte ich ändern und gründete 2018 die Bildungsplattform *Fashion Changers* mit. Unser Ziel: konstruktive Kritik an dem zu üben, was wir und so viele Menschen lieben und tagtäglich tragen: Mode. Dabei geht es uns nicht nur um das Themenfeld Mode und Klima, sondern auch um arbeitsrechtliche Kämpfe in der Modebranche oder um die Fragen, was Feminismus mit Mode zu tun hat, wieso Mode oft klassistisch ist und wie Mode Diversität abbilden und lebbar machen kann. Wir wollen die oft unterschätzte Strahlkraft von Mode in verschiedenen Gesellschaftsbereichen aufzeigen und fragen: Was wäre eigentlich, wenn wir Mode für Gutes einsetzen?

Mode und Klima

Im Kampf, die globale Erderwärmung auf 1,5 Grad zu begrenzen, muss sich auch die Modeindustrie mit ihren Auswirkungen auf das Klima beschäftigen. Ob CO_2-Emissionen, Polyester, Mikroplastik oder Abfallexporte: Das Geschäft mit Mode ist eng mit fossilen Energien verknüpft. So ist die Modeindustrie für drei bis zehn Prozent der globalen Treibhausgasemissionen verantwortlich.[1] Was die Dekarbonisierung des Modesektors besonders schwer macht: Der Großteil der Treibhausgasemissionen (circa 90 Prozent) fällt bei Textilunternehmen durch indirekte Emissionen entlang ihrer Wertschöpfungskette an.[2] Dazu gehören vorgelagerte Emissionen bei den Lieferanten, etwa in der Rohstoffproduktion, durch Färbe- und Veredelungsprozesse, Konfektionierung, Transport, aber auch nachgelagerte Emissionen, die auf den Handel, die Gebrauchsphase, Recycling, Downcycling und die Entsorgung zurückzuführen sind. Die Modeindustrie belastet Umwelt und Menschen darüber hinaus durch giftige Chemikalien, Mülldeponien oder die Verschmutzung von Trinkwasser und Ackerböden. Die weltweite Produktion von Textilfasern belief sich 2019 auf rund 111 Millionen Tonnen Material.[3] Spitzenreiter ist Polyester – die erdölbasierte Synthetikfaser ist mit 54 Prozent die meistproduzierte Faser im Weltmarkt.[4] Mit jedem Waschgang werden nicht abbaubare Fasern freigesetzt und gelangen in Form von Mikroplastik in die Umwelt. Wird das Kleidungsstück aussortiert, endet es mit hoher Wahrscheinlichkeit auf einer Mülldeponie, zumeist in Ländern des Globalen Südens. Wenn wir darüber nachdenken, wie Mode nachhaltiger gestaltet werden kann, müssen wir also lernen, über die Verbindung von Mode und fossilen Energien hinauszudenken.

Die Auswirkung der Klimakatastrophe auf die Produktionsländer

Die wirtschaftlichen Auswirkungen der Klimakatastrophe betreffen in besonderem Maße die Produktionsländer und damit auch die Arbeiter*innen vor Ort. Denn Modemarken lassen größtenteils in Ländern produzieren, die anfällig für extreme und zunehmende Klimaschwankungen sind. Bis 2030 sollen extreme

Wetterereignisse, etwa Überschwemmungen und heißere Temperaturen, Bekleidungsexporte im Wert von 65 Milliarden Dollar gefährden. Bangladesch, Kambodscha, Pakistan und Vietnam kommen zusammen aktuell auf einen Anteil von etwa 18 Prozent der weltweiten Bekleidungsexporte, mit rund 10 000 Bekleidungs- und Schuhfabriken und etwa elf Millionen Beschäftigten. Sollte den Risiken durch Klimakatastrophen bis 2030 nicht vorgebeugt werden, sei davon auszugehen, dass bis 2050 die Exporteinnahmen in den genannten vier Ländern um fast 70 Prozent oder 1,4 Billionen US-Dollar sinken. Diese Prognose bedeutet nicht zuletzt, dass viele bereits sozial benachteiligte Menschen – schätzungsweise fast eine Million – ihren Arbeitsplatz in der Modebranche verlieren und somit die Kosten dafür tragen, dass westliche Modehersteller ihre Emissionen in ärmere Länder auslagern und dort massiv zu den Klimaveränderungen beitragen.[5]

Dabei werden die Folgekosten der Erderhitzung mit jedem Jahr gravierender. Laut Weltwirtschaftsforum sind in den letzten 50 Jahren die Kosten jedes Extremwetterereignisses weltweit um geschätzt 77 Prozent gestiegen.[6] Und wir reden hier nicht nur über Länder im Globalen Süden, in denen die Modebranche zumeist produzieren lässt. So sind unter den zehn am stärksten von der Klimakatastrophe betroffenen Ländern auf Platz 1 China und auf Platz 5 die USA aufgeführt – Länder, die für die Baumwollproduktion eine große Rolle spielen und infolge des Klimawandels immer häufiger mit Dürren, Überschwemmungen und Schädlingen zu kämpfen haben und deshalb Ernteausfälle verzeichnen müssen.[7]

Die Folgen der Erderwärmung in Klimarisikogebieten treffen die Arbeiter*innen aber auch ganz direkt: Viele klagen über Gesundheitsprobleme aufgrund von Hitze und Schwüle, was auch zu einer verminderten Arbeitsproduktivität führt. Vietnam hat bereits reagiert und das Arbeitsrecht an die Klimabedingungen angepasst. So wurden etwa Grenzwerte für Arbeitstemperaturen oder Entgeltfortzahlungen in Fällen höherer Gewalt festgelegt.

Wie Greenwashing echte Klimamaßnahmen verhindert

In der Modebranche treffen die Auswirkungen der Klimakrise also die Menschen in den produzierenden Ländern im Globalen Süden besonders stark. Dennoch sind viele Modeunternehmen zögerlich, etwas Grundlegendes zu ändern – obwohl es realistische Schreckensszenarien gibt, die bei gleichbleibendem minimalem Engagement in Sachen Nachhaltigkeit eintreten werden. Viele Unternehmen setzen unter anderem wegen der angespannten wirtschaftlichen Lage darauf, kurzfristig Gewinne zu erzielen, sprich günstig zu produzieren und viel abzuverkaufen, anstatt langfristige und nachhaltige Maßnahmen zu implementieren und mitzufinanzieren. Aber worüber sprechen wir eigentlich, wenn wir über Nachhaltigkeit sprechen?

Der 1987 veröffentlichte Brundtland-Bericht »Our Common Future« der Weltkommission für Umwelt und Entwicklung, benannt nach ihrer Vorsitzenden Gro Harlem Brundtland, versteht unter nachhaltiger Entwicklung, die Bedürfnisse der heutigen Generation so zu erfüllen, dass die Bedürfnisse künftiger Generationen dabei nicht gefährdet werden. Dabei soll Nachhaltigkeit ökologisch, sozial und ökonomisch verstanden werden.[8] Heute stützen sich die 17 Ziele für nachhaltige Entwicklung der Vereinten Nationen (SDGs) auf den Brundtland-Report. Ungeachtet dieses Handlungsrahmens gibt es bis heute keinen feststehenden Nachhaltigkeitsbegriff, was dazu führt, dass der Interpretation (noch) keine regulativen Grenzen gesetzt sind – dies gilt auch für die Modebranche.

Die wenigsten Modeunternehmen richten ihre Nachhaltigkeitsstrategien an wissenschaftsbasierten Zielen aus. Die Nachhaltigkeitstrends von morgen werden oft in den Marketingabteilungen konzipiert und betreffen häufig nur Teilbereiche – mal ist es eine vermeintlich klimaneutrale (Hallo, Ausgleichszertifikate!) oder kreislauffähige Kollektion (jedoch ohne Rücknahmeangebot), mal sind es Schuhe aus recyceltem Meeresplastik, mit deren Kauf wir angeblich die Ozeane retten. Bei all diesen Trends wird der Aspekt der sozialen Nachhaltigkeit häufig völlig außer Acht gelassen. Diese vereinzelten und wenig fundierten Aktivitäten zeigen, dass die Modebranche nicht ernsthaft darum bemüht ist, die Freiheitsrechte künftiger Generationen zu schützen.

Viele große Unternehmen mit weitreichendem Einfluss scheinen kein starkes Interesse daran zu haben, ihre Klimaschutzmaßnahmen in Einklang mit dem 1,5-Grad-Ziel zu bringen. Sie veröffentlichen lediglich freiwillige, oft marketingtaugliche Klimaziele, die später beliebig verschoben werden. Die Selbstverpflichtungen wirken auf den ersten Blick ambitioniert, auf den zweiten Blick ist es oft klassisches Greenwashing – ein perfider Marketingtrick, weil er Verbraucher*innen vorgaukelt, dass man sich kümmert und sie getrost weiter shoppen können. Fortschritt kann erst dann einsetzen, wenn große Unternehmen ihre Gelder und Expertisen in echte Maßnahmen für mehr Nachhaltigkeit statt in öffentlichkeitswirksame Greenwashing-Kampagnen investieren.

Die Entstehung von Fast Fashion und Ultra Fast Fashion

Für die Etablierung von Fast Fashion als Mainstream seit den 1990er-Jahren waren drei Entwicklungen ausschlaggebend: die Markteinführung der Nylon-Feinstrumpfhose und damit das erste Massenprodukt aus einer synthetischen Faser, die zunehmende Globalisierung und der gleichzeitige Ausbau von Arbeits- und Umweltschutzrechten in Europa. Letzteres führte dazu, dass in den 1960er-Jahren viele westliche Modehersteller ihre Produktion in Niedriglohnländer mit schwächeren Arbeitsrechten und Umweltstandards ausgelagert haben. So konnte die Modeindustrie viel günstiger und schneller viel Kleidung herstellen.

Die spanische Inditex-Gruppe, zu der unter anderem Zara gehört, und die schwedische H&M-Gruppe zählen heute zu den weltweit größten Fast-Fashion-Konzernen. Sie sind darauf spezialisiert, Looks von Laufstegen, der Straße oder von kleineren Labels zu kopieren (Modedesign erfüllt selten die Anforderungen an das Urheberrecht) und sie innerhalb von fünf bis zwölf Wochen in großen Mengen in die Läden zu bringen, um sie preisgünstig für die breite Masse anzubieten. Dabei verarbeiten Fast-Fashion-Labels hauptsächlich synthetische Fasern wie Polyester, Elasthan, Polyacryl oder Polyamid (Nylon). Synthetische Fasern sind vielseitig einsetzbar und günstig in der Produktion, sie sind aber auch mit den fossilen Industrien verknüpft.

Unterboten werden die Fast-Fashion-Preise und die Schnelligkeit heute von sogenannten Ultra-Fast-Fashion-Marken wie Boohoo und Shein. Ein T-Shirt bekommt man hier schon ab 2 Euro. Die Anbieter setzen zumeist ausschließlich auf den Onlinehandel. Dort stellen sie Prototypen ein, die in kleiner Stückzahl produziert werden. Klickzahlen entscheiden, ob mehr gefertigt wird. Da viele Ultra-Fast-Fashion-Hersteller auch in Europa nähen lassen, sind die Transportwege kürzer und es kann flexibler nachproduziert werden. Bis die neue Ware im Onlineshop landet, dauert es nur noch zwei bis vier Wochen. Der Unterschied dieser Geschäftsmodelle wird neben dem Verkaufspreis und Tempo auch anhand der Masse deutlich: Während H&M von Januar bis Anfang April 2022 genau 4414 neue Designs in seinen

Onlineshop stellte, waren es bei Shein 314 877 Styles. Das sind durchschnittlich fast 105 000 neue Designs pro Monat und knapp 1100 neue Styles pro Tag.[9] Modetrends sind dank (Ultra) Fast Fashion also für alle zugänglich. Oder etwa doch nicht?

Die Demokratisierung der Mode

Auf den ersten Blick scheint Fast Fashion den eigenen Anspruch – bezahlbare Mode für die Masse – erfolgreich eingelöst und durch niedrigschwelligen Zugang ein Moment der Demokratisierung geschaffen zu haben. Aber natürlich gibt es auch im Fast-Fashion-Segment unterschiedliche Preisspannen. Aus meiner Jugend weiß ich zu gut, wie es sich anfühlt, Fast-Fashion-Modetrends nicht mitmachen zu können, weil ich mir die Logo-Pullis von Adidas und Nike nicht leisten konnte. Moment mal, Lifestyle-Sportmarken wie Adidas sind Fast Fashion? Ja, denn die höheren Preise bei Adidas und Co. korrelieren nicht per se mit höherwertiger Qualität, einer klimafreundlicheren Produktion oder besseren Arbeitsbedingungen. Das Geschäftsmodell und die Produktionsweisen sind dieselben wie bei klassischen Fast-Fashion-Brands; wir zahlen schlicht einen Aufpreis für die Marke und den damit verbundenen Lifestyle.

Mode kann nur deshalb so preisgünstig angeboten werden, weil viele Menschen entlang der Wertschöpfungskette ausgebeutet werden. Der Wohlstand der Modeindustrie basiert auf dem Raubbau an Ressourcen und Arbeitskräften insbesondere in ehemals kolonisierten Ländern: von Baumwollplantagen, die durch versklavte Menschen bewirtschaftet wurden, über moderne Ausbeutungsbetriebe aka Sweatshops bis hin zu Altkleiderexporten. Die Markt- und Konsummacht liegt hingegen bei Marken und Verbraucher*innen aus ehemaligen Kolonialmächten. Diejenigen mit Macht und Entscheidungsgewalt im System entscheiden, für wen ihre Mode bestimmt ist; abhängig vom sozioökonomischen Status, der Körperform oder Hautfarbe. Wahre Demokratisierung sieht anders aus.

Mit Individualkonsum die Welt retten?

Lange Zeit dachte ich, dass ich mit meinem Konsumverhalten für eine bessere Zukunft stimmen, also mitentscheiden kann. Geld bedeutet schließlich Einflussnahme, und die Nachfrage bestimmt das Angebot. Mit diesen Glaubenssätzen sind wir zumindest aufgewachsen.

Als Alternative zu Fast Fashion adressiert Fair Fashion diese bewussten Konsument*innen, indem nachhaltigere und fairere Arbeitsbedingungen entlang der Wertschöpfungsketten geschaffen werden und mit weniger Tempo und Masse produziert wird. Das bedeutet höhere Produktionskosten, weshalb Fair-Fashion-Brands kein T-Shirt für 2 Euro anbieten. »Fair Fashion« ist wohlgemerkt kein geschützter Begriff, wodurch eine große Bandbreite bei der Auslegung von »nachhaltig« und »fair« entsteht. Ist recyceltes Polyester bereits nachhaltig und ein Mindestlohn wirklich fair? In unserer Arbeit bei *Fashion Changers* sprechen wir von »nachhaltigerer« oder »fairerer« Mode, um herauszustellen, dass es so etwas wie 100 Prozent nachhaltig oder fair nicht gibt. Fairere Mode betrachtet in erster Linie die Arbeitsbedingungen, dazu können neben festen Arbeitsverträgen existenzsichernde Löhne, Gebäudesicherheit, Gesundheitsschutz und das Recht auf Versammlungsfreiheit zählen. Dahingegen verfolgt nachhaltigere Mode ökologische Standards, wozu neben Wasser- und Chemikalienmanagement, einer ressourcenschonenden Materialauswahl auch die Wasch- und Gebrauchsphase sowie die Entsorgung oder Weiterverwendung gehören. Für uns ist besonders wichtig, dass Fairness und Nachhaltigkeit miteinander verbunden sind und Nachhaltigkeit immer ganzheitlich betrachtet werden sollte.

In der Fair-Fashion-Bewegung wurde vor einigen Jahren der Ausspruch »Dein Kassenzettel ist dein Stimmzettel« geprägt und mit großer Überzeugung weiterverbreitet – bis heute. Das mag bis zu einem gewissen Punkt stimmen. Dennoch überhöht diese Erzählung den Einfluss von individuellen Kaufentscheidungen auf strukturelle Probleme. Diese Verantwortungsverschiebung ist kein neues Phänomen. 2004 hat die CO_2-Rechner-Kampagne des britischen Ölkonzerns BP das Konzept vom individuellen ökologischen Fußabdruck weltweit bekannt gemacht und damit von seinem eigenen CO_2-Fußabdruck abgelenkt. Nun greifen nachhaltigere Unternehmen die Idee der individuellen Verantwortung auf ihre Weise auf und machen die Einflussnahme an der Kaufentscheidung fest. Natürlich verkaufen auch Fair-Fashion-Firmen volle Kleiderschränke, und ihr wirtschaftlicher Erfolg hängt davon ab, dass Menschen konsumieren. Der Ausspruch ignoriert auch den Umstand, dass Fair Fashion aufgrund der Preisgestaltung – die natürlich Klima- und Lohnkosten entsprechend einpreisen muss – im Kern klassistisch ist, weil sie für viele Menschen zu teuer ist.

Der Marktanteil von Fair Fashion wird aktuell auf unter ein Prozent geschätzt. Es trifft zu, dass man mit dem Kauf eines nachhaltigeren und faireren Teils für ein anderes Wertesystem stimmt. Und trotzdem handelt es sich immer noch um Konsum und nicht um eine demokratische Abstimmung, mit der man die Geschäftsmodelle von Inditex, H&M und Co. abwählen könnte. Der Spruch »Dein Kassenzettel ist dein Stimmzettel« ist letztlich eine kapitalistische Erzählung und von vielen Privilegien bestimmt. Solange die Wertefrage vom Geldbeutel abhängt, können nicht alle ihre Stimme an der Konsumurne abgeben.

Systematisches Outsourcing von Verantwortung

In der Herstellung von Mode herrschen sehr ungleiche Kräfteverhältnisse zwischen den verschiedenen Akteur*innen. Modemarken haben jahrzehntelang systematisch Abhängigkeiten bei ihren Zulieferern geschaffen und ihre unternehmerische Verantwortung abgegeben. In der Modebranche ist es üblich, dass Zulieferer, also die direkten Vertragspartner einer Modemarke, Verträge mit Subunternehmen schließen. Wenn eine Modemarke als Auftraggeber die Arbeitsbedingungen im Blick behalten und die Lieferketten rückverfolgen möchte, so verliert sie spätestens jetzt den Überblick, wer wo wie für sie produziert. Je größer ein Unternehmen, desto undurchsichtiger die Lieferkette.

Wie wenig sich viele westliche Hersteller für das, was außerhalb ihres Unternehmenssitzes passiert, verantwortlich fühlen, verdeutlichte der Zusammensturz des neunstöckigen Rana-Plaza-Gebäudes am 24. April 2013 in Bangladesch, bei dem 1134 Menschen starben und 2500 verletzt wurden. Dort produzierten unter anderem Primark, Mango, Benetton, Zara, Adler und Kik. Noch am Vortag hatten Arbeiter*innen das Management auf Risse im Gebäude aufmerksam gemacht. Ohne Konsequenzen. Die Produktionsstätte war vom TÜV Rheinland im Rahmen einer Sozial-Auditierung geprüft worden; Gebäudesicherheit war kein Teil davon. Der Prüfungsbericht wurde im Nachhinein wegen mangelnder Sorgfalt stark kritisiert.

In Folge des Unglücks müssen sich 38 Menschen vor Gericht wegen Mordes verantworten, darunter auch der Fabrikbesitzer. Ein Gerichtsurteil gibt es bis heute nicht. Und was ist mit den Modeherstellern aus dem Globalen Norden, deren Kleidung im Rana-Plaza-Gebäude genäht wurde? Zwei Jahre dauerte es, bis ein Kompensationsabkommen in Höhe von 30 Millionen US-Dollar für die Opfer und Hinterbliebenen zustande kam. Viele

Firmen wehrten sich dagegen, Verantwortung übernehmen zu müssen. Rechtlich gesehen waren sie bis dato von jeglicher Sorgfaltspflicht ausgenommen, da sie meist keine direkten Verträge mit allen Lieferanten haben und nicht wissen – vielleicht auch nicht wissen wollen –, wo die Baumwolle für ihre Produkte gesponnen, die Jeans aus ihrer Kollektion gebleicht oder der Knopf angenäht wird. So auch im Fall Rana Plaza.

Dass es schwierig ist, Modeunternehmen dazu zu bringen, Verantwortung für ihr Wirtschaften in den Produktionsländern zu übernehmen, offenbart sich auch beim Klimaschutz. Um die Dekarbonisierung zu erfüllen und das Netto-Null-Ziel zu erreichen, braucht die Modebranche bis 2050 rund eine Billion US-Dollar.[10] Damit die Produktionsländer an das benötigte Geld kommen können, bräuchte es mehr grüne Kreditprogramme, die Bereitschaft von Herstellern, Risiko und Investitionen zu teilen, sowie evidenzbasierte Klimamaßnahmen, damit Gelder gewinnbringend investiert werden. Diese Lücke will der Klimafonds des Apparel Impact Institute (AII) verkleinern. Insgesamt 250 Millionen US-Dollar sollen von Modeunternehmen und Organisationen bereitgestellt werden, um effektive und skalierbare Klimalösungen für die Modebranche zu erproben, in die Finanzinstitute und Unternehmen anschließend risikoarm investieren können. So zumindest die Idee. Bis es so weit ist, muss der AII-Fonds noch 180 Millionen US-Dollar aufbringen.[11]

Wie zentral geteilte Risikobereitschaft und Investitionen sind, zeigte sich auch bei meiner Pressereise durch Indien. Wir hatten dort die Gelegenheit, uns mit einheimischen Vertreter*innen aus den Bereichen Produktion, Zertifizierung, Gewerkschaft und Aktivismus auszutauschen. Dabei wurde schnell klar, dass die kolonial geprägten Machtdynamiken zwischen den Produktionsländern im Globalen Süden und Modeherstellern im Globalen Norden noch immer vorherrschen.

Egal, ob Fast Fashion oder Fair Fashion: Die Verträge zwischen Herstellern und Produzenten zielen in erster Linie darauf ab, die Verantwortung an die Produzenten abzugeben. Immer wieder erzählten mir die Modeproduzenten von hohen Vertragsstrafen, die sie bei verzögerter Lieferung oder unzureichender Qualität an die europäischen Auftraggeber zahlen müssten. Damit schultern die Produzenten das gesamte Risiko und werden zusätzlich von den Auftraggebern in die Haftung genommen. Verantwortung outsourcen, so bezeichnete es einer der indischen Produzenten, als wir in einer kleinen Runde bei einem Chai vor seiner Fabrik saßen. Er erlebt jeden Tag, was es bedeutet, wenn westliche Modehersteller mit dem Abwandern in sogenannte Niedriglohnländer ihre Verantwortung für das abgegeben haben, was in ihrem Auftrag entlang der Lieferketten passiert. Was wünschen sich Produzenten von westlichen Marken, will ich wissen. Die Antwort fällt meistens gleich aus: mehr Agilität, Verbindlichkeit und Partnerschaft auf Augenhöhe, auch auf der Vertragsebene.

Wie fair kann Mode wirklich sein?

»Can trade ever be fair?«, fragt uns ein indischer Zertifizierer – und für einen Moment bleibt es still im Raum. Stundenlang diskutieren wir mit ihm über die Auflagen von Textilsiegeln für Produzenten, die enorm, aber hoffentlich auch zukunftsweisend für ihre Produktionen sind. Die Krux: Selbst wenn Textilsiegel Wert auf faire Partnerschaften zwischen Herstellern und Produzenten legen, müssen Modemarken keinen Zertifizierungsprozess durchlaufen und beispielsweise ihre Vertragsbedingungen offenlegen. Am Ende werden ausschließlich die Produzenten auditiert und zertifiziert. Um Machtverhältnisse in Handelsbeziehungen aufzuweichen, müssten Siegelgeber europäische Marken stärker in die Verantwortung nehmen. Sie sollten sie einerseits für die Gefahren und Risiken in der Produktion schulen, andererseits ihre Vertragsbedingungen und Einkaufspraktiken bei der Auditierung berücksichtigen. Weiterhin sollten Siegelgeber unbedingt ihre Standards für Arbeitssicherheit und Arbeitsgesundheit an die bereits erwähnten Klimarisiken anpassen. Textilsiegel bieten Konsument*innen Transparenz in bestimmten Bereichen der Entstehung ihrer Kleidungsstücke, doch die systematischen Probleme in der Modeindustrie können durch ein Siegel nicht ausgehebelt werden.

Wie in jedem Sektor muss auch in der Modebranche sichergestellt werden, dass Arbeitnehmer*innen ihre Rechte kennen und verstehen, mit welchen Mitteln sie ihre Löhne und Arbeitsbedingungen verbessern. Da allerdings nur ein Prozent aller Textilarbeiter*innen gewerkschaftlich organisiert ist, fällt der Kampf gegen Ungerechtigkeiten wie unbezahlte Überstunden, verbale und sexualisierte Gewalt, Lohnkürzungen, unsichere Arbeitsbedingungen und das Beschneiden des Versammlungsrechts schwer. Es gibt weltweit viele Gewerkschaften und Arbeitsrechtorganisationen, die sich speziell für Frauenrechte einsetzen, wie die National Garments Workers Federation, das Bangladesh Center for Workers Solidarity und die Garment Labour Union in Indien. Aus unseren Gesprächen wissen wir, dass westliche Hersteller oft gar keine Kontakte zu lokalen Gewerkschaften haben. Hier könnten Siegelgeber ihren Einfluss dahingehend nutzen, den Dialog zwischen Gewerkschaften, Produzenten und Hersteller zu initiieren und so fairere Partnerschaften für alle Stakeholder sicherzustellen.

Mode als Vehikel für positive Transformation

Als ich 2012 anfing, mich intensiv mit sogenannter nachhaltiger Mode zu beschäftigen, gab es noch keine ernst zu nehmende Diskussion über politische Regulierungen. Erst 2019 hatte ich das

Gefühl: Das vorherrschende Narrativ, der freie Markt regele sich von selbst, ist langsam, aber sicher auserzählt. Es wird endlich erkannt und gegengesteuert, dass die vermeintliche Freiheit des unregulierten Wirtschaftens auf der Unfreiheit von marginalisierten Gruppen und zukünftigen Generationen fußt. Der Druck auf politische Entscheidungsträger*innen stieg und Forderungen nach gesetzlichen Regelrahmen wurden lauter.

Zeitgleich nahm die gesellschaftliche Sensibilisierung für die Missstände in der Modeindustrie zu. Teilweise ging das so weit, dass sogar Klimaaktivist*innen als unglaubwürdig diskreditiert wurden, wenn sie im Fast-Fashion-Outfit streikten. Auch meine Jacke, die ich 2019 beim Klimastreik trug, war von der Fast-Fashion-Brand Vero Moda. Trotzdem forderte ich das Ende von Fast Fashion. Die Ernsthaftigkeit, mit der wir ein System kritisieren und es verändern wollen, sollte nicht an der Kleidung bemessen werden, die wir tragen (müssen). Wer wo einkauft, kann verschiedene sozioökonomische Gründe haben. Für eine wirkungsvolle Kritik ist vielmehr grundlegend, das System Mode zu verstehen und zu dekonstruieren – das ist die Basis für Unlearn Mode.

Dass die Modebranche durchaus in der Lage ist, die selbst auferlegten Regeln, wie Mode zu funktionieren hat, zu verlernen, zeigte sich beispielhaft während der Pandemie. Diese zwang Modehersteller dazu, ihre Art des Wirtschaftens zu hinterfragen und anzupassen, um krisenfester zu werden. So haben sich einige Marken des Problems der Überproduktion angenommen – der Elefant im Raum, wenn es um die Reduzierung von Emissionen geht –, um in Zukunft auf weniger unverkaufter Ware sitzen zu bleiben und effizienter und resilienter zu produzieren. Dafür wurden weniger Styles entwickelt und Kollektionen gefertigt. Die Hersteller setzten verstärkt auf übersaisonale und genderfluide Kleidungsstücke, damit die einzelnen Teile das ganze Jahr und für mehr Menschen tragbar sind. Viele westliche Hersteller haben außerdem auf »Nearshoring« umgeschwenkt und Teile ihrer Lieferketten nach Europa verlagert, um Transportwege zu verkürzen.

Auch wenn die meisten Modehersteller diese guten Veränderungen wieder verworfen haben, weisen sie darauf hin, dass die Modebranche den Status quo verlernen kann – sofern der gesellschaftliche und wirtschaftliche Druck groß genug ist. Doch in der Post-Corona-Welt mit ihren geopolitischen Konflikten und ökonomischen Herausforderungen rücken Werte wie Nachhaltigkeit und Klimaschutz, soziale Gerechtigkeit und Teilhabe in den Hintergrund. Diese Entwicklung zeigt einmal mehr, dass es gesetzliche Vorgaben braucht, um langfristige Veränderungen zu bewirken.

Unsere Forderung: Verantwortung per Gesetz

Mehr als sechs Jahre nach dem Einsturz des Rana-Plaza-Gebäudes überreichte die Sozialunternehmerin und Aktivistin Lisa Jaspers im Bundesministerium für Arbeit und Soziales (BMAS) die von ihr ins Leben gerufene Petition #fairbylaw. Die Petition forderte ein deutsches Gesetz zur Lieferkettensorgfalt, das Unternehmen dazu verpflichtet, Risiken entlang ihrer Lieferketten zu überprüfen, ihnen vorzubeugen und darüber Rechenschaft abzulegen. Nur so können sie bei Verstoß gegen ihre Sorgfaltspflicht haftbar gemacht werden.

Mit unserer Bildungsplattform *Fashion Changers* unterstützten wir Lisas Petition. Wir sammelten Unterschriften, mobilisierten Multiplikator*innen, schrieben gegen Desinformation von Wirtschaftsverbänden an und suchten Politiker*innen, die gewillt waren, die 175 000 Unterschriften entgegenzunehmen und sich für ein Lieferkettengesetz einzusetzen.

Da standen wir nun im November 2019 im BMAS. Ich hatte

einen Redebeitrag vorbereitet, der die Große Koalition an ihre eigenen Ziele, verschriftlicht im Koalitionsvertrag, erinnern sollte. In diesem sicherte sie zu, national gesetzlich tätig zu werden und sich für eine EU-weite Regelung einzusetzen, insofern weniger als 50 Prozent der deutschen Unternehmen ihre menschenrechtliche Sorgfaltspflicht nicht erfüllen. Kurz vor der Petitionsübergabe wurden die Ergebnisse einer ersten Unternehmensbefragung vorgelegt: Nur 20 Prozent von 400 Unternehmen erfüllten die Anforderungen; 2600 angeschriebene Unternehmen ließen den Fragebogen unbeantwortet. Trotzdem war die politische Stimmung zu dem Zeitpunkt eher abwartend. Eine Haltung, die wir nach all der verstrichenen Zeit nicht mehr dulden wollten.

»Nachhaltigkeit ist mehr als ein wenig Bio-Baumwolle. Und Fairness bedeutet nicht, Girlpower-Statement-T-Shirts auf den Markt zu werfen und Frauen entlang der Lieferkette auszubeuten«, begann ich mein Statement. Mit jedem weiteren Satz spürte ich, wie wütend es mich machte, dass sich die Bundesregierung in den letzten Jahren geweigert hatte, deutschen Unternehmen mit ihren unverbindlichen Textilbündnissen und halbherzigen Aktionsplänen politische Handlungsrahmen und Grenzen zu setzen. »Nachhaltigkeit und Fairness bedeuten auch das Überdenken von Geschäftsmodellen und Wirtschaftssystemen«, fuhr ich mit zittriger Stimme fort. »Seit Jahren fordern NGOs Unternehmen zu mehr Transparenz in ihren Lieferketten auf. Denn fehlende Transparenz kostet Leben. Die Erfolge sind minimal, aber vor allen Dingen kostet Freiwilligkeit Zeit. Da können wir noch so oft in den sozialen Netzwerken fragen, wer unsere Kleidung gemacht hat.«

Die nächsten Monate nach der Petitionsübergabe führten mir vor Augen, wie mächtig die deutsche Wirtschaftslobby ist. Jeden Tag erfuhr ich von neuen offenen Briefen von Wirtschaftsverbänden. Der Widerstand in der Modebranche war groß. Aber der zivilgesellschaftliche Druck auch. Im Sommer 2020 verabschiedete der Bundestag endlich das Lieferkettengesetz – was für ein Meilenstein! Und das sollte erst der Anfang sein.

Fast Fashion is out of fashion

Die Modeindustrie wird inzwischen von der Europäischen Kommission als Hochrisikosektor für Umwelt und Mensch eingestuft – gleich hinter der Mobilitäts-, Lebensmittel- und Bauindustrie. Damit sind Industrien gemeint, deren negative Auswirkungen auf Menschenrechte und Umwelt mit einem hohen Risiko bewertet werden. Umso wichtiger ist das umfassende Maßnahmenpaket für den Textilsektor, im März 2022 vorgelegt von der Europäischen Kommission. Die EU-Strategie für nachhaltige und kreislauffähige Textilien umfasst 16 Gesetzgebungsmaßnahmen. Diese sollen dazu beitragen, dass die EU im Rahmen des Green Deals bis 2050 der erste klimaneutrale Kontinent wird. Der Fokus der Textilstrategie liegt auf Kreislauffähigkeit, Recycling, Langlebigkeit und Reparatur. Zugleich soll die Strategie Wirtschaftlichkeit mit der Umwelt in Einklang bringen. Das Motto für die neue politische Linie: »Fast Fashion is out of fashion«. Bis spätestens 2028 sollen die geplanten Vorschriften greifen.

Der Maßnahmenkatalog ist umfassend und zielt auf den Übergang zu einer Kreislaufwirtschaft ab. Beispielsweise sollen verpflichtende Mindestwerte für die Verwendung recycelter Fasern in Textilien festgelegt und Faser-zu-Faser-Recyclingtechnologien finanziert werden. Denn die aktuelle Wiederverwertungsquote von Textilien zu Textilien liegt bei nur einem Prozent.[12]

Teil der Textilstrategie ist zudem, dass Hersteller Verantwortung für ihre Produkte übernehmen sollen – und zwar über den gesamten Lebenszyklus hinweg, um so den Weg von einer linearen hin zu einer kreislauffähigen Lieferkette zu ebnen, in der Mode nicht länger ein Wegwerfprodukt ist. So verbietet die Europäische Union als Teil der Ökodesign-Verordnung ab voraussichtlich 2026, unverkaufte Textilien zu vernichten, und verpflichtet Unternehmen dazu, Daten über ihre unverkaufte Ware offenzulegen. Denn das ist ein bisher wohlgehütetes Geheimnis: In Deutschland soll es jährlich 230 Millionen Teile unverkaufter Textilien geben,[13] in der EU fallen jährlich 12,6 Millionen Tonnen Textilmüll an. Davon eignen sich laut EU-Kommission bisher nur 22 Prozent für Recycling,[14] weil sie Mischfasern oder von minderer Qualität sind. Ein weiterer Hebel, um Ressourcenverschwendung zu verhindern, ist die geplante Verschärfung der Exportstandards für Textilien. Außerdem wurde ein sogenanntes Recht auf Reparatur erlassen, das bis 2026 umgesetzt werden muss. Mit einem Reparatur-Index sollen Verbraucher*innen bereits beim Kauf erkennen, wie leicht sich ein Produkt reparieren lässt. Gleichzeitig müssen Hersteller ihre Produkte nach dem Kriterium der Reparierbarkeit designen und die Produkte wieder instand setzen.

Zudem plant die EU, einen digitalen Produktpass einzuführen, damit Verbraucher*innen eine informierte Kaufentscheidung treffen können. Dabei ist es Unternehmen im Rahmen der Green-Claims-Direktive nicht mehr erlaubt, ihre Produkte mit irreführenden umweltbezogenen Aussagen wie »klimaneutral« zu bewerben, den Nachhaltigkeitsbegriff ohne Belege zu benutzen oder unternehmenseigene Siegel ohne transparente Vergabesysteme und Standards zu verwenden. So wird Greenwashing erstmals rechtlich abgestraft.

Die geplanten politischen Maßnahmen würden nicht nur Rechtssicherheit, einen fairen Wettbewerb und klimaneutraleres Wirtschaften etablieren, sondern in Kombination mit einem EU-weiten Gesetz zur Lieferkettensorgfaltspflicht, das im April 2024 trotz Enthaltung der deutschen Bundesregierung endlich verabschiedet wurde, auch die systematische Ausbeutung von Menschen in den Produktionsländern verhindern. Die fetten Jahre des minimalen Nachhaltigkeitsengagements sind damit zumindest für große Unternehmen erst mal vorbei. Auch Unternehmen, die ihren Sitz außerhalb der EU haben, wie der chinesische Ultra-Fast-Fashion-Anbieter Shein, werden sich künftig an strengere Gesetze halten müssen, wenn sie ihre Produkte weiterhin in der Europäischen Union verkaufen wollen. Und wer weiß, vielleicht gehört Werbung für Fast Fashion bald der Vergangenheit an, oder Hersteller müssen Strafabgaben für Polyesterbekleidung zahlen. Auch die aktuellen Gesetzgebungen und -vorschläge waren vor vielen Jahren nicht mehr als eine Utopie.

Die Kraft der Mode nutzen

All diese politischen Vorstöße gehen die strukturellen Probleme in der Modeindustrie an, die der Kauf eines Shirts aus Bio-Baumwolle nicht lösen kann. Egal, wie verbesserungswürdig diese Maßnahmen sind (wo bleiben zum Beispiel die Obergrenzen für synthetische Fasern oder Produktionsmengen?), sind sie ein nie zuvor da gewesener politischer Versuch, Ökologie, Gerechtigkeit und Ökonomie in der Modeindustrie stärker miteinander in Einklang zu bringen. Gleichzeitig helfen die geplanten Maßnahmenpakete, ein gesellschaftliches Bewusstsein dafür zu schaffen, wie sich Mode auf Umwelt und Mensch auswirkt. Die für 2028 geplante Mode-Agenda verabschiedet nicht nur die neoliberale Idee der freiwilligen Selbstverpflichtung, sondern sie verdeutlicht, dass Wachstum kein Selbstzweck ist. Wichtiger ist es, dass die Industrie einen Beitrag zum Gemeinwohl für jetzige und zukünftige Generationen leistet.

Nicht alle können sich Fair Fashion leisten, nicht alle wollen Secondhandmode tragen oder ihre eigene Kleidung nähen. Aber wir können alle verlernen, uns von Werbung und (Nachhaltigkeits-)Trends manipulieren zu lassen, indem wir uns nicht nur als Konsument*innen begreifen, sondern als Bürger*innen. Mit *Fashion Changers* ermutigen wir Menschen vor allen Dingen dazu, Wege zu finden, sich außerhalb von Konsum gesellschaftlich einzubringen. Beteiligung ist möglich, etwa indem man die Arbeit von Aktivist*innen anerkennt und unterstützt oder Petitionen im Familien- und Freundeskreis oder in den sozialen Netzwerken teilt. Ein anderer Weg, etwas zu bewegen, kann sein, sofern finanziell möglich, an Organisationen zu spenden. Es gibt einige, die sich für Frauenrechte und Arbeitskämpfe einsetzen, wie FEMNET e. V. oder die Gewerkschaft Awaj Foundation in Bangladesch. Andere wie Greenpeace wollen dem Plastikmüllproblem in der Modeindustrie ein Ende setzen. Man kann natürlich auch selbst politisch aktiv werden, indem man Wahlkreisabgeordneten eine E-Mail schickt, offene Briefe schreibt oder Petitionen startet.

Mode ist mehr als der Stoff, der uns kleidet. Die Kleidung, die wir tragen, ist immer auch politisch. Themen, die uns als Gesellschaft beschäftigen, wie Klimaschutz, soziale Teilhabe, Antirassismus, Dekolonisierung, intersektionaler Feminismus und Gender, kommen auch in der Mode zum Tragen. Deshalb ist es so wichtig, dass die oft unsichtbaren Geschichten hinter unserer Kleidung erzählt werden. Mit unserer Arbeit wollen wir nicht nur auf die Missstände der Modeindustrie, sondern auch auf die Strahlkraft von Mode aufmerksam machen. Es gibt viele Modelabels und Organisationen, die zeigen, was wäre, wenn wir Mode für Gutes einsetzten. Mode ist dabei oft ein Hebel, um etwa traditionelle, ressourcenschonende Nachhaltigkeitspraktiken zu erhalten oder Arbeitsplätze für sozial benachteiligte Frauen zu fördern. Wenn wir das System Mode, wie wir es durch (Ultra) Fast Fashion kennen, wieder verlernen und Mode fairer und nachhaltiger denken, dann wird sie ihr volles positives Transformationspotenzial entfalten können.

unlearn desinformation

Stefan Rahmstorf

1987 schloss ich mein Physikdiplom in Konstanz mit einer Arbeit zur allgemeinen Relativitätstheorie ab – es ging um den Mechanismus der Entstehung von Galaxien im frühen Universum.[1] Kurioserweise schrieb damals in unserer Regionalzeitung *Südkurier* ein Ingenieur, Einsteins Relativitätstheorie sei völliger Unsinn. Das habe nur niemand bemerkt, weil keiner sie verstanden habe, auch kein Physiker, und alle diesen Unsinn nur nachplappern. (Was natürlich Quatsch ist – Einsteins Theorie hat alle empirischen Tests bestanden und wird jedes Semester aufs Neue von zahllosen Physikstudierenden verstanden.) Wir sprachen am Lehrstuhl darüber, und mein damaliger Professor schrieb eine Replik im *Südkurier*.

Im selben Jahr begann ich meine Doktorarbeit in der Ozean- und Klimaforschung in Neuseeland. Ich hatte während eines früheren Auslandsjahrs in Wales großen Gefallen an der physikalischen Ozeanografie gefunden und liebte die Meere noch mehr als die Astrophysik. Ich hätte damals nicht für möglich gehalten, dass die Wissenschaftsskepsis, die uns bei dem Relativitätstheorie-Skeptiker einfach nur schräg vorgekommen war, mir auf diesem Forschungsfeld in massiver, orchestrierter Form wieder begegnen würde, mit Milliardenaufwand finanziert von der mächtigsten Industrie der Erde. Dabei sind die wesentlichen

Erkenntnisse der Klimaforschung – etwa die Rolle des Treibhauseffekts – schon viel älter als Einsteins Relativitätstheorie und mindestens ebenso gut belegt.

Genau 200 Jahre ist es jetzt her: Im Jahr 1824 hat der französische Mathematiker Joseph Fourier die Energiebilanz verstanden, die die Temperatur von Planeten bestimmt. Er erkannte einen entscheidenden Faktor für deren Oberflächentemperatur: den Treibhauseffekt, wenn auch von ihm noch nicht so genannt. Auch Alexander von Humboldt kannte den Treibhauseffekt und schrieb bereits 1843, der Mensch verändere das Klima »durch Fällen der Wälder [...] und durch die Entwicklung großer Dampf- und Gasmassen an den Mittelpunkten der Industrie«.[2]

Im folgenden Jahrzehnt zeigten Experimente von Eunice Foote und John Tyndall, dass Wasserdampf und CO_2 zu den Gasen zählen, die den Treibhauseffekt verursachen. Und 1896 und 1906 errechnete der spätere Nobelpreisträger Svante Arrhenius als Erster die Stärke des Treibhauseffekts von CO_2. Bei einer Verdoppelung der CO_2-Menge in der Luft kam er auf eine globale Erwärmung von 4 °C – die sogenannte Klimasensitivität.

Die Erderwärmung durch Treibhausgase ist unumstrittene Physik

Das Beispiel Arrhenius zeigt, dass ein elementares Verständnis von Physik sowie Papier und Bleistift ausreichen, um die globale Erwärmung infolge eines CO_2-Anstiegs zumindest ungefähr zu errechnen. Und so wurde sie tatsächlich vorhergesagt, lange bevor überhaupt ein Anstieg der Temperatur beobachtet wurde.

Der erste offizielle Regierungsbericht zur globalen Erwärmung wurde 1965 vom damaligen US-Präsidenten Lyndon B. Johnson beauftragt.[3] Der berühmte »Revelle Report« erläutert bereits die wesentlichen Dinge: dass die Nutzung fossiler Brennstoffe die globale Temperatur erhöhen wird, dass die kontinentalen Eismassen schmelzen werden, dass der Meeresspiegel ansteigen wird und so weiter.

Gut zwei Jahrzehnte später, 1988, war der renommierte NASA-Klimaforscher James Hansen der Erste, der in einer Senatsanhörung sagte: Die vorhergesagte globale Erwärmung ist jetzt da. Die Schlagzeile auf der Titelseite der *New York Times* lautete »Global Warming Has Begun«.

Ich kann mich noch gut an diesen Tag erinnern. Ich forschte damals in Neuseeland, und natürlich wurde unter Wissenschaftler*innen darüber debattiert, was James Hansen gesagt hatte. Es gab auch einen eher konservativen Professor, der meinte, es sei vielleicht noch zu früh, das zu behaupten, die Daten könnten womöglich noch innerhalb der natürlichen Schwankungsbreite liegen. Heute glaubt das kein ernst zu nehmender Wissenschaftler mehr. Seit Jahrzehnten verläuft der Temperaturanstieg genau so, wie es von den Klimawissenschaftler*innen schon in den 1970er- und 1980er-Jahren vorhergesagt wurde. Und wir kennen die Ursache.

Denn mit einem globalen Netz für Strahlungsmessungen am Erdboden und mit Satelliten messen wir ständig die Strahlungsbilanz unseres Planeten, mit der Fourier sich schon vor 200 Jahren beschäftigt hat.[4] Aus diesen Messungen wissen wir, dass an der Erdoberfläche fast die doppelte Energiemenge durch den Treibhauseffekt aufgenommen wird wie durch die Sonnenstrahlung – und dass diese Energiemenge wie durch die Physik vorhergesagt zunimmt. Die Erwärmung durch die steigenden Treibhausgasmengen ist keine Theorie, sondern eine durch Messungen belegte Tatsache.

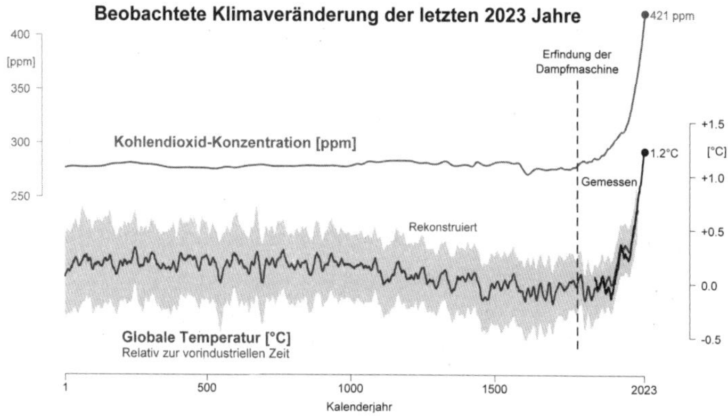

*CO2-Konzentration in der Atmosphäre und globale Temperatur seit dem Jahr 1 unserer Zeitrechnung. Die CO2-Menge ist um 50 Prozent gestiegen, von 280 auf 421 ppm (d.h. von 0,28 auf 0,42 Promille). Die Temperaturdaten stammen vom PAGES2k-Projekt, einem langjährigen internationalen Projekt mit 78 Forscher*innen aus 24 Ländern in neun Regionalgruppen. Grafik: Climate Visuals von Professor Ed Hawkins, Lizenz CC-BY 4.0.*

Das Ergebnis sehen wir in der Abbildung. Beides – die CO_2-Menge in der Luft sowie die Reaktion der globalen Temperatur darauf – entwickelt sich so wie seit Jahrzehnten mit zunehmender Präzision vorhergesagt.

1990 erschien der erste Bericht des Weltklimarats IPCC.[5] Darin wurde es als »sicher« eingestuft, dass der Treibhausgasausstoß die Konzentration dieser Gase in der Atmosphäre erhöht, den Treibhauseffekt verstärkt und eine Erderwärmung verursacht, die durch den infolge der Erwärmung steigenden Wasserdampfgehalt der Luft noch weiter verstärkt wird. In dem Bericht wurde zudem vorhergesagt, dass die Temperatur bis 2025 um

1 °C und vor 2100 um 3 °C steigen werde (relativ zu 1990), wenn keine Gegenmaßnahmen ergriffen würden. Im Jahr 1992 wurde daraufhin beim Erdgipfel in Rio von allen Nationen die Klimarahmenkonvention beschlossen mit dem Ziel, einen gefährlichen anthropogenen (vom Menschen verursachten) Klimawandel zu verhindern. Das war vor über dreißig Jahren. Als ich das damals in der *Tagesschau* sah, dachte ich: »Endlich!«

Dennoch kam es erst 2015 nach einundzwanzig jährlichen Klimagipfeln zum Pariser Klimaabkommen, das alle Nationen völkerrechtlich verbindlich zu Anstrengungen verpflichtet, die Erwärmung auf 1,5 °C zu begrenzen. Da wir heute bereits bei 1,2 bis 1,3 °C angelangt sind, befinden wir uns jetzt in einem dramatischen Wettlauf gegen die Zeit, die Erwärmung noch rechtzeitig zu stoppen.

Die Erwärmung im Kontext der Erdgeschichte

Inzwischen können wir die globale Durchschnittstemperatur bis zur letzten Eiszeit zurück bis auf einige Zehntel Grad genau rekonstruieren – dank Jahrzehnten der Paläoklimaforschung mit Sedimentbohrkernen und Eisbohrkernen, von vielen Orten rund um den Globus. Auf dem Höhepunkt der letzten Eiszeit vor gut 20 000 Jahren war es im Mittel rund 7 °C kälter als im Holozän.[6] Zu Beginn des Holozäns vor rund 10 000 Jahren hat der Homo sapiens – also wir – die Landwirtschaft erfunden. Wir begannen, uns niederzulassen und Städte zu bauen. Seither haben wir von einem sehr stabilen Klima profitiert, doch diese Phase haben wir inzwischen hinter uns gelassen. Man muss gut 120 000 Jahre zurückblicken, bis in die Eem-Warmzeit vor der letzten Eiszeit, um ein ähnlich warmes oder sogar leicht wärmeres Klima zu finden.

Wir katapultieren uns also mit großer Geschwindigkeit aus dem Holozän: Die Erwärmung nach der Eiszeit betrug etwa

1 Grad pro tausend Jahre; jetzt haben wir schon mehr als 1 Grad Temperaturanstieg in den letzten hundert Jahren erlebt und sind inzwischen bei über 0,2 Grad pro Jahrzehnt, das heißt zwanzigmal schneller als am Ende der letzten Eiszeit.

Wir befinden uns bereits außerhalb des Holozän-Klimas, an das die Natur seit Jahrtausenden angepasst ist, und damit zum Beispiel auch unsere Landwirtschaft. Wir verändern das Klima zudem mit einer so enormen Geschwindigkeit, dass eine erneute Anpassung kaum möglich sein wird.

Selbstverständlich werden beim aktuellen Klimawandel auch alle natürlichen Faktoren untersucht, die möglicherweise die globale Temperatur verändert haben könnten, wie Sonnenaktivität oder Orbitalzyklen oder Vulkanismus. Aber diese haben seit dem 19. Jahrhundert maximal plus oder minus ein Zehntel Grad beigetragen.

Was könnte Entwarnung bedeuten?

Entwarnung über die Klimaveränderung durch die Freisetzung großer Gasmassen und das Fällen der Wälder (wie Humboldt es vor 180 Jahren formuliert hat) kann es nach den Gesetzen der Logik nur aus zwei Gründen geben:

1. Entweder sind die von uns freigesetzten Gasmassen unbedeutend für die Zusammensetzung der Atmosphäre.
2. Oder die Klimasensitivität ist geringer als gedacht, was bedeutet, dass das Klima weniger stark auf die veränderten Gasmengen in der Luft reagiert.

Punkt 1 kann die Wissenschaft mit Sicherheit ausschließen, da der CO_2-Anstieg in der Atmosphäre um inzwischen 50 Prozent komplett durch den Menschen verursacht wurde. Dabei bleibt sogar nur die Hälfte unserer Emissionen in der Luft, der Rest landet durch Gasaustausch an der Oberfläche im Ozean und wird von der Vegetation aufgenommen, wie Messdaten belegen.

Punkt 2 ist komplexer, denn die Klimasensitivität ist ein Zusammenspiel verschiedener Rückkopplungen und daher nicht exakt bekannt. Doch in der Fachwelt dreht sich die Debatte derzeit nur noch darum, ob die Klimasensitivität höher ist als bislang gedacht, also womöglich über 4 Grad statt um die 3 Grad.

Ich forsche seit mehr als drei Jahrzehnten zur Paläoklimatologie, und die Daten aus der Erdgeschichte sprechen klar gegen beide Gründe zur Entwarnung. Ein vergleichbar rascher CO_2-Anstieg ist aus der gesamten Erdgeschichte nicht bekannt. Und die starken Klimaveränderungen, egal, ob Eiszeitzyklen oder frühere Warmperioden (in denen die Erde eisfrei war), sind nicht vereinbar mit der Annahme einer geringen Klimasensitivität.

Auch die Hoffnung, die Erwärmung könnte sich so moderat auswirken, dass unsere menschliche Zivilisation und die Ökosysteme sich einfach anpassen können, ist angesichts der heute schon zu beobachtenden Folgen illusorisch. Hitzewellen, Dürren, Brände, Überflutungen, Kategorie-6-Tropenstürme und der sich beschleunigende Anstieg des Meeresspiegels sind erst der Anfang. Dem aktuellen IPCC-Bericht zufolge gelangen wir oberhalb von 1,5 Grad Erwärmung in einen Bereich von »hohem Risiko«, durch das Überschreiten von Kipppunkten große Eismassen und ganze Ökosysteme zu destabilisieren, mit unabsehbaren Folgen. Und schon bei 2,5 Grad Erwärmung werden erhebliche Teile der Landgebiete der Erde zu heiß sein, um dort leben zu können – heute leben dort jedoch noch Hunderte Millionen Menschen, die dann ein neues Zuhause suchen müssten.[7]

Weshalb lässt die Politik es trotz eindeutiger Erkenntnisse und Warnungen der Wissenschaft zu, dass die Emissionen bis heute immer weiter steigen? Ein entscheidender Grund ist, dass die Befunde der Wissenschaft geleugnet und mögliche Lösungen aktiv verzögert werden – bis heute.

Nach dem Erdgipfel von 1992, als endlich ernst gemacht werden sollte mit dem Klimaschutz, formierte sich eine reiche, von der Fossilindustrie getragene Gegenlobby. Ihr Ziel: Klimaschutz zu verhindern oder zumindest so weit wie möglich hinauszuzögern. Ihre Methode: Zweifel an der Wissenschaft zu schüren – mangels ernsthafter Argumente auch mittels Nebelkerzen und Täuschungen.

Ein prominentes Beispiel ist die Ölfirma ExxonMobil aus den USA. Durch eigene Forschung wusste sie genauestens Bescheid über die Erderwärmung. Immer wieder stellten Exxon-Forscher eigene Berechnungen an über den zu erwartenden CO_2-Anstieg und die daraus folgende Erderwärmung, die seit den 1980er-Jahren sogar ein klein wenig genauer waren als die der akademischen Klimaforschenden.[8] Schon 1977 prognostizierte der Exxon-Experte James Black völlig korrekt ein »Kohlendioxid-induziertes Super-Interglazial«: eine Warmzeit, die mehrere Grad wärmer als die aufgrund der Erdbahnzyklen[9] üblichen Interglaziale (also Zwischeneiszeiten wie das Holozän) werden würde.

Die Geschäftsleitung, der Black diese Ergebnisse vorgestellt hatte, reagierte jedoch zu seinem Entsetzen mit einer Täuschungskampagne.[10] Über viele Jahre hinweg bombardierte die Firma die Öffentlichkeit mit bezahlten Meinungsbeiträgen, sogenannten Advertorials, in großen amerikanischen Tageszeitungen.[11] Eines wandte sich gegen die Verabschiedung des Kyoto-Protokolls 1997 mit der Behauptung, nur drei bis vier Prozent der CO_2-Emissionen stammten vom Menschen, prominent als Tortendiagramm dargestellt – freilich ohne zu erwähnen, dass der natürliche Kohlenstoffkreislauf eben ein Kreislauf ist, ein Nullsummenspiel aus Wachstum und Zersetzung von Pflanzen. Der CO_2-Anstieg um bereits über 50 Prozent ist komplett vom Menschen verursacht.[12] Diese Nebelkerze wurde später unter anderem auch von der deutschen Klimaleugnerpartei AfD in Wahlkämpfen verwendet und ist in den sozialen Medien nach wie vor weit verbreitet.[13]

Beliebt ist auch der Verweis auf die eher geringe Konzentration von CO_2 in der Atmosphäre, die beträgt nämlich nur 0,4 Promille, weshalb sie angeblich kaum eine Wirkung haben könne. Dieselbe Konzentration erhält man übrigens, wenn man eintausend Liter Urin in ein normales olympisches Schwimmbecken schüttet – viel Spaß beim Schwimmen! Wie oben erwähnt, ist die Wirkung von CO_2 auf die Strahlungsbilanz der Erde jedoch keine Theorie, sondern durch Messungen belegte Tatsache. Und dabei zählt nicht die Konzentration, sondern die Gesamtmenge an CO_2: In jedem Liter Luft stecken inzwischen 3 432 000 000 000 000 000 zusätzliche CO_2-Moleküle aus fossilen Brennstoffen, die Wärmestrahlung absorbieren und das Klima aufheizen.[14]

Zweifel als Produkt

Das Beispiel ExxonMobil ist alles andere als ein Einzelfall. Die fossile Brennstoffindustrie ist eine der reichsten Industrien des Planeten, sie hat also mehr als genug Mittel für solch breit angelegte Desinformationskampagnen, die zugunsten ihrer Gewinne das Leben auf dem gesamten Planeten gefährden. Eine Auswertung von Statista für das Jahr 2019 ergab, dass allein die Ölfirmen BP, Shell, ExxonMobil, Chevron und Total Energies zusammengenommen jährlich mehr als 200 Millionen Dollar für Lobbyismus gegen Klimaschutz ausgeben.[15] Da diese fünf Firmen jährlich weit über 1000 Milliarden Dollar einnehmen, sind die aufgebrachten Lobbykosten für sie Peanuts.

Ein großer Teil der Lobbygelder fließt in Stiftungen, die häufig nicht transparent machen, woher ihre Gelder genau kommen. Auf diese Weise finanziert sich oftmals das Netzwerk von Denkfabriken wie die Frontiers of Freedom Foundation und das Heartland Institute in den USA oder auch die Global Warming Policy Foundation in Großbritannien. Diese Thinktanks betreiben keine ernst zu nehmende Forschung, sondern streuen gezielt Falschinformationen. Sie publizieren Pseudoexpertisen, schicken Pseudoexperten ins Radio und ins Fernsehen und hofieren Politiker. Ihr Einfluss auf die Politik ist nicht zu unterschätzen.

Der britische *Guardian* titelte einmal treffend: »Der Zweifel am Klimawandel ist ein Produkt mit einer Industrie dahinter.«[16] Der lesenswerte Artikel des australischen Journalisten Graham Readfearn beginnt mit den Sätzen: »Es ist ein Produkt, das Sie in Zeitungskolumnen und TV-Talkshows, in Gesprächen bei Drinks, bei Grillpartys, bei Taxifahrten und in politischen Reden finden können. Sie finden dieses Produkt in Buchläden, bei gesponserten Vortragsreisen, auf den Leserbriefseiten von Lokalzeitungen und sogar bei den UN-Klimagesprächen. Dieses Produkt heißt Zweifel.« Der Artikel berichtet auch über ein durchgesickertes Papier des American Petroleum Institute von 1998, das detailliert beschreibt, wie ein Dutzend Lobbyisten für fossile Brennstoffe, Mitarbeiter von Denkfabriken und PR-Fachleute sich zu einem groß angelegten Desinformationsprojekt über die Klimawissenschaft zusammengefunden hatten. In dem Papier heißt es, dass der »Sieg« errungen sein würde, wenn »Unsicherheit« (sprich: Zweifel) gegenüber dem Klimawandel zur üblichen Einstellung der Öffentlichkeit würde. Der Sieg ist ihnen weitgehend gelungen, denn leider fallen allzu viele Menschen bereitwillig darauf herein.

Kampf gegen die »Hockeyschläger-Kurve«

Ein besonders prominentes Beispiel für das gezielte Schüren von Zweifel betrifft die sogenannte »Hockeyschläger-Kurve«. Im Jahr 1999 publizierte ein junger Forscher namens Michael Mann zusammen mit zwei erfahrenen Paläoklimatologen in den *Geophysical Research Letters* die erste Rekonstruktion der Temperatur der nördlichen Hemisphäre für das letzte Jahrtausend[17] – einen Vorläufer der Temperaturkurve in Abbildung 1. Sie wurde später aufgrund ihrer Form als »Hockeyschläger-Kurve« bekannt. In der Fachwelt erregte die Studie wenig Aufsehen, doch als sie 2001 im dritten IPCC-Bericht wiedergegeben wurde und dadurch in die öffentliche Aufmerksamkeit rückte, begann eine viele Jahre dauernde massive Kampagne seitens der fossilen Energielobby zu ihrer Diskreditierung. Die Angriffe gipfelten im versuchten Rufmord an Michael Mann. Mann erhielt auf dem Höhepunkt der Angst vor Briefen mit Anthrax-Pulver (nach einer Anschlagsserie mit fünf Toten in den USA) einen Brief, aus dem beim Öffnen weißes Pulver rieselte. Er hielt die Luft an, wusch sich die Hände und rief die Polizei, die das Universitätsgebäude evakuierte. Zum Glück erwies sich das Pulver in diesem Fall als harmlos.

2012 bezichtigten zwei rechte Blogger Mann des Betrugs und des »Missbrauchs und Folterns von Daten«. Mann verklagte sie daraufhin wegen Verleumdung. Der Prozess dauerte zwölf Jahre, bis Mann ihn im Februar 2024 gewann. Die Jury gab Mann einstimmig recht, bewertete die Verleumdung als böswillige Absicht und verurteilte die Blogger zu einer Million Dollar Strafzahlung.

Leider haben auch einige Medien unkritisch das Narrativ der »Klimaskeptiker« verbreitet, die Hockeyschläger-Kurve sei falsch. Hier nur ein Beispiel aus Deutschland: Am 15. August 2004 veröffentlichte die *Welt am Sonntag* einen Artikel, der mit den Worten begann: »Ein demolierter ›Hockeyschläger‹ hält die Klimaforscher in Atem.«[18] Der Artikel behauptet, die Hockeyschläger-Kurve sei fehlerhaft und zeigt eine angebliche Korrektur, der zufolge es im 14. Jahrhundert, also ausgerechnet während der »Kleinen Eiszeit«, wärmer gewesen sei als heute. Das Problem: Die angebliche Korrektur stammte nicht von Klimatologen, sondern von einem Manager aus der kanadischen Bergbauindustrie und einem Ökonomen eines neoliberalen Thinktanks. Es war eine klassische Nebelkerze, die nie in der seriösen wissenschaftlichen Literatur veröffentlicht wurde.[19]

Gefälschte Paläoklima-Grafiken

Nicht nur werden Ergebnisse der Klimaforschung, wie beispielsweise die Hockeyschläger-Kurve, immer wieder angezweifelt – was in der Wissenschaft völlig legitim und alltäglich ist, dort aber mit ehrlichen Sachargumenten geschieht und dem Erkenntnisfortschritt dient, statt politische Motive zu verfolgen. Auch kursieren in den sozialen Medien zahlreiche gefälschte Grafiken über den vergangenen Verlauf des Klimas, nicht selten herausgegeben von Lobbygruppen wie der »CO_2 Coalition«.

Ein Beispiel dafür sind Eisbohrkerndaten aus Grönland. Häufig zeigen gefälschte Grafiken eine an sich korrekte Datenkurve, die aber fantasievoll falsch beschriftet wird. Meist wird durch die Manipulation so getan, als handele es sich um globale Werte. In Wahrheit sagen diese Daten nur etwas über die lokale Temperatur über dem Grönlandeis aus – einen Ort, der mit am wenigsten repräsentativ ist für die globale Temperatur.

Vor allem aber wird so getan, als sei ein kleiner Aufschwung am Ende der Daten die moderne Erderwärmung – verziert mit Labels wie »moderne Erwärmungshysterie« oder einfach »you are here«. Dass die angegebenen Daten des Eisbohrkerns im Jahr 1855 enden und damit den modernen Klimawandel gar nicht zeigen, wird verschwiegen.

Mein Kollege Richard Alley, der das Eisbohrprojekt geleitet hat, beklagte schon 2010 in der *New York Times* solchen Missbrauch seiner Daten.[20]

Was Klimatologen tatsächlich aus den Schwankungen der Erdgeschichte ablesen, ist etwas völlig anderes: Das Klimasystem ist empfindlich und neigt dazu, heftig auf Störungen zu reagieren.[21] Das gilt für die globale Mitteltemperatur (also die oben genannte Klimasensitivität) ebenso wie für regionale Effekte durch veränderte Meeresströmungen oder Windmuster. Die Klimageschichte liefert keinerlei Grund, anzunehmen, dass die Reaktion auf die jetzt von uns verursachte Störung des Strahlungshaushalts harmlos ausfallen wird – ganz im Gegenteil.

Kleine Typologie der Wissenschaftsleugnung

Als die Coronapandemie begann, haben wir Klimaforschende uns am wenigsten über die vielen »Kreuz- und Querdenkenden« gewundert.[22] Wir kannten längst die immer gleichen Muster der Wissenschaftsleugnung. Man kann die Methoden in fünf Gruppen einteilen:[23]

1. **Pseudo-Experten:** Es werden angebliche »Expert*innen« präsentiert, die nichts Nennenswertes in diesem Forschungsgebiet geleistet haben und nur wegen ihrer abweichenden Meinung interessant sind. Das ist so, als wenn zu jedem TV-Bericht über einen Satellitenstart jemand von der Flat Earth Society eingeladen würde, um eine andere Perspektive zu präsentieren.
2. **Logikfehler:** Ein klassisches Beispiel für einen logischen Fehlschluss ist die Behauptung: Wenn es früher mal einen natürlichen Klimawandel gab, dann ist der Mensch nicht für den aktuellen verantwortlich. Das ist, als würde ein überführter Mörder sich damit herausreden, dass Menschen auch eines natürlichen Todes sterben können.

3. **Unerfüllbare Erwartungen:** Es wird ein eindeutiger Beweis für CO_2 als Ursache des Klimawandels gefordert. Beweise gibt es freilich nur in der Mathematik. In der Physik gibt es empirische Belege, und die sind erdrückend.
4. **Rosinenpickerei:** Evidenz wird hochselektiv präsentiert, zum Beispiel, indem aus einer langen Datenreihe kleine Stückchen herausgepickt werden, um ein bestimmtes Narrativ zu stützen. Etwa um zu behaupten, die globale Temperatur (oder wahlweise der Meeresspiegel[24]) würde sinken! Da sich bei der Erderwärmung natürliche Schwankungen überlagern, ist das natürlich immer wieder der Fall, vor allem nach El-Niño-Ereignissen. Ein besonders absurdes Beispiel dafür ist die Verkündung einer »Rekordzunahme des Polareises!« zu einem Zeitpunkt, an dem nach einem Rekordminimum der Eisdecke das Polarmeer in der Polarnacht wieder ganz zufriert.
5. **Verschwörungsmythen:** Manche Mythen werden hartnäckig gestreut, etwa: Die Klimaforschung verbreitet Klimahysterie, um mehr Forschungsgelder zu bekommen! Dass das große Geld jedoch nicht als Klimaforschende im öffentlichen Dienst zu holen ist, sondern aufseiten der Fossilwirtschaft und ihrer Lobby, wird dabei nicht bedacht. Manchmal lese ich auch die These, akademische Forschende würden das sagen, was die Regierung gerne hören möchte – als ob Regierungen heiß auf Klimaschutz wären. Das Gegenteil trifft zu.

Dreiste Lügen und das Fälschen von Belegen (wie die oben erwähnten Fake-Klimagrafiken) sind bei dieser Aufzählung noch gar nicht dabei.

Ich könnte zu allen Punkten viele Beispiele nennen – hier nur eines zur Rosinenpickerei. Steve Milloy ist ein bekannter Lobbyist und *Fox-News*-Kommentator. Allein im Jahr 2023 (dem global bisher wärmsten Jahr seit Beginn der Aufzeichnungen) hat er mehr als 80 Tweets abgesetzt mit dem Stichwort »no warming...«! Der Trick: Er zeigt einen Kurvenausschnitt von rund acht Jahren, der mit einem starken El-Niño-Ereignis beginnt, und schreibt dazu, die Erderwärmung sei die größte wissenschaftliche Ente (»Hoax«) aller Zeiten. Mich erschüttert daran nicht die Dreistigkeit, sondern dass solche Klimadesinformationen regelmäßig viral gehen und beim Publikum verfangen. Einer dieser Tweets wurde zehn Millionen Mal angezeigt, ein zweiter kam sogar auf 13 Millionen Views. Das sind Werte, die keiner meiner Tweets jemals annähernd erreicht hat, obwohl ich unter den Top 5 der Klimaforschenden mit den meisten Twitter/X-Followern weltweit bin. Viele Beispiele zeigen, dass Desinformation sich in den sozialen Medien deutlich stärker verbreitet als wissenschaftlich fundierte Sachinformation. Anscheinend gibt es eine große Zielgruppe von Menschen, die sich lieber beruhigende Märchen erzählen lassen (und sie weiterverbreiten), als sich unbequemen Tatsachen zu stellen.

Die Rolle der Medien

Wie kann es sein, dass viele Menschen – wahrscheinlich die Mehrzahl – elementare Fakten zur Klimakrise auch nach Jahrzehnten der Klimadebatte nicht kennen? Seit vielen Jahren gibt es einen fast vollständigen Konsens in der Klimawissenschaft (98 Prozent oder mehr) über den vom Menschen verursachten Klimawandel. Doch nach einer Umfrage von 2022 in mehreren europäischen Ländern schätzen die Menschen den Konsens in der Wissenschaft fälschlich auf unter 70 Prozent.[25]

Und nur eine Minderheit der Menschen weiß, dass nahezu 100 Prozent der modernen Erderwärmung vom Menschen verursacht wurden. Dabei ist dies seit vielen Jahren IPCC-Konsens. Oder dass sich die Landgebiete wesentlich stärker erwärmen als die globale Mitteltemperatur, weil letztere zu 71 Prozent aus Ozeanoberfläche besteht und Ozeane sich langsamer erwärmen. Über Land, auch in Deutschland und Europa, beträgt der Anstieg längst mehr als 2 °C.[26]

Ein Problem ist der Mangel an gut ausgebildeten Fachjournalist*innen, die das komplexe Thema sachlich fundiert einschätzen und fürs Publikum aufbereiten können. Sicher spielt auch die Ausgewogenheitsfalle, die sogenannte *False Balance,* eine Rolle: also die Neigung, zu jeder Meinung eine Gegenmeinung zu präsentieren. Das ist bei Wissenschaftsthemen dann wenig sinnvoll, wenn es gar keine seriöse Gegenmeinung gibt.

Aber auch in den Medien spielen handfeste Interessen eine große Rolle. Viele Medien gehören Milliardären. Paradebeispiel ist das Medienimperium News Corp. von Rupert Murdoch, das seit Jahrzehnten wahrscheinlich der größte Verbreiter von Fehlinformationen übers Klima auf der ganzen Welt ist. Dazu gehören etwa *Fox News* und *Wall Street Journal* in den USA, *The Sun, The Times,* der TV-Satellitensender *Sky* in Großbritannien und die meisten australischen Medien. Nach den schrecklichen Bränden in Australien im Januar 2020 (3000 ausgebrannte Häuser, mindestens 34 Tote) veröffentlichte Murdochs *Herald Sun* dort einen Artikel mit dem Titel »Erwärmung ist gut für uns«, in dem darüber lamentiert wurde, dass Klimaaktivist*innen die Brände für die Forderung nach mehr Klimaschutz »ausschlachten«.

In Deutschland gibt es ähnliche Verquickungen. Etwa gehören 48 Prozent des Axel-Springer-Verlags der US-Private-Equity-Firma KKR, die stark in fossile Brennstoffe investiert. 2023 wurde berichtet, dass Axel-Springer-Chef und Milliardär Mathias Döpfner in internen Nachrichten bekannte: »Ich bin sehr für den Klimawandel.«[27]

Denken wir zurück an den oben erwähnten Artikel der *Welt am Sonntag,* der grundlos die »Hockeyschläger-Kurve« für falsch erklärte. Vielleicht nur ein Irrtum des Autors Axel Bojanowski? Viele seiner weiteren Artikel legen nahe, dass es Methode hat.

2009 und erneut 2011 etwa behauptete Bojanowski, der Meeresspiegelanstieg würde sich nicht beschleunigen.[28] Das war schon damals haltlos; ein als Kronzeuge angeführter Meeresspiegelkollege schrieb dazu: »Bojanowski misrepresented my views.«[29]

Nach der Flutkatastrophe im Ahrtal behauptete Bojanowski unter der Überschrift »Der unappetitliche Klima-Bluff«: »Unwetter wie diese Woche ereignen sich in Deutschland den Daten zufolge also bislang nicht öfter, trotz globaler Erwärmung.«[30] Dagegen hatte der Deutsche Wetterdienst festgestellt: »Auf jeden Fall ist das jetzt schon eine Auswirkung der Klimaerwärmung, die wir spüren. Wir haben seit zwanzig Jahren diese Starkregenereignisse untersucht mit unseren Radardaten, und sie sind schon häufiger geworden.«[31] Was übrigens nicht nur die Radardaten, sondern für längere Zeiträume auch die Stationsdaten zeigen.[32]

Ich könnte noch zahlreiche weitere Beispiele anführen.[33] Bojanowski ist jetzt »Chefreporter Wissenschaft« bei der *Welt*. Trotz oder wegen dieser Fehlleistungen? In anderen klimaskeptischen Medien und Blogs wie *Cicero, Tichys Einblick* oder *Achse des Guten* werden nach ähnlichen Mustern immer wieder Zweifel an fundierter Klimawissenschaft gestreut.

Vom Leugnen zur Verzögerungstaktik

In den letzten Jahren verlagert sich die Debatte von der Leugnung des Klimawandels (die angesichts der Fakten immer absurder wird) hin zu Verzögerungsdiskursen, bei denen es nur noch darum geht, das unvermeidliche Ende der fossilen Energieära so lange wie möglich hinauszuzögern. Die fossile Energielobby verbreitet zunehmend Fake News über Wind- und Solarenergie, über Wärmepumpen und Elektroautos, die angeblich schlimmer für das Klima seien als Autos mit Verbrennungsmotor. In Großbritannien finanziert die Gasindustrie eine Kampagne gegen Wärmepumpen[34], und das Axel-Springer-Blatt *Bild* lancierte eine groß angelegte Kampagne gegen »Habecks Heiz-Hammer«.

Zu den Verzögerungsdiskursen gehört unter anderem der sogenannte Whataboutism. Eine beliebte Strategie, mit der vom Thema abgelenkt und die Aufmerksamkeit auf etwas anderes gerichtet wird: »Aber was ist mit China?« (Nebenbei: China hat 2023 mehr Solarenergie aufgebaut als die USA in ihrer ganzen Geschichte.)

Eine weitere Taktik ist die Individualisierung der Verantwortung: Die Verbraucher seien mit ihrem CO_2-Fußabdruck selbst schuld. Sie müssten ihre Konsum- und Lebensweise ändern. Politik und Industrie dürfen nach dieser Argumentation weitermachen wie bisher.

Gern wird auch die Ablehnung von Ordnungsrecht wie eine Art Freiheitsgrundrecht angeführt – als sei es nicht in anderen Bereichen selbstverständlich, dass Verhaltensweisen verboten werden, die der Allgemeinheit schaden, vom Rauchen in öffentlichen Verkehrsmitteln bis zum Entsorgen des alten Kühlschranks im Wald.

Nicht zuletzt wird ein geheucheltes Interesse an sozialer Gerechtigkeit vorgeschoben von Leuten, die sich sonst eher wenig darum scheren. Sie argumentieren dann plötzlich, die arme Krankenschwester bräuchte günstiges Benzin für ihr Auto und der Rentner seinen Billigflug nach Mallorca. Auch wenn es den Enkeln eine erträgliche Zukunft verwehrt.

Diese Verzögerungstaktik ist besonders perfide, denn natürlich ist es wichtig, den Klimaschutz sozial gerecht zu gestalten. Das Thema ist zu wichtig, um es als Strohmannargument zu missbrauchen. Es bedarf einer ernsthaften Debatte und konkreter Maßnahmen wie das Klimageld, denn die Lasten sollten keineswegs Geringverdienende tragen, die oft klimafreundlicher leben als Besserverdienende.

Verzögern ist keine Option mehr beim Klimaschutz, dies wurde schon viel zu lange getan. Wie der IPCC formuliert: »Das Zeitfenster, in dem eine lebenswerte und nachhaltige Zukunft für alle gesichert werden kann, schließt sich rapide.«

Was wir tun können

Wie können wir den wissenschaftlichen Fakten Gehör verschaffen und dem Tsunami an Desinformation am besten begegnen?

Mein erster Appell gilt allen Menschen mit ausgewiesenem Sachverstand, etwa zu Klima, Energie, Verkehr oder Wirtschaft. Wir sollten uns aktiv in die öffentliche Debatte einbringen und dürfen sie nicht Interessengruppen oder Ideologen überlassen. Auch wenn es Zeit kostet und nicht immer angenehm ist.

Dabei sollte man ruhig und überlegt vorgehen und aufpassen, nicht über jedes Stöckchen zu springen oder sich Diskursthemen aufdrängen zu lassen, die von den wichtigen Themen ablenken – etwa dauernd nur über die Kosten von Klimaschutz zu reden, ohne dessen Chancen zu erwähnen und die weit höheren Kosten eines Weiter-so-wie-bisher.

Es ist wichtiger, sachlich korrekte Informationen verständlich zu erläutern, als ausgiebige Debatten über Fake News zu führen. Natürlich bleibt es wichtig, Falschinformationen zu widerlegen. Dabei darf man sie aber nicht noch verstärken. Einen destruktiven Kommentar bei Twitter/X, der nur zwanzigmal gesehen wurde, sollte man lieber ignorieren, als ihm durch eine Antwort mehr Sichtbarkeit zu schenken.

Einen Faktencheck sollte man nicht mit einer Überschrift versehen, die die Falschinformation wiederholt, wie »Ist die Sonne schuld am Klimawandel?«, sondern erst und prominent die korrekte Information geben, etwa »Die Erderwärmung ist durch

Treibhausgase verursacht«. Danach nur einmal den Mythos benennen, ihn dann klar widerlegen und am Ende nochmals die korrekte Information kurz und knackig wiederholen. Weitere Tipps gibt das Handbuch *Widerlegen, aber richtig.*[35]

Meine Empfehlung an alle Menschen, denen das Thema am Herzen liegt: sich gut informieren, mit anderen Menschen im Bekanntenkreis und in der Familie darüber sprechen und sich am besten einer Initiative vor Ort anschließen. Denn Bescheid wissen und aktiv werden hilft gegen das Gefühl von Ohnmacht und Bedrückung, und man lernt dabei wunderbare Menschen kennen!

Für alle, die sich noch eingehender mit Desinformation beschäftigen wollen und wie man sich ihr entgegenstellen kann, hier eine Reihe nützlicher Ressourcen:

- Die Webseite ScepticalScience.com liefert eine enzyklopädische Auflistung nahezu aller Skeptikerthesen und die fachlichen Gegenargumente.
- Die Seite Klimafakten.de befasst sich generell mit wirksamer Klimakommunikation, inklusive Faktenchecks, unter anderem zum Klimaskepsis-Buch *Die kalte Sonne* (Hoffmann und Campe 2012) von Fritz Vahrenholt.
- Die Klimaforschungsblogs RealClimate.org und die Klimalounge bei Spektrum.de, die ich beide mitgegründet habe.
- Das Handbuch *Über Klima sprechen* (2022, Oekom), herausgegeben von Christopher Schrader und www.klimafakten.de.[36]

unlearn arbeit

Sara Weber

Wenn wir über die Klimakrise sprechen, geht es oft um Wirtschaft, Konsum, Energie, Flüge nach Mallorca. Viel zu selten wird thematisiert, was Arbeit und Klimakrise miteinander zu tun haben – und wie dringend wir verändern müssen, wie wir arbeiten. Denn die Klimakrise beeinflusst Arbeit schon heute: Im Sommer ist es in Deutschland mittlerweile so heiß, dass über eine mittägliche Siesta diskutiert wurde, wie sie in Italien oder Spanien üblich ist. Menschen kündigen ihre Jobs, um beruflich einen größeren Beitrag für den Umweltschutz zu leisten. Und die neuesten Berichte über die Erhitzung der Welt bringen Angstgefühle mit sich, die es mir manchmal schwer machen, mich an den Schreibtisch zu setzen und so zu tun, als wäre alles in Ordnung.[1] Aber zwischen Deadlines, Schichten und Sorgearbeit bleibt vielen Menschen keine Zeit, sich für den Kampf gegen die Klimakrise zu engagieren.

Dabei gehört Arbeit zu diesem Kampf dazu. Wir brauchen eine Arbeitswelt, die für Nachhaltigkeit und Klimagerechtigkeit steht. Die Krise lässt sich nicht lösen, wenn wir den Einfluss von Arbeit weiterhin ignorieren. Oft wird darüber debattiert, wie wir die Wirtschaft umbauen müssen, um die Dekarbonisierung voranzutreiben und eine Wirtschaftsweise zu etablieren, die gut für Mensch und Umwelt ist. Die Arbeitswelt wird bei diesen Diskussionen meist ausgeblendet. Dabei hängen Wirtschaft und Arbeit untrennbar miteinander zusammen. Ginge niemand mehr arbeiten, würde die Wirtschaft zusammenbrechen. Das bedeutet, dass wir Lösungen finden müssen, die gutes Arbeiten nachhaltig möglich machen – statt nur über agile Methoden zu diskutieren. Die gute Nachricht: Viele dieser Lösungen gibt es bereits.

Wenn ich über eine nachhaltigere Arbeitswelt spreche, meine ich nicht nur Nachhaltigkeit im Sinne von Klimaschutz. Ich meine genauso eine Arbeitswelt, die nachhaltig mit den Menschen umgeht, sie nicht kaputt oder krank macht, sie nicht ausbrennt. Denn nur, wenn wir beides schaffen und Klimagerechtigkeit auf die Arbeitswelt übertragen, können wir wirklich gutes Arbeiten ermöglichen.

Ich möchte hier ein paar Vorschläge für eine bessere, nachhaltigere, gerechtere Arbeitswelt machen, von der nicht nur der Globale Norden profitiert, sondern die Menschen auf der ganzen Welt. Was wir dafür brauchen? Wir müssen verlernen, dass Hustle-Kultur erstrebenswert ist und wir immer arbeiten sollten – selbst im Urlaub. Wir brauchen neue Formen von Arbeit und mehr Mitbestimmung. Wir müssen arbeitende Menschen vor Klimafolgen schützen, vor allem bei Extremwetterlagen – und wir brauchen Lösungen für die Menschen, die von der Klimakrise besonders stark getroffen werden. Dafür müssen wir auf allen Ebenen der Arbeitswelt umlernen – von den Auszubildenden bis hin zu den CEOs.

Schluss mit der Hustle-Kultur

Wie sehr sich Hustle-Kultur und Arbeitssucht in unseren Alltag integriert haben, war für mich so richtig spürbar, als der Begriff »Quiet Quitting« die Runde machte. Mit Quiet Quitting wird suggeriert, dass Menschen im Stillen gekündigt haben: Sie wollen sich beruflich nicht mehr verausgaben, keine Überstunden schieben oder zusätzliche Aufgaben übernehmen. Mit einer echten Kündigung hat dieser Begriff nichts zu tun.[2]

Dabei sollte Arbeit doch genau so laufen: Wir machen unseren Job – und gut ist. Sich zu überarbeiten ist nicht nur ungesund, sondern trägt dazu bei, dass die Klimakrise sich verschärft: Wenn wir immer mehr arbeiten, um immer mehr zu verdienen, konsumieren wir auch immer mehr. Wir müssen dringend die Kultur verändern, die ein solches Leben als erstrebenswert zeichnet. Denn ungebremstes Wachstum und überbordender Konsum katapultieren uns noch schneller in die Katastrophe. »Work hard, play hard« hat ausgedient.

Gerade im Hinblick auf die Klimakrise stellt sich die Frage, wofür wir eigentlich arbeiten. Vor allem für junge Menschen, die gerade in den Arbeitsmarkt eintreten, ist diese Überlegung zentral. Früher war das Ziel klar: ein Haus im Grünen, zwei Autos in der Einfahrt, eine sichere Rente. Verbrennerautos wird es in einigen Jahren nicht mehr geben, die Sicherheit des staatlichen Rentensystems steht auf der Kippe. Fast die Hälfte derjenigen, die heute in Vollzeit arbeiten, wird später eine monatliche Rente von weniger als 1500 Euro erhalten.[3] Und das Haus im Grünen? Ist für die meisten Menschen finanziell keine Option. Wie die Zukunft aussieht, wissen wir nicht, aber die Aussichten sind nicht gerade rosig. Sich für diese unsichere Zukunft kaputtzuarbeiten scheint sinnlos.

Wenn die alten Träume wegfallen, sollten wir uns dringend überlegen, was danach kommt: Wie wollen wir arbeiten und wofür? Wie wäre es mit guter Arbeit, die dabei hilft, die Klimakrise einzudämmen, statt sie weiter anzuheizen? Wie wäre es, wenn wir zusammenkommen, um an einer guten Zukunft für uns zu arbeiten, statt einfach nur mehr Geld für Aktionär*innen anzuhäufen? Wenn wir auf eine Arbeitswelt hinarbeiten, in der

Vermögen gerechter verteilt ist, mehr Zeit für Familie, Freundschaften und soziales Engagement bleibt und Burn-out ein Syndrom der Vergangenheit ist?

Wenn wir nicht wissen, wo wir hinwollen, ist es schwierig, den Weg zu finden. Die gute Nachricht: Dass auf breiter Basis über Ideen wie die Viertagewoche gesprochen wird, dass sich Homeoffice stark verbreitet hat und dass starre Hierarchien immer weiter aufbrechen, weist bereits in eine gute Richtung. Solche Ideen für eine neue Arbeitswelt können uns dabei helfen, herauszufinden, was alles möglich ist.

Weniger arbeiten fürs Klima

Am ungesündesten für mich und das Klima habe ich immer dann gelebt, wenn ich in den stressigsten Arbeitsphasen festhing: Kurz bevor ein großes Projekt fertig werden musste, gab es für mich nur noch Pizza vom Lieferdienst, Last-minute-Autofahrten, kurze Nächte. Sport oder wenigstens ein Spaziergang in der Mittagspause waren nicht drin. Es gab kaum etwas neben der Arbeit; Freund*innen sagte ich ab, das Ehrenamt fiel ganz hinten runter, genau wie Hobbys.

Spätestens da habe ich gemerkt, wie wichtig Zeit ist und was passiert, wenn sie fehlt. Zeit ist eines der wichtigsten Güter, das wir brauchen, um die Klimakrise zu bekämpfen: Zeit für Engagement, Zeit für Weiterbildung, Zeit, um klimafreundlicher zu leben. Doch Zeit ist gleichzeitig das, was vielen von uns fehlt. Der Job gibt den Takt vor, alles andere muss sich dem fügen. Was, wenn wir das ändern würden?

Dass ein Vollzeitjob in Deutschland in der Regel fünf Tage und 40 Stunden pro Woche umfasst, ist seit den 1960er-Jahren so. Damals haben die Gewerkschaften nach und nach eine kürzere Arbeitszeit erstritten, die Sechstagewoche wich der Fünftagewoche. Seitdem hat sich daran wenig geändert – bis jetzt.

Heute wird endlich wieder darüber diskutiert, wie viel Arbeitszeit sinnvoll ist. Diese Diskussion ist auch aus Klimagründen wichtig.

Juliet Schor ist eine der bekanntesten Ökonom*innen, die auf diesem Gebiet forschen. In einem TED-Talk sagte sie 2022, die Viertagewoche biete »Arbeitnehmern, Unternehmen und der Gesellschaft Vorteile, und sie kann sogar ein Zugang für den Umgang mit dem Klimawandel sein«.[4] Ein Gedanke aus einem ihrer Paper ist bei mir besonders hängen geblieben: »dass die Industrieländer ein langsameres oder gar kein Wirtschaftswachstum auf sozial nachhaltige Weise erreichen könnten, indem sie die Arbeitszeit reduzieren«.[5] Dass wir wirtschaftlich nicht so weitermachen können wie bisher, wissen wir bereits, wie das Kapitel *Unlearn Wachstum* von Claudia Kemfert zeigt. Bei diesem Wandel kann die Arbeitszeit eine wichtige Rolle spielen, wie Schors Arbeit bestätigt: Daten aus 29 OECD-Ländern mit hohen Einkommen zeigen, dass Länder mit kürzerem Arbeitspensum tendenziell einen geringeren ökologischen Fußabdruck sowie geringere CO_2-Emissionen haben.

Das hat mehrere Gründe. Einer davon liegt auf der Hand: Wer weniger arbeitet, pendelt weniger. 86 Prozent der Emissionen durch Pendeln werden in Deutschland durch Privatautos mit Einzelfahrer*innen produziert, sechs weitere Prozent durch Privatautos mit Mitfahrer*innen. Hier gibt es enormes Einsparpotenzial, sowohl wenn ein Arbeitstag ganz wegfällt oder wenn er durch die Arbeit im Homeoffice ersetzt wird. Selbst in einem relativ konservativen Szenario, bei dem 25 Prozent der Beschäftigten in Deutschland teilweise von zu Hause arbeiten könnten, fielen bei einem zusätzlichen Homeoffice-Tag pro Woche 10,9 Milliarden Personenkilometer pro Jahr weg. Das entspricht 1,6 Millionen Tonnen CO_2 – oder etwa so viel wie die Jahresemissionen von 145 000 Menschen in Deutschland.[6] Im Februar 2024 haben 24,1 Prozent der Beschäftigten in Deutschland zumindest teilweise von zu Hause gearbeitet, wie Zahlen des ifo Instituts zeigen.[7] Durch mehr Tage oder mehr Personen im Homeoffice wäre es also ein Leichtes, Millionen Tonnen CO_2 einzusparen.

Eine Analyse für Großbritannien aus dem Jahr 2021 zeigt, dass der Wechsel zu einer Viertagewoche die gesamten CO_2-Emissionen des Landes um insgesamt 127 Millionen Tonnen bis zum Jahr 2025 reduzieren könnte – das entspricht einer Reduktion um 21,3 Prozent gegenüber 2021. Anders gesagt: Die Autor*innen rechneten damit, dass die Arbeitszeiten von durchschnittlich 42,5 Wochenstunden im Jahr 2021 auf 32 Wochenstunden im Jahr 2025 sinken würden. Berechnungsgrundlage ist das bereits erwähnte Paper von Juliet Schor, demzufolge 10 Prozent kürzere Arbeitszeiten zu einer Reduktion der CO_2-Emissionen um 8,6 Prozent führen könnten. Außerdem wurde die davon unabhängige erwartete Reduktion an Emissionen innerhalb Großbritanniens während dieses Zeitraums miteinberechnet, die politisch angestrebt wird. Würde die Viertagewoche auf breiter Basis eingeführt, wäre das so wirksam, wie 27 Millionen Autos von der Straße zu nehmen, was in etwa allen Privatautos in Großbritannien entspricht.[8] Natürlich braucht es ergänzende Maßnahmen, wie den Ausbau des öffentlichen Nahverkehrs, neue Fahrradstraßen oder die Abschaffung des Dienstwagenprivilegs. Kombiniert mit verkürzten Arbeitszeiten liegen hier große Chancen.

Wer länger und mehr arbeitet, hat außerdem weniger Zeit – was zu einem emissionsintensiveren Lebensstil führt. Wer nach einem langen Arbeitstag unter Zeitdruck ist, fährt mit dem Auto statt mit dem Fahrrad, schiebt sich eine Tiefkühlpizza in den Ofen oder bestellt Essen, statt mit regionalen Lebensmitteln zu kochen. Den Zusammenhang zwischen Arbeitszeit und Emissionen zeigt eine Studie aus den USA: Demnach verursachen

Amerikaner*innen, die länger arbeiten, einen höheren CO_2-Ausstoß, »sodass Maßnahmen zur Arbeitszeitverkürzung eine Rolle bei der Verringerung der CO_2-Emissionen spielen können«. Wer mehr arbeitet, verdient in der Regel mehr und kann mehr Geld für Konsumgüter ausgeben. Darüber hinaus wird mehr Geld für emissionsintensivere Waren und Dienstleistungen ausgegeben, zum Beispiel für dickere Autos, Fernreisen mit dem Flugzeug, mehr Kleidung oder Schuhe.[9] Weniger Arbeit führt also zu besseren Entscheidungen fürs Klima.

Zu den Vorteilen der Viertagewoche gibt es mittlerweile zahlreiche Tests in Ländern wie Großbritannien, Südafrika, Spanien, Japan und den USA. Für Deutschland wird es bald Ergebnisse geben. Aus den anderen Ländern wissen wir, dass es Mitarbeitenden besser geht, dass sie weniger gestresst und gesünder sind, wenn sie weniger arbeiten. Ihre zusätzliche freie Zeit verbringen sie mit Hobbys, Hausarbeit und Selfcare. Pendelzeiten gingen zurück, Sorgearbeit in heterosexuellen Partnerschaften wurde gerechter aufgeteilt. Und: Die Tests belegten Produktivitäts- und Umsatzgewinne für die teilnehmenden Unternehmen. Beim Test in Großbritannien entschieden sich 91 Prozent der Unternehmen, nach Ende des Testzeitraums die Viertagewoche beizubehalten.

Juliet Schor, die einige der Projekte wissenschaftlich begleitet hat, sagt, dass Menschen ihre gewonnene Zeit wohl nicht mit emissionsintensiven Aktivitäten verbrachten, etwa mit Kurztrips per Flugzeug, sondern es stattdessen eine Verschiebung hin zu einem nachhaltigeren Lebensstil gebe: Statt Wochenendtrips mit dem Flieger wollten die Leute wohl eher ihren Hobbys nachgehen, Fußball spielen, stricken, Zeit mit Freund*innen verbringen – was man eben so macht, wenn man die Zeit dafür hat.[10]

Wie nachhaltig ist Remote Work?

Wie und wo wir arbeiten, kann ebenfalls einen Einfluss auf die Klimakrise haben. So wie die Möglichkeit, remote zu arbeiten. Die Covid-Pandemie hat hier einen regelrechten Wandel angestoßen. Natürlich wollen wir nicht wieder in diese Phase der Angst, Sorge und Isolation zurück. Aber Corona hat gezeigt, dass wir uns schnell anpassen können, wenn es nötig ist, und dass diese Adaptionsfähigkeit auch für die Arbeitswelt gilt. »Das haben wir schon immer so gemacht« gilt als Argument nicht mehr. Homeoffice ist eine realistische Option, die allerdings unter bestimmten Voraussetzungen implementiert werden muss, damit sie gut fürs Klima ist. Wie oben schon beschrieben, kann sich Remote Work positiv aufs Klima auswirken, etwa weil Pendelwege wegfallen. Das ist vor allem dann gegeben, wenn Menschen mit dem Auto pendeln und dabei längere Wege haben. Anders sieht es aus, wenn Pendelwege mit öffentlichen Verkehrsmitteln, mit dem Fahrrad oder zu Fuß zurückgelegt werden. Dann kann die Arbeit im Homeoffice sogar die CO_2-Emissionen vergrößern, weil es zu Hause mehr zusätzlichen Energieverbrauch gibt. Schließlich brennt dann daheim bei jeder Einzelnen das Licht statt in einem geteilten Büroraum. Und wenn es schlecht läuft, brennt im Büro das Licht trotzdem. Vielleicht ist noch dazu die Heizung an oder – je nach Region – die Klimaanlage.

Studien zeigen, dass es beim Homeoffice von vielen Faktoren abhängt, ob es Emissionen reduzieren kann. Arbeitskräfte in den USA, die immer von zu Hause arbeiten, könnten um 54 Prozent niedrigere Emissionen haben als Arbeitskräfte im Büro. Hybrid Arbeitende, die zwei bis vier Tage pro Woche im Homeoffice arbeiten, könnten ihre Emissionen um 11 bis 29 Prozent reduzieren.[11] Die wichtigsten Faktoren dabei sind die Energienutzung vor Ort am Arbeitsplatz sowie Reisen und Fahrten jenseits der

Pendelwege – etwa weil zusätzliche Fahrten zur Schule der Kinder eingeplant werden müssen, die bisher Teil des Pendelweges waren. Je schneller die Dekarbonisierung des Energienetzes vorankommt, desto geringer wird dieser Effekt. Unternehmen müssen anders über ihre Energiebilanz nachdenken und neben den eigenen Büroräumen die ihrer Mitarbeitenden einbeziehen. Es kann sich lohnen, Flächen zu verkleinern oder das Büro an ein oder zwei Tagen ganz zuzumachen – ohne Lichter, ohne Klimaanlage –, um negative Effekte auszugleichen.[12]

Wen die Klimakrise besonders trifft

Die Art, wie wir arbeiten, kann Emissionen reduzieren. Gleichzeitig müssen wir uns der Realität der Klimakrise stellen: Der Planet erhitzt sich, Extremwetterereignisse nehmen zu. Große Gefahr gibt es vor allem auf zwei Ebenen: Jobs, die durch die Klimakrise wegfallen, vor allem im Globalen Süden, etwa wenn dort keine Landwirtschaft oder Fischerei mehr betrieben werden kann. Und Jobs, die durch die Klimakrise gefährlicher werden, etwa durch Hitzewellen, wie die von Bauarbeiter*innen, die im Freien arbeiten. Hier ist der Globale Süden besonders stark betroffen, aber die Auswirkungen sind auch in Europa zu spüren.

Der Sommer 2023 war bei uns der heißeste seit Beginn der Aufzeichnungen. Müssen Arbeitskräfte vor der stärksten Hitze des Tages geschützt werden, indem sie ab mittags eine längere Pause haben und der Arbeitstag dafür früher beginnt? Der Bundesverband der Amtsärzt*innen sprach sich dafür aus, das Konzept der Siesta im Sommer zu übernehmen.[13]

Mehr Hitzeschutz für Arbeitnehmer*innen ist in einer zunehmend heißen Welt ein Muss. Schon bei 24 bis 25 Grad sinken unsere Produktivität und unser Arbeitstempo. Wer körperlich besonders hart arbeitet, wie etwa Arbeitskräfte in der Landwirtschaft oder auf dem Bau, verliert bei 35 Grad pro Stunde 30 Minuten der eigenen Produktivität durch Hitzestress.[14]

In Deutschland arbeiten mehr als sieben Millionen Menschen im Freien. Ihnen macht die Hitze besonders zu schaffen. 2023 wurde es an 11,5 Tagen über 30 Grad heiß, zwischen 1960 und 1990 war das im Schnitt an nur 4,1 Tagen pro Jahr der Fall.[15] Das bedeutet: Für Dachdecker*innen, Bauarbeiter*innen und Arbeitskräfte in der Landwirtschaft ist das Risiko hoch, einen Sonnenstich zu erleiden, der Kreislauf wird stärker belastet, das Unfallrisiko steigt. Im schlimmsten Fall führt die Arbeit bei so hohen Temperaturen zum Tod: Bei glühender Hitze starb im Juni 2019 ein Saisonarbeiter aus Kroatien, der auf einem Spargel- und Erdbeerhof in Hessen gearbeitet hatte. In derselben Woche kollabierte ein rumänischer Arbeiter auf einem Zucchinifeld in Baden-Württemberg, wenig später starb er an Hitzeschock.[16] Auch in unklimatisierten Räumen können hohe Temperaturen gesundheitsschädlich sein: In München musste im August 2022 die Filiale einer Parfümeriekette schließen, nachdem die Temperatur im Laden auf über 35 Grad gestiegen und eine Mitarbeiterin umgekippt war.[17]

In vielen dieser Jobs – in der Landwirtschaft, in Verkehr und Logistik, im Baugewerbe – arbeiten Migrant*innen, die unter prekären Bedingungen beschäftigt sind. Sie verrichten systemrelevante Arbeit, werden jedoch mit Niedriglöhnen bezahlt und sind nicht fest angestellt.[18] Diese Arbeitskräfte müssen besonders geschützt werden, und die Politik trägt hier eine Verantwortung, die wir alle von ihr einfordern müssen. Es darf nicht sein, dass die Menschen, die unsere Gesellschaft aufrechterhalten, an ihrem Arbeitsplatz ihr Leben und ihre Gesundheit riskieren.

Das gilt nicht nur in Deutschland: Steigt die weltweite Temperatur bis Ende des 21. Jahrhunderts um 1,5 Grad, werden im

Jahr 2030 bereits 2,2 Prozent der gesamten Arbeitsstunden weltweit wegen hoher Temperaturen verloren gehen. Das entspricht einem Produktivitätsverlust von 80 Millionen Vollzeitstellen, so die Rechnung der Internationalen Arbeitsorganisation ILO. Und das ist eine optimistische Rechnung, denn nach aktuellen Prognosen landen wir Ende des Jahrhunderts nicht bei 1,5 Grad, sondern bei 2,7.

Je stärker die globalen Temperaturen ansteigen, desto größer die Auswirkungen. Besonders hoch ist das Risiko im Globalen Süden, in Südasien und Westafrika, für Menschen, die in der Landwirtschaft und im Bauwesen arbeiten. Die wirtschaftlichen Verluste wegen Hitzebelastung bei der Arbeit wurden 1995 noch auf 280 Milliarden US-Dollar geschätzt. Für 2030 wird mit Verlusten in Höhe von 2400 Milliarden US-Dollar gerechnet. Besonders stark betroffen sind Länder mit niedrigem Einkommen, indigene Völker und Menschen, die trotz Arbeit in Armut leben, informell beschäftigt sind oder in der Subsistenzwirtschaft arbeiten, also für ihren eigenen Bedarf landwirtschaftlich tätig sind und sich so selbst versorgen.[19]

Die Klimakrise zu bekämpfen heißt, die Arbeitsbedingungen für Milliarden von Menschen zu verbessern – und diejenigen zu schützen, die die Auswirkungen der Klimakrise als Erste in ihrem Arbeitsleben zu spüren bekommen. Es geht um Klimagerechtigkeit, denn die Klimakrise trifft nicht alle gleich, und diejenigen, die am wenigsten zu ihr beigetragen haben, sind am stärksten betroffen.

Gemeinsam für mehr Klimagerechtigkeit

Wie so oft im Leben gilt auch in Sachen Klimakrise: Gemeinsam lässt sich mehr erreichen. Bei Veränderungen in der Arbeitswelt spielen oft Gewerkschaften eine wichtige Rolle. Ihnen haben wir zu verdanken, dass wir keine Sechstagewoche mehr haben, dass es bezahlte Urlaubs- und Krankentage gibt. Jetzt setzen sie sich für mehr Klimaschutz ein und bilden dafür neue Zusammenschlüsse: mit Organisationen wie Fridays for Future.

Im Winter 2023/2024 verging kaum eine Woche, ohne dass im Zugverkehr oder im öffentlichen Nahverkehr gestreikt wurde. Die Dienstleistungsgewerkschaft ver.di forderte bei den Tarifverhandlungen im kommunalen Nahverkehr höhere Gehälter und je nach Bundesland mal eine Reduzierung der wöchentlichen Arbeitszeit, mal Zuschläge für Überstunden, mal mehr Urlaubstage. Um das durchzusetzen, hat sich die Gewerkschaft die Unterstützung von Fridays for Future geholt. Warum, das erklärt FFF-Sprecherin Darya Sotoodeh: »Wir alle brauchen einen verlässlichen Nahverkehr, mit dem wir sicher und günstig zur Arbeit, in den Club oder nach Hause kommen.« Deshalb streikte Fridays for Future »gemeinsam mit den Beschäftigten im Nahverkehr. Damit sie bessere Arbeitsbedingungen und unser Nahverkehr eine Zukunft haben«.[20]

Erstmals mit ver:di zusammengetan hat sich Fridays for Future 2023. Beide wollen die Verkehrswende, für die ausreichend Personal, bessere Arbeitsbedingungen, ein Ausbau der Streckennetze und eine höhere Taktung nötig sind. Sich hier zu verbünden ist smart, denn es zeigt: Wenn wir Veränderungen in der Klimapolitik wollen, können wir das nicht schaffen, ohne die Arbeitspolitik mitzudenken und sicherzustellen, dass Beschäftigte gut arbeiten können. Auch Arbeitnehmer*innen aus dem Gesundheitswesen unterstützten den Klimastreik, schließlich wirkt sich die Klimakrise auf die Gesundheit der Menschen aus und betrifft damit diejenigen, die in Krankenhäusern und medizinischen Praxen arbeiten.[21]

Der Kampf gegen die Klimakrise hält zunehmend in Unternehmen Einzug: Mitarbeitende fordern besseren Klimaschutz und mehr Klimagerechtigkeit. Das gilt auch für einen Arbeitgeber, bei dem man das vielleicht nicht erwarten würde: Amazon. Unter dem Namen Amazon Employees for Climate Justice hat sich 2018 eine Gruppe von Mitarbeitenden zusammengeschlossen, quasi ein eigener Klima-Betriebsrat im Unternehmen, der allerdings keine offizielle Vertretung der Beschäftigten darstellt. Sie fordern immer wieder, dass sich Amazon ambitioniertere Klimaziele setzen und einhalten sollte.

2019 unterschrieben mehr als 8500 Mitarbeitende einen offenen Brief an Jeff Bezos, den Amazon-Gründer und damaligen CEO.[22] Sie forderten ihn darin unter anderem auf, einen unternehmensweiten Plan aufzustellen, um die CO_2-Emissionen auf null zu senken, nicht mehr mit fossilen Energieunternehmen zusammenzuarbeiten und den Schaden von den am stärksten gefährdeten Communitys zuerst abzuwenden: People of Color, vor allem im Globalen Süden, sind am meisten von der Klimakrise betroffen, hier müsste das Unternehmen seine Umweltverschmutzung daher zuerst stoppen. Die faire Behandlung aller Mitarbeitenden während Extremwetterereignissen und klimabedingter Störungen gehörte ebenfalls zu ihren Forderungen. Einige Monate später nahmen Mitarbeitende von Amazon am globalen Klimastreik teil, 2023 protestierten Beschäftigte gegen den schleichenden Fortschritt von Amazons Klimazielen: Die Emissionen des Unternehmens stiegen immer weiter an, das Ziel, alle Lieferungen CO_2-neutral zu machen, wurde wieder gestrichen.[23]

Was ich an diesem Beispiel interessant finde: Dass die Beschäftigten nicht nur intern für mehr Klimaschutz kämpfen, sondern diesen Kampf durch Kontakte zu Medien und deren Berichterstattung öffentlich austragen. Auch beim Lieferdienst UPS spielte das Klima eine Rolle, und zwar bei Tarifverhandlungen in den USA. Heißere Sommer und häufigere Hitzewellen machen die Arbeit in nicht klimatisierten Liefertrucks gefährlich. Die nicht isolierten Ladeflächen hinten in den Trucks können über 60 Grad heiß werden.

Barkley Wimpee, ein UPS-Fahrer im Bundesstaat Georgia, erlitt während seiner Route einen Hitzschlag, musste ins Krankenhaus, denn die Hitze hatte seine Nieren angegriffen. Zwischen 2015 und 2022 wurden mehr als 143 Beschäftigte von UPS mit Hitzeerkrankungen ins Krankenhaus eingeliefert. Trotzdem gab es bisher keine Klimaanlagen in den Liefertrucks. Das sei unpraktisch, schließlich stiegen die Fahrer*innen ständig ein und aus, um Pakete auszuliefern, so die Logik des Unternehmens. Doch das wollte die Gewerkschaft nicht mehr mittragen: 340 000 Mitglieder stimmten im Juni 2023 für einen Streik, bei dem der Hitzeschutz neben besserer Bezahlung eine zentrale Rolle spielte. UPS sicherte zu, alle neuen Fahrzeuge mit Klimaanlagen auszustatten sowie neue Hitzeschilde und zusätzliche Lüfter zu installieren.[24] Die Klimakrise, sie ist ganz real in den Tarifverhandlungen angekommen.

Dass Gewerkschaften und Betriebsräte durchaus Einfluss auf die Klimapolitik von Unternehmen nehmen können, zeigt eine Studie des Wissenschaftszentrums Berlin für Sozialforschung (WZB).[25] Danach beeinflusst in den untersuchten börsennotierten Unternehmen neben der Unternehmensgröße und der Struktur der Eigentümer*innen vor allem die Stärke der Mitbestimmung, wie nachhaltig die Unternehmen agieren. Anders gesagt: Unternehmen mit starker Mitbestimmung ihrer Beschäftigten im Aufsichtsrat arbeiten nachhaltiger. Es gibt einen positiven Zusammenhang zwischen Mitbestimmung und dem ESG-Score. ESG steht für Environmental, Social und Corporate Governance und umfasst die Bereiche Umwelt und Nachhaltigkeit, Soziales sowie ethische Unternehmensführung. Sprich: Starke Mitbestimmung wirkt sich positiv auf Arbeitsbedingungen, Gesundheit und Sicherheit am Arbeitsplatz sowie gesellschaftliches Engagement in Unternehmen aus. Wieder einmal geht es nicht nur um Klimaschutz, sondern um Klimagerechtigkeit.

Jeder Job wird zum Klimajob

Auch auf individueller Ebene wirkt sich aus, was oder für wen wir arbeiten. Laut einer Umfrage der Europäischen Investitionsbank, die im August 2022 veröffentlicht wurde, spielt die Haltung des künftigen Arbeitgebers zum Klima vor allem für junge Menschen in Deutschland eine wichtige Rolle: Von den 20- bis 29-Jährigen, die auf der Suche nach ihrem ersten Job sind, sagen 81 Prozent, dass Nachhaltigkeit für sie ein wichtiger Faktor bei der Wahl einer Arbeitsstelle ist. Für 18 Prozent ist es das wichtigste Kriterium.[26]

Wer die Klimakrise aktiv bekämpfen will, ist in einem Green Job gut aufgehoben. Das sind Jobs, die dazu beitragen, die Umweltqualität zu erhalten, zu verbessern oder wiederherzustellen, etwa weil sie dabei helfen, Treibhausgasemissionen zu senken oder Ökosysteme und biologische Vielfalt zu schützen. Im besten Fall sind diese Jobs für die Menschen nachhaltig, also angemessen bezahlt, produktiv und sicher.[27] Green Jobs haben etwa Menschen, die Wärmepumpen installieren oder Fotovoltaikanlagen bauen, die in der Forstwirtschaft arbeiten oder nachhaltige Landwirtschaft betreiben, die öffentliche Verkehrsmittel steuern oder in der Abfallwirtschaft an neuen Recyclingmethoden arbeiten. Oft kann man die Grenze gar nicht so klar ziehen. Deshalb schaut die OECD etwa auf Green Tasks – also grüne Aufgabenfelder – statt auf Green Jobs. Zum Beispiel sind Heizungsbauer*innen dafür zuständig, Wärmepumpen einzubauen, sie können aber natürlich auch Öl- und Gasheizungen einbauen. Das eine ist ein Green Task, das andere nicht. Solche Green-Task-Jobs, also Berufe mit grünen Aufgabenfeldern, hatten 2021 im

OECD-Schnitt 18 Prozent der Erwerbstätigen inne, also ein knappes Fünftel. In den letzten zehn Jahren hat sich dieser Schnitt kaum verändert, es braucht also mehr Anreize. Deutschland liegt mit etwa 20 Prozent leicht darüber. Regionen wie Hamburg, die besonders viel Geld in Forschung, Entwicklung und Innovationen stecken, schaffen es auch, ihren Anteil an Green-Task-Jobs besonders zu vergrößern. Das sollte ein politischer Anstoß sein, hier zu investieren – wovon Arbeitswelt und Wirtschaft profitieren würden.

Seit 2020 steigt die Nachfrage nach grünen Jobs schneller als die für alle anderen Jobs, was ein Zeichen dafür ist, in welche Richtung sich der Arbeitsmarkt entwickelt. Schnell genug geht es trotzdem nicht: Wir brauchen viele dieser Jobs, um die Klimawende zu schaffen. Wenn es nicht genug Menschen gibt, die Solar- oder Windkraftanlagen bauen, energieeffiziente Sanierungen durchführen können oder die Moore schützen, wird es schwierig. Aktuell fehlt es jedoch an Fachkräften. Der Wandel hin zu mehr grünen Jobs muss deshalb politisch begleitet werden, etwa indem Unternehmen unterstützt werden, entsprechende Arbeitsplätze zu schaffen, oder die Weiterbildung für Menschen erleichtert wird, die in diese Berufe wechseln möchten.

Das Gegenteil von Green Jobs sind Verschmutzungsjobs, also Berufe mit nicht grünen Aufgabenfeldern, die besonders stark in emissionsintensiven Branchen zu finden sind, wie etwa im Kohlebergbau oder in der Produktion von Dieselautos. Diese Berufsgruppen sind stärker von der Transformation gefährdet. Sie umzuschulen und weiterzubilden, idealerweise hin zu Green Jobs, ist eine wichtige gesellschaftliche Aufgabe.[28]

Selbst wer nicht in einem klassischen Green Job arbeitet, kann einen Beitrag leisten: Indem man sich im Betriebsrat oder in der Gewerkschaft für mehr Klimaschutz engagiert oder indem man den eigenen Job zum Klimajob umdenkt. Schließlich treffen wir alle in unserem beruflichen Alltag ständig Entscheidungen, die besser oder schlechter fürs Klima sein können: Wie gestalte ich Geschäftsreisen und sind sie immer nötig, wenn ich stattdessen eine Onlineschalte machen kann? Müssen wir wirklich noch mehr Marketingmaterialien bestellen? Welches Essen gibt es in unserer Kantine? Die Frage ist: Wie kann ich in meinem Job, in meiner Abteilung, in meiner Organisation einen Beitrag leisten? Wie kann ich meine Kolleg*innen und meine Vorgesetzten mit einbeziehen?

Und wenn es nicht reicht, auf diese Art und Weise Veränderungen anzustoßen und Druck nach oben aufzubauen, dann bleibt immer noch eine Wahl: Climate Quitting. Menschen kündigen ihre Jobs, um klimagerechter zu arbeiten. Unternehmen und Organisationen, die einen Fokus auf Klimagerechtigkeit legen, haben einen echten Wettbewerbsvorteil. Das kommt langsam in der Wirtschaft an. 2022 haben deutsche Unternehmen 72,2 Milliarden Euro für den Klimaschutz ausgegeben, so eine Studie der KfW – also beispielsweise in klimafreundliche Mobilität, Strom oder Wärme aus erneuerbaren Energien oder Energieeffizienz ihrer Gebäude. Zwei von drei Unternehmen haben den Klimaschutz zumindest teilweise in ihrer Strategie verankert, aber nur 15 Prozent haben sich Klimaneutralität als konkretes Ziel gesetzt. Immerhin: Das sind fünf Prozentpunkte mehr als 2021.[29] Doch oft wird immer noch versucht, Klimaneutralität über gekaufte Kompensationen zu erreichen und nicht über echte Veränderung.[30] Echter Klimaschutz darf kein Greenwashing sein – und dafür braucht es klare politische Rahmenbedingungen.

Was jetzt?

Uns muss bewusst sein: Wenn wir die Klimakrise ernst nehmen, dürfen wir die Arbeitswelt nicht ausblenden, sondern müssen sie als Teil der Lösung sehen. Dafür sollten wir bei der Art ansetzen, wie wir über Arbeit denken: Ja, sie ist ein wichtiger Teil unseres Lebens und unserer Gesellschaft, weshalb sie gut und gerecht gestaltet werden muss. Nur so werden Beschäftigte – und damit die Wirtschaft – vor dem kollektiven Burn-out geschützt. Das bedeutet, dass wir die Arbeitszeit reformieren müssen, denn davon profitiert auch das Klima. Neue Arbeitsformen wie Remote Work können ebenfalls dazu beitragen, Emissionen zu reduzieren, wenn sie richtig ausgestaltet werden.

Wir brauchen Schutzmaßnahmen für Menschen, die bei ihrer Arbeit besonders von der Erhitzung des Planeten und Extremwetterereignissen gefährdet sind – und müssen Klimaschutz vorantreiben, damit sich ihre Situation nicht noch stärker verschlimmert. Und wir müssen alle anpacken, auf der obersten Ebene, bei der strategischen Ausrichtung von Unternehmen, Politik und Arbeitswelt, sowie von unten: Indem wir uns zusammenschließen und gemeinsam mehr Umweltschutz und bessere Arbeitsbedingungen einfordern. Indem wir das Thema Klima bei unseren Entscheidungen mitdenken und Druck nach oben ausüben, um für echte Veränderung zu sorgen. In einer klimagerechten Arbeitswelt haben wir grüne Jobs, in denen wir maximal vier Tage pro Woche arbeiten, damit genug Zeit, Raum und Energie bleibt für Sorgearbeit, soziales und gesellschaftliches Engagement und den kollektiven Kampf gegen die Klimakrise. Wir haben starre Hierarchien aufgegeben und neue Arbeitsorte entdeckt: bei uns zu Hause oder vor der Haustür, ohne lange Pendelwege.

Arbeit und Wirtschaft sind eng miteinander verbunden. Der Umbau der Wirtschaft muss die Arbeitswelt mitbedenken. Eine nachhaltige Arbeitswelt ist gut für die Umwelt und für uns Menschen. Sie brennt uns beide nicht aus und schützt unsere Ressourcen. Darauf müssen wir hinarbeiten – und zwar gemeinsam.

unlearn wetter

Özden Terli

Was verstehen Sie eigentlich unter Wetter? Wahrscheinlich fallen Ihnen verschiedene Formulierungen und Bilder ein, aber nüchtern betrachtet ist Wetter nichts anderes als ein Versuch der Natur, einen Ausgleich zu schaffen. Da die Erde annähernd eine Kugelform hat, kommt die Strahlung der Sonne am Äquator intensiver auf dem Boden an als an den Polen, in Arktis und Antarktis. Diesen Energieunterschied versucht die Natur durch verschiedenste Strömungen und andere Bewegungen in der Atmosphäre auszugleichen. Das klappt natürlich nicht, weil die Sonne kontinuierlich weiter strahlt.

Den Äquator kannte ich von einer Reise im Jahr 2005 mit dem Forschungsschiff Polarstern, das für das Alfred-Wegener-Institut für Polar- und Meeresforschung (AWI) unterwegs ist. Im Rahmen meiner Diplomarbeit über den »atmosphärischen Transport von Saharastaub« war ich am Aufbau eines Lidar-Gerätes beteiligt gewesen, das auf dem Schiff zum Einsatz kam, um Wolken und Saharastaub zu vermessen. Das gelang auch gut, und so konnte ich meine Diplomarbeit zu Ende schreiben, wofür ich den Äquator überqueren musste.

Die Arktis schien mir damals weit weg, doch 17 Jahre später sollte sich eine Gelegenheit ergeben, auch sie zu besuchen. Vielleicht kennen Sie die Formulierung »arktische Kaltluft«, die gelegentlich im Winter in Wetterberichten vorkommt. Sie benennt den Ursprung der Luftmasse, und man versteht intuitiv, dass es sich hier um sehr kalte Luft handelt. In der Arktis lief gerade die internationale HALO-(AC)^3-Flugmesskampagne, bei der es letztendlich um die Verbesserung von Wettervorhersage und Klimamodellen geht. Als Meteorologe war für mich klar, dass ich mich an der Berichterstattung darüber beteiligen musste. Einmal die arktische Kaltluft am Entstehungsort selbst einatmen und für das ZDF darüber berichten, wie Wissenschaftler*innen mithilfe von Flugzeugen Profile der Luftschichten erstellen!

Aber vom ersten persönlichen Impuls abgesehen, war für mich die Relevanz des Untersuchungsthemas ausschlaggebend: die arktische Verstärkung, also der Mechanismus, der ausgerechnet im nördlichsten Teil unseres Planeten für die stärkste Erwärmung sorgt. Nirgends sonst auf der Erde nimmt die Temperatur derart zu wie in der Arktis. Verschiedene Rückkopplungseffekte wirken dabei zusammen und sorgen für einen kontinuierlichen Rückgang des Eises.

Durch eine Zusammenarbeit mit dem AWI wurde es möglich, dass ich anlässlich des Tags der Meteorologie mit meinem Team vor Ort über die Forschungen berichtete. Wir kamen in der Stadt Longyearbyen unter, der größten Siedlung Spitzbergens. Innerhalb der Arktis ist die Inselgruppe der Hotspot für die Veränderungen durch die globale Erhitzung. Bei einem Gespräch mit einem Wissenschaftler vom AWI erfuhr ich, dass der Fjord vor der Stadt mit Namen Isfjord vor dreißig Jahren im Winter noch komplett zufror. So waren die Häuser auf der gegenüberliegenden Seite der Bucht ohne Weiteres über das Eis zu erreichen. Das ist schon lange nicht mehr möglich, sagte der Wissenschaftler. Wir schauten auf das Wasser: keine Spur von Eis.

Spitzbergen ist noch in weiterer Hinsicht ein Hotspot geworden, nämlich für die Klimaforschung, die dort enorm wichtige Erkenntnisse gewinnen kann. Im Fokus steht dabei immer wieder der Polarfrontjetstream. Jetstreams sind Starkwindbänder, die stets von Westen nach Osten wehen. Der Name ist tatsächlich darauf zurückzuführen, dass Flugzeuge, die mit der Windrichtung fliegen, weniger Treibstoff benötigen. Das ist etwa bei einem Flug von New York in Richtung Europa der Fall.

Den Polarfrontjetstream gibt es jedoch nicht, damit wir Menschen besser reisen können, sondern er existiert, weil die Natur wiederum etwas auszugleichen versucht, in diesem Fall Druckunterschiede, die durch Temperaturunterschiede entstehen. Mit dem Jetstream ziehen auch die Tiefs, und je nachdem, wie er liegt, beeinflusst er direkt das Wetter in Mitteleuropa. Da alles miteinander zusammenhängt, wirkt die Erhitzung der Arktis auch auf den Jetstream und damit auf unser Wetter. Es gibt zahlreiche Forschungsarbeiten über den Eisrückgang in der Arktis und den Jetstream, und für mich ist es plausibel, dass hier eine Verbindung besteht.

Wissenschaftler*innen in Spitzbergen muss man die massiven Veränderungen im Jetstream und deren Konsequenzen nicht erklären. Das Wetter ist hier längst nicht mehr so gleichmäßig wie früher, sondern wechselhafter, berichten sie mir. Aus südlichen Breiten kommen Stürme und bringen warme Luft mit. Eine Meteorologin, die sich Zeit für ein Interview und einen Gedankenaustausch mit mir nahm, berichtete davon, dass in der Woche vor unserer Ankunft auf der Insel Tauwetter geherrscht habe. Sie arbeitet als Flugberaterin am Flughafen und erklärt den Piloten, welche Wetterbedingungen sie zu erwarten haben. Tatsächlich war es bei unserer Ankunft relativ mild, die Temperatur lag bei 5 Grad plus. Der Schnee war angetaut, und überall, sowohl in der Stadt als auch auf den Straßen außerhalb, waren Pfützen mit Wasser und Eis.

In einer Nacht wurden wir Zeug*innen einer Warmluftzufuhr aus dem Süden in die Region. Allerdings zog diese Warmluft ein Tief mit sich. Das Ganze wuchs zu einem veritablen Schneesturm heran, die relativ milde Luft war nur vorübergehend vor Ort. Danach folgte ein »Cold Air Outbreak«. Das ist das gegenteilige Phänomen: Eisige Kaltluft strömte aus der zentralen Arktis in den Süden und erfasste auch Spitzbergen. Beide Wettererscheinungen konnten wir innerhalb einer Woche erleben und darüber am Tag der Meteorologie berichten.

Es war ein Zufall, dass es ausgerechnet während unseres Aufenthalts solch eine intensive Warmluftzufuhr gab und anschließend einen »Cold Air Outbreak«, der zu den Forschungsschwerpunkten der HALO-$(AC)^3$-Kampagne gehört. Um einen durchgehenden Datensatz zur Erstellung von Luftschichtenprofilen zu erhalten, flogen drei Flugzeuge in verschiedenen Höhen und nahmen kontinuierlich Messungen vor. Zusätzlich standen Boden- und Satellitenbeobachtungen zur Verfügung. Ein aufwendiges und sehr ausgeklügeltes Forschungsunternehmen.

Kurz nach meiner Rückkehr kam die eisige Luftmasse, die aus der Arktis in südliche Breiten vorstieß, in Mitteleuropa an. An den Folgetagen herrschten auch in Deutschland winterliche Temperaturen. Ich war also der arktischen Luftmasse an ihrem Ursprungsort entkommen, um von ihr zu Hause wieder eingeholt zu werden. So nah am Wetter war ich lange nicht gewesen.

Hier wird auch klar, was gemeint ist, wenn Wissenschaftler*innen sagen, »was in der Arktis passiert, bleibt nicht in der Arktis«. Was immer dort geschieht, hat Konsequenzen auch für das Wetter bei uns – ob es sich nun um die Veränderungen beim Jetstream handelt oder darum, dass ein Kaltluftausbruch eben nicht mehr so kalte Luftmassen zu uns nach Deutschland bringt wie bis vor dreißig Jahren, weil sich die Arktis seitdem stark erwärmt hat.

Zahlreiche Vorgänge zeigen: Das Wetter ist nicht mehr, wie es früher war. Zurückzuführen ist das auf Veränderungen im globalen Klima, die systemischen Charakter haben. Wir haben sowohl die physikalischen Parameter als auch die chemische Zusammensetzung der Atmosphäre längst geändert. Nun kämpfen wir mit den Folgen – Extremwetterereignisse nehmen an Intensität und Häufigkeit zu.

Ob man ein bestimmtes Phänomen nun dem Wetter oder dem Klima zuordnen sollte, ist daher keine sinnvolle Frage mehr. Wir müssen über das Wetter anders denken, als wir es gewohnt sind. Was früher galt, gilt in der Gegenwart nicht mehr und erst recht nicht in der Zukunft. Unlearn Wetter! lautet die Devise.

Extremes Wetter für Zehntausende Jahre

Die Ursache der ganzen Misere ist unser permanenter Drang nach billiger Energie. Wie ein Drogensüchtiger sind wir abhängig von fossilen Brennstoffen, brauchen immer mehr und immer weiter Nachschub, als ob es kein Morgen gäbe. Dadurch überlasten wir andauernd den natürlichen Kohlenstoffkreislauf, der vereinfacht gesagt die Temperatur regelt.

Eigentlich war der vor Millionen Jahren eingelagerte Kohlenstoff in der Erde sicher aufgehoben. Bis wir Menschen diese Energiequelle, die uns nicht zustand, anzapften. Durch das Verbrennen von Kohle, Öl und Gas setzten wir Kohlendioxid frei, das nicht in die Atmosphäre gehört. Dadurch wird der natürliche Treibhauseffekt verstärkt, immer mehr Wärme – also Energie – verbleibt auf dem Planeten. Wenn aber mehr Energie im System verbleibt, muss auch mehr Energie umgesetzt werden. Erinnern wir uns: Die Natur versucht immer, einen Ausgleich zu schaffen.

Es gibt für die Natur daher nur eine Reaktion: Ihre Systeme müssen sich verändern. Die physikalischen Parameter verschieben sich, das Wetter wird heftiger, die Unwetter werden krasser, die wetterbedingten Katastrophen nehmen zu. Extremwetter werden häufiger und bedrohen die Lebensräume und Existenzen von immer mehr Menschen.

Die von uns verursachten Veränderungen auf unserem Heimatplaneten sind derart massiv, dass sie Zehntausende von Jahren wirken werden. Wirklich so lange? Ja. Beruhigt sich die Lage nicht wieder? Nein. Warum ist das so? Nehmen wir an, die CO_2-Emissionen würden sofort komplett auf null heruntergefahren und die globale Mitteltemperatur würde nicht mehr weiter ansteigen. Selbst dann bliebe es für die nächsten Zehntausende von Jahren bei der aktuellen Abweichung von 1,2 Grad im Vergleich zur vorindustriellen Zeit. Und das bedeutet: Das extreme Wetter, die Dürren, die Fluten und der Meeresspiegelanstieg würden ebenfalls bleiben.

Was bei einer höheren Abweichung passiert, bei 1,5 Grad oder 2 Grad, will ich hier nicht ausmalen. Der Pfad, auf dem wir uns bewegen, läuft auf etwa 3 Grad hinaus, je nachdem, wie ernst es die Regierungen mit dem Klimaschutz meinen. Und in dieser Betrachtung sind noch nicht einmal weitere Rückkopplungseffekte mitgedacht, also die Reaktion des Erdsystems auf unser Handeln, die die Erhitzung weiter forciert.

Sie müssen sich klarmachen: Wir, die heute Lebenden, entscheiden darüber, was in 10 000 Jahren und darüber hinaus sein wird.

Kommen wir zum Wetter

Wer ernsthaft glaubt, wir wären vor diesen Entwicklungen geschützt, weil wir in Deutschland leben, täuscht sich. Die Ahrtalkatastrophe im Juli 2021 ist uns immer noch gut in Erinnerung.[1] Sie ereignete sich, obwohl es zuvor Warnungen durch den Deutschen Wetterdienst gegeben hatte, die in den Medien auch verbreitet worden waren. Dass es dennoch zu enormen Zerstörungen kam und mindestens 135 Menschen ihr Leben verloren, hat sowohl mit der Massivität des Wetterereignisses als auch mit den unzureichenden Reaktionen auf die Warnungen zu tun.

Mit zunehmender globaler Erhitzung nimmt auch die Temperatur in Deutschland weiter zu. Der europäische Kontinent heizt sich im Vergleich zu den anderen sogar am schnellsten auf. Hitzewellen treten mittlerweile häufiger auf, werden intensiver und halten länger an. Am 6. April 2024 überschritt die Temperatur im baden-württembergischen Ohlsbach die 30-Grad-Marke – so früh im Jahr wie noch nie zuvor in Deutschland. Verantwortlich waren Luftmassen aus Nordafrika, was sich unter anderem daran zeigen ließ, dass sie hohe Konzentrationen an Saharastaub mit sich führten.

Die Veränderungen in den Strömungen sorgen für konsistente Wetterlagen (was in dem Fall nichts Gutes bedeutet): Hochs bleiben vor Ort liegen, Tiefs bewegen sich nur noch langsam. Teilt sich der Jetstream auf in zwei Äste, stabilisiert sich ein Hoch über Mitteleuropa. Das sind eigentlich Sommerwetterlagen, allerdings fiel auch die Großwetterlage am 6. April in diese Kategorie. So wie sich die Jahreszeiten verschieben, verschieben sich auch die Wetterphänomene. Weniger als zwei Wochen vor jenem 6. April war der astronomische Winter zu Ende gegangen. Bei Diskussionen mit anderen Meteorolog*innen wurde daher die Frage aufgeworfen: Gibt es demnächst schon im Winter die 30-Grad-Marke?

Das Beispiel zeigt, dass wir zwar die globale Erwärmung vorhersagen können, aber von den Wetterereignissen überrascht sind, auch wenn sie sich im Nachhinein leicht auf die Veränderungen der physikalischen Parameter zurückführen lassen. Es wird immer häufiger Wetterphänomene geben, die uns unvorbereitet treffen und deutlich schwerwiegender ausfallen werden als eine frühe Überschreitung der 30-Grad-Marke.

Unternehmen lässt sich gegen die Extremwetterereignisse kaum etwas. Wie sollte man auch einem Gewitter begegnen, das die physikalischen Parameter wie höhere Luftfeuchte und Temperatur »nutzt«, um sich zu entwickeln? Da sind wir der Natur ausgeliefert. Der Zeitpunkt, um aktiv gegen die Bedingungen für Extremwetter vorzugehen, lag in der Vergangenheit. Da die Treibhausgasemissionen nicht begrenzt wurden, sondern immer weiter zunehmen, verschärft sich die Situation.

Anderswo sind die Auswirkungen der globalen Erhitzung noch verheerender. Besonders in den Ländern des sogenannten Globalen Südens müssen sich die Menschen mit weniger Mitteln mit massiveren Extremwetterereignissen auseinandersetzen. Durchziehende Wirbelstürme hinterlassen verheerende Zerstörungen – Menschen werden verletzt und sterben, das Leid ist enorm, die Auswirkungen auf Wirtschaft, Infrastruktur und Gesellschaft sind gravierend und noch lange sichtbar und spürbar. So führte der Hurrikan Otis, der im Oktober 2023 als einziger bekannter Wirbelsturm überhaupt den mexikanischen Ballungsraum Acapulco traf, zu einem Anstieg der organisierten Kriminalität. Denn diese füllte die zahlreichen Lücken, die der Staat bei der Bewältigung der Katastrophe ließ.

Die fatale Wirkung dieses Wirbelsturms der höchsten Kategorie 5 ist vor allem darauf zurückzuführen, dass er sich innerhalb kürzester Zeit intensivierte, was wiederum dadurch zu erklären ist, dass die Oberflächentemperatur des Meeres, über dem Otis entstand, infolge der globalen Erhitzung deutlich höher ist als früher. Bedenkt man, dass der größte Teil der menschengemachten Erderwärmung von den Ozeanen und Meeren aufgenommen wird, zeichnet sich ab, was noch zu erwarten ist.

Anhand eines Beispiels möchte ich im Detail vorführen, wie Extremwetterereignisse selbst uns Meteorolog*innen überraschen können. Es sollte deutlich machen, wie gefährlich das

Wetter schon auf einem »nur« um 1,2 Grad erhitzten Planeten werden kann.

Gefährliches Wetter ist harte Realität

Im Sommer 2023 erfasste eine starke und anhaltende Hitzewelle die Mittelmeerregion. In der Folge breiteten sich in Griechenland eine Dürre und verheerende Brände aus, die dafür sorgten, dass viele Urlauber abreisten. Die Oberflächentemperatur des Mittelmeeres stieg stark an und erreichte neue Höchststände. Mir war klar, wenn es hier später einen Kaltlufteinbruch gäbe, würde es zu Unwettern kommen. Die Frage war nur, wo und wann.

Dass beim Aufeinandertreffen von Extremen Unwetter entstehen, ist eigentlich ein normaler Vorgang, der immer wieder mal passiert. Allerdings haben sich die Strömungen in der Luft verändert, sodass Hochs stationärer werden, also an einem Ort verbleiben. Wenn sie mal schwächer werden, regenerieren sie sich an derselben Stelle wieder. Mit so einem enorm starken Hoch hatten wir es im Spätsommer 2023 in weiten Teilen Europas zu tun. Was bei uns in Deutschland für sonniges und warmes Wetter sorgte, brachte kühlere Luft in den Süden. Mit der Luft, die aus dem Norden kam, entwickelte sich am Rande eines sehr starken Hochs ein kleinräumiges Tief, das international unter dem Namen Daniel geführt wurde. Es bildete sich über dem Meer in der Nähe Griechenlands, und dort nahm die Katastrophe ihren Anfang. Das Tief war ebenfalls fast stationär und bewegte sich nicht, was nicht gut ist, denn dann verändert sich das Wetter kaum mehr. Diese Situation war vorher schon sehr gut berechnet worden, und so fiel sie mir relativ früh in den Daten auf.

Auch wenn meine Wettervorhersage in erster Linie für Deutschland gelten sollte, musste ich den Blick zunächst nach Griechenland weiten, denn nun bahnte sich dort eine massive Überflutung an. Allerdings war es nicht nur eine Herausforderung, die Region einzugrenzen, sondern auch, die zu erwartenden Niederschläge annähernd korrekt einzuschätzen. Die Modelle hatten derart hohe Regenmengen errechnet, dass sie nicht glaubwürdig erschienen. Sie sagten für Griechenland zwischen 500 und 700, teilweise über 1000 Liter auf den Quadratmeter voraus – in drei Tagen. Das entspricht etwa der Regenmenge eines Jahres in einer Stadt in Deutschland.

Die Diskussionen mit den Kolleg*innen gingen hin und her, und mir wurde schnell klar, diese Situation ist mehr als außergewöhnlich. Wir Meteorolog*innen kommen durch die Klimakrise in einen Bereich, der die Erfahrung teilweise aushebelt. Wir werden mit neuen Situationen konfrontiert, die das bisher Erlebte in den Schatten stellen.

Aber was passierte da eigentlich? Warum wirkte sich die Kaltluftzufuhr so fatal aus? Es ist ein normaler Vorgang, dass die Luft Feuchtigkeit aufnimmt, gerade über dem Meer. Diese Feuchtigkeit ist erst mal nicht zu sehen, und sie beinhaltet eine Energieform, die sogenannte latente Wärme. Sie wird freigesetzt, wenn die Luft aufsteigt und kondensiert. Beim Phasenübergang vom gasförmigen zum flüssigen Zustand wird Wärme freigesetzt, die dazu führt, dass das Luftpaket weiter aufsteigt, da es wärmer ist als die Umgebung.

Nun kommt die Hitzewelle ins Spiel. Ist die Luft wärmer (und die Oberfläche des Meeres ebenfalls), nimmt sie natürlich mehr Feuchtigkeit auf, und da es mehr Wärme gibt, wird das Luftpaket kräftiger beschleunigt als normal und so das Gewittersystem verstärkt. Diese Vorgänge spielen eine wichtige Rolle bei Wirbelstürmen, wie wir bei Otis gesehen haben.

In Griechenland jedoch passierte noch etwas anderes: Da das Tief nahezu stationär war, war bei dem gesamten Prozess einfach kein Ende in Sicht. Immer wieder neue Nahrung in Form von feuchter warmer Luft aus dem Mittelmeer führte zu einem extremen Dauerregen, verstärkt durch die Gewitter, die sich an den vielen Bergen des Landes bildeten – eine ganz schlechte Kombination.

Unsere Modelle zu den Niederschlagsmengen stellten sich als keineswegs übertrieben heraus. Die Wassermassen rauschten die Berge herunter, nichts konnte sie aufhalten. Häuser und Straßen wurden zerstört, Felder standen unter Wasser. Es bildeten sich ganze Seenlandschaften. Etwa 200 000 Nutztiere und 17 Menschen starben. Die Türkei und Bulgarien waren ebenfalls heftig betroffen.

Mit dem Ereignis in Griechenland war die zerstörerische Wirkung des Tiefs allerdings noch nicht beendet. Es zog weiter über das zu warme Mittelmeer, nahm nach wie vor Feuchtigkeit auf und löste massive Regenfälle in Libyen aus. Wegen der schlechten Infrastruktur des Landes – wie immer bei Katastrophen kamen mehrere Faktoren zusammen – hatten die Naturgewalten ein leichtes Spiel. Zwei Dämme brachen. Die Überflutungen und Zerstörungen waren extrem, unendlich das Leid der Bevölkerung. Über 5000 Menschen kamen ums Leben. Die Unwetter in Griechenland und Libyen zeigen, was in den nächsten Jahren noch auf uns zukommen wird.

Meteorologie und ihre Kritiker

Meteorolog*innen auf die Rolle des »Wetterfrosches« zu reduzieren hat etwas Abwertendes. Meteorologie ist eine Wissenschaft, die manchmal auch als »Physik der Atmosphäre« bezeichnet wird, und studierte Meteorolog*innen können weit mehr, als nur vor der Kamera auf eine Wetterkarte zu zeigen. Das Präsentieren der Wettervorhersage ist eine Form der Wissenschaftskommunikation: Jeden Tag zeigen Wissenschaftler*innen die komplexen Zusammenhänge, mit denen sich die Disziplin beschäftigt, in einer anderen Konstellation.

Die Vorhersage von Wetterereignissen ist das, was ich an meiner Arbeit liebe. Es ist immer wieder faszinierend, Wettermodelle zu analysieren und so einen Sturm schon eine Woche bevor er existiert zu erkennen. Mit jeder Aktualisierung der Modelle, die alle drei bis sechs Stunden erfolgt, kommen wir der Sache näher – bis schließlich das Ereignis eintritt, auch wenn es manchmal gravierende Unterschiede zwischen dem gibt, was wir beim ersten »Auftauchen« des Sturms errechnet haben, und dem tatsächlichen Sturm.

Aber diese Arbeit ist natürlich mit einer Verantwortung verbunden, die die meisten Meteorolog*innen auch genauso empfinden. Denn wir machen die Vorhersagen nicht für uns, sondern für die Öffentlichkeit. Wenn es Indizien für gefährliches Wetter gibt, sind wir verpflichtet, Warnungen auszusprechen. Doch in der veränderten Welt, die ich hier beschreibe, geht unsere Verantwortung noch darüber hinaus. Wir sind nämlich diejenigen, die im Wetterbericht Zusammenhänge zum Klima erklären können und auch müssen, denn die entsprechenden Daten liegen bei uns als Erstes vor.

Es gab einiges an Aufregung, als ich in einem Interview sagte, dass ich nicht mehr über »schönes Wetter« sprechen möchte, wenn in Deutschland wochenlange Dürre herrscht, Menschen und Tiere darunter leiden. Temperaturen, die über 35 Grad liegen oder gar um die 40 Grad, sind nicht üblich in Mitteleuropa. Aber wir scheinen sie zu akzeptieren, da die Erwärmung sich für unsere Verhältnisse langsam vollzieht. Aufs Klima bezogen ist die Entwicklung aber geradezu rasant.

Wärme wird gemeinhin stark unterschätzt, weil sie für uns positiv besetzt ist und wir hohe Temperaturen nicht automatisch mit Gefahr in Verbindung bringen. Doch die zahlreichen Hitzetoten, die in der medialen Berichterstattung oft vernachlässigt werden, zeigen, dass mehr von etwas anscheinend Positivem nicht automatisch gut ist. Es gibt einfach Grenzen für Mensch, Tier und Natur. Hinter dem Temperaturrekord in Ohlsbach im Frühling 2024 stecken meteorologisch gesehen Extrembedingungen. Es ist also falsch, solche Höchststände zu bejubeln, von »schönem Wetter« zu sprechen und den Sonnenschein mit einer Leichtigkeit zu kommunizieren, als ob vor uns einfach nur ein toller langer Sommer läge. Solche Aussagen verschleiern die akute Bedrohung und sind schlicht nicht mehr zeitgemäß.

Ob das Wetter gefährlich ist und was das bedeutet, ist selbst den Entscheidungsträger*innen oft nicht klar. Trotz eindeutiger Faktenlage werden Warnungen angezweifelt oder nicht ernst genommen. Beschweren sich etwa eine Lobbyorganisation oder Politiker*innen lauthals darüber, dass in der Berichterstattung der massive Methanausstoß in der Tierhaltung thematisiert wird, der zur Erhitzung des Klimas beiträgt, dann ist das ein deutliches Zeichen dafür, dass ein Umdenken gar nicht gewollt ist. Vielmehr wird versucht, Partikularinteressen zu befriedigen, koste es, was es wolle.

Dabei können wir uns die Einstellung, so schlimm werde es schon nicht kommen, schlicht nicht leisten. Sie ist der Luxus einer abgehobenen Schicht, die jeglichen Bezug zur Realität verloren hat – ob es sich nun um Politiker*innen, Thinktanks, Boulevardpresse oder sogar Nobelpreisträger handelt.

Natürlich geht es dabei um Geld und Macht. Mit fossilen Energieträgern wurden Abermilliarden verdient, und viele Produzenten und Profiteure haben es sich in der bestehenden Ordnung gemütlich gemacht. Doch diese Ordnung ist alles andere als naturgegeben. Vielmehr sind wir Menschen frei zu wählen, wie unsere Gesellschaften funktionieren sollen und welche Ziele wir uns setzen. Also können wir auch in einer Welt leben, die keine fossilen Energieträger mehr benötigt. Das müssen wir nur wollen und umsetzen.

Prinzipiell haben fast alle Staaten weltweit dem Pariser Abkommen zugestimmt, das auf eine fossilfreie Zukunft hinwirken soll. Die Rahmenbedingungen dafür sollten in Deutschland dem Grundgesetz entsprechen. Aber Deutschland ist keine Insel. Auf der ganzen Welt sollten so viele Menschen wie möglich in Würde leben können und friedlich miteinander auskommen. Genau dieses Miteinander ist durch die Verwerfungen, die die globale Erhitzung zur Folge hat, massiv gefährdet. Ganze Staaten und Demokratien stehen auf der Kippe.

Die Menschen und Organisationen, die das fossile »Weiter so« vertreten, mögen viel Geld und Macht haben. Aber die Gesetze der Physik können auch sie nicht außer Kraft setzen. Sie gelten für uns alle, ihre Erkenntnisse sind keine Frage der eigenen politischen Einstellung, sie sind nicht links und auch nicht grün. Wer das so »framt«, hat vielmehr selbst eine politische Agenda.

Gleichwohl versuchen Wissenschaftsleugner*innen, die Faktenlage zu verunklaren und notwendige Maßnahmen zu torpedieren. Dabei beharren sie seit Jahrzehnten auf denselben Standpunkten und greifen auf dieser Basis neue Erkenntnisse oder Methoden in der Wissenschaft immer wieder an. Eine davon ist die Attributionsforschung der World Weather Attribution (WWA), ein Zusammenschluss internationaler Wissenschaftler*innen. In kurzer Zeit werten sie Ereignisse wie extreme Überflutungen oder Dürren daraufhin aus, wie wahrscheinlich diese einmal mit globaler Erhitzung und einmal ohne sind. So lässt sich eine Aussage darüber treffen, ob das Extremwetterereignis einen Bezug zur globalen Erhitzung hat oder nicht.

Nun muss man natürlich sagen, dass die Klimawissenschaft bereits über umfangreiche Erkenntnisse verfügt, dazu muss man nur die grundlegenden Gesetze der Physik anwenden. Aber die Attributionsforschung bedeutet eine zusätzliche Bestätigung dieser Erkenntnisse. Und die Entwicklung der Wissenschaft schreitet weiter voran: Satelliten, Computer und Modelle werden besser, und auch die künstliche Intelligenz wird in Zukunft eine immer größere Rolle spielen, wenn es darum geht, große Datenmengen zu verarbeiten und Beziehungen herzustellen, die für die Erfassung durch herkömmliche Methoden vielleicht zu komplex sind.

Letztendlich ist die Attributionsforschung ein weiteres Instrument und hilft uns, im Nachhinein Zusammenhänge zwischen Wetterereignissen und der globalen Erhitzung zu verstehen und zu beweisen. Klar, dass sie darum ein Dorn im Auge der Wissenschaftsleugner*innen ist und diese versuchen, solche innovativen Methoden zu diskreditieren.

Können wir uns vor den Klimafolgen schützen?

In einer ihrer Auswertungen kam die WWA zu dem Ergebnis: Die katastrophalen Überflutungen in Libyen wären ohne die vom Menschen verursachte Erhitzung schwächer ausgefallen. In einer um 1,2 Grad kühleren Welt wäre so ein Ereignis bis zu 50 Prozent unwahrscheinlicher und bis zu 50 Prozent weniger intensiv gewesen.[2] Anders formuliert: Auf dem derzeitigen Temperaturniveau ist es nicht nur wahrscheinlicher, dass es zu solchen katastrophalen Ereignissen kommt, sondern sie werden gegebenenfalls auch intensiver ausfallen.

Wie können wir nun mit dieser sich weiter verschärfenden Situation umgehen? Ist eine Anpassung an die Klimafolgen überhaupt möglich? Im Kleinen durchaus, im Großen und Ganzen nicht. Solange zusätzlich Treibhausgase ausgestoßen werden, erhitzt sich der Planet weiter. Insbesondere Kohlendioxid verbleibt für viele Tausende Jahre in der Atmosphäre, deswegen ist es wichtig, so schnell wie möglich darauf zu verzichten. Das große Problem ist, dass die fortlaufende Schädigung bleibt, ein

Prozess, der auch dann nicht aufhört, wenn die fossilen Energieträger auf null runtergefahren worden sind. Dann stabilisiert sich zwar die globale Mitteltemperatur, aber auf einem hohen Niveau. Einfacher ausgedrückt: Die Erhitzung wird zwar gestoppt, aber es bleibt warm oder heiß, je nachdem, wann wir auf null runterkommen.

Eine grundsätzliche Anpassung ist also nicht möglich, die Veränderungen überrollen uns – je heftiger und brachialer, je später wir den Klimaschutz adäquat umsetzen. Wir müssen also so schnell wie möglich vollständig auf das Verbrennen fossiler Energieträger verzichten.

Auch im Jahr 2023 gab es wieder ein Jahrhundertereignis. Dieses Mal war die Ostsee betroffen von einem Sturm, der einen neuen Stand beim Rekordsturmhochwasser führte. Der Schaden war groß, und gleich wurden Forderungen von Politiker*innen laut, man müsse höhere Deiche bauen. Das ist zunächst einmal nicht verkehrt, insbesondere wenn man damit eingesteht, dass die Deiche vielleicht nicht mehr ganz auf dem neuesten Stand sind und vielleicht sogar in der Vergangenheit einiges versäumt wurde. Allerdings sind solche Schutzmaßnahmen für die Zukunft nicht hochskalierbar. Wie riesig sollten die Deiche denn werden? Man kann sich an eine stetig erwärmende Welt und an einen stetig steigenden Meeresspiegel (die Daten zeigen sogar, dass sich der Anstieg noch beschleunigt) nicht anpassen. Solche Forderungen zeugen also von schlechtem Faktenwissen und kurzfristigen Reaktionen, die eher gut für PR sind.

Verursacht wird der Anstieg des Meeresspiegels durch die globale Erwärmung. Steigt die Temperatur des Wassers, so dehnt es sich aus. Das Volumen der Meere wird größer. Hinzu kommt, dass überall das Eis schmilzt: ob auf den Gletschern, auf den Kontinenten, ob in der Arktis, in Grönland oder in der Westantarktis. Der Kryosphäre (der Teil der Erde, der mit Eis bedeckt oder gefroren ist) geht es an den Kragen. Auch das lässt sich nicht einfach so aufhalten.

Und erinnern Sie sich noch an die Überschwemmungen im Norden Deutschlands zwischen Weihnachten und Silvester 2023? Nach Schneeschmelze und starken Regenfällen war der Boden gesättigt, das Wasser konnte nicht mehr aufgenommen werden. Welche Anpassungsmaßnahme hätte man hier ergreifen sollen? Wenn der Nordatlantik und die Ozeane und Meere auf der ganzen Welt der Atmosphäre permanent viel mehr Feuchtigkeit als üblich bereitstellen, wie sollte der Regen aufzuhalten sein, der uns erreicht? Die Natur ist bei Weitem stärker als jede Anpassungsmaßnahme, die Menschen sich ausdenken könnten. Der Deutsche Wetterdienst (DWD) zeigte in einer eigenen Attributionsstudie, dass sich solche Ereignisse in einer wärmeren Welt weiter verschärfen werden (und auch hier sei bemerkt, dass man bereits mit physikalischem Grundlagenwissen zu diesem Schluss gelangen kann).

Vor Sturmfluten und dem Meeresspiegelanstieg können wir uns also kaum oder nur kurzfristig schützen. Allerdings hätte man schon vor Jahrzehnten die Versiegelung der Natur einschränken können. Insbesondere in Ballungsgebieten und Großstädten wurde das versäumt. Umso wichtiger ist es, eine massive Entsiegelung in die Wege zu leiten, indem man zum Beispiel keine neuen Betonflächen mehr anlegt und Schwammstädte in großem Stil ausbaut. Das sind Städte und Gebiete, die möglichst viel Wasser aufnehmen und speichern können. In Dürrezeiten können solche Maßnahmen helfen. Es wären auch wichtige Schritte hin zu lebenswerten und an den Menschen angepassten Städten.

Dringlich wäre auch ein übergreifendes Hitzemanagement. Insbesondere für Ältere, Kinder und Menschen mit Vorerkrankungen können hohe Temperaturen lebensbedrohlich sein. Immerhin gibt es seit 2023 einen Hitzeschutzplan, wenn auch mehr als zwanzig Jahre zu spät. In den Medien werden häufiger Hitzewarnungen ausgesprochen; sobald sich die meteorologischen Parameter in einem Bereich befinden, wo Menschen gefährdet sind, sollen die Informationen des DWD stärker verbreitet werden. Auch das ist eine Möglichkeit der Anpassung.

Die Menschen in anderen Weltgegenden sind von der Hitze noch weitaus stärker betroffen. Da es zum Beispiel in China, Indien, dem Nahen Osten oder vielen afrikanischen Ländern sowieso schon wärmer ist, hat ein weiterer Anstieg der Temperatur noch gravierendere Konsequenzen. Eine wichtige Rolle spielt, dass mit der Temperatur auch die Luftfeuchtigkeit ansteigt, weil wärmere Luft mehr Feuchtigkeit aufnehmen kann. Das sorgt dafür, dass der Körper, selbst wenn er stark schwitzt, nicht abkühlen kann, da die Umgebungsluft ebenfalls feucht ist. Die Feuchtigkeit wird nicht abtransportiert, die Verdunstungskälte setzt nicht ein, und der Körper beginnt, sich von innen heraus aufzuheizen bis zum Kreislaufkollaps und schlimmstenfalls Tod. Davon sind potenziell Milliarden Menschen betroffen, besonders diejenigen, die draußen arbeiten und keinen Schutz haben vor der Hitze – und wiederum Kinder, Alte und Menschen, die ohnehin schon durch Krankheit oder Veranlagung geschwächt sind.

In welcher Welt wir leben werden

»Unlearn Wetter«, das heißt also, Gelerntes infrage zu stellen. Der Wetterbericht wird in Zukunft häufiger Katastrophen aufzeigen und bei Weitem mehr beantworten müssen als die Frage, ob man Grillen kann oder nicht und welches Urlaubsziel angesichts der zunehmenden Hitze noch attraktiv ist. Zwar wird es auch um solche Banalitäten gehen, aber die Verantwortung der Meteorolog*innen wird vor allem darin bestehen, Menschen zu schützen. Und selbst wenn uns das grundsätzlich gelingt, werden die Schäden für Hab und Gut, die Prämien für Versicherungen steigen. Letztendlich bezahlen alle mehr, da die Kosten von allen Bürger*innen getragen werden müssen.

»Unlearn Wetter« heißt auch, die Distanz zur Natur aufzubrechen, die wir in unseren Kulturen entwickelt haben. Nicht wir kontrollieren die Natur, die Natur kontrolliert uns. Wir müssen verstehen, dass es nur gemeinsam mit der Natur geht, sie liefert uns die Grundlagen für unsere Existenz. Eigentlich weiß das auch jeder, nur ist es uns vielleicht nicht so bewusst, wie es sein müsste, damit wir entsprechend handeln. Wir sind auf diesem Planeten nur eine Spezies von vielen, und für uns gelten die gleichen Spielregeln wie für alle anderen.

Wir sind die letzte Generation von Erwachsenen, die das Pariser Abkommen erfüllen kann. Der Klimaschutz der letzten Jahrzehnte hat kaum gewirkt – weil er nicht ernsthaft in Angriff genommen wurde. Dabei ist die im Abkommen vorgesehene 1,5-Grad-Marke schon ein politischer Kompromiss. Eigentlich dürfte es ja gar nicht mehr wärmer werden. Ein Experten-Meinungs-Paper, an dem ich mitgewirkt habe, stellt fest, dass 1,0 Grad eine sichere Grenze darstellen würde.[3] Das bedeutet allerdings: Das Kohlendioxid, das vom Menschen ausgestoßen wurde, müsste wieder entfernt werden. Das geht aber nur mit regenerativen Energien, mit denen die entsprechenden Anlagen betrieben werden müssen. Dafür wäre es allerdings notwendig, die regenerativen Energien massiv hochzuskalieren. Das ist selbstverständlich nicht das, was die Ölindustrie will. Sie sieht in Klimaschutzmaßnahmen lediglich eine Möglichkeit, weiterhin Emissionen zu verursachen.

Wir verfügen schon lange über das notwendige Wissen, um die nötigen Maßnahmen durchzuführen. Es immer wieder neu, und mit innovativen Formen der Vermittlung zu kommunizieren ist in erster Linie die Aufgabe von Meteorolog*innen und Wissenschaftler*innen, zusammen mit den Medien. Aber auch Politiker*innen stehen in der Verantwortung, die notwendige Transformation positiv zu kommunizieren. Sie müssen kreativ und visionär werden. Es geht gar nicht darum, den Menschen etwas wegzunehmen, wie so oft von den Exponenten des fossilen »Weiter so« behauptet wird. Es geht darum, sie zu beschützen und so dem Auftrag des Grundgesetzes gerecht zu werden.

Klimaschutz ist Menschenschutz und, wie der Europäische Gerichtshof für Menschenrechte festgestellt hat, Menschenrecht. Also müssen wir es endlich angehen. Die Zeit läuft uns davon, und es ist kein Sand, der durch die Uhr rieselt: Es ist Goldstaub.

unlearn patriarchat

Sheena Anderson & Kristina Lunz

»Scheint die Sonne nicht auf alle gleich?« – So, mit Sicherheit absichtlich provokant und ignorant, formulierte einst ein Abgeordneter seine Bemerkung in einer Bundestags-Ausschusssitzung zum Thema Klimagerechtigkeit, in der Kristina als Expertin geladen war. Was hat die Klimakrise also mit dem Patriarchat zu tun? Ist die Erde nicht von der Spezies Mensch heruntergewirtschaftet worden, und sind nicht alle Menschen gleich von den Folgen betroffen? Die Antwort lautet Nein. Denn wir haben es nicht nur mit einer Klimakatastrophe zu tun, sondern mit einer Klimakatastrophe und globaler Erwärmung in einer ungerechten Welt. Menschenrechte und Gleichberechtigung gelten nicht für alle gleichermaßen.

Die Klimakrise wurde durch menschengemachte Hierarchie- und Unterdrückungssysteme erzeugt: Patriarchat, Kapitalismus, Rassismus. Diese Systeme ordnen Menschen in Rangfolgen an: Männer stehen über Frauen, cis-Personen[1] über trans und nicht binären Menschen, *weiße* Menschen über Black, Indigenous und People of Color (BIPoC), Menschen aus dem wirtschaftlich dominanten Globalen Norden über Menschen aus dem Globalen Süden. Die Auswirkungen auf das Zusammenleben sind nicht zu übersehen. Wir lassen es zu, dass die wirtschaftlichen Interessen von sehr wenigen Personen mehr zählen als das Überleben der globalen Mehrheit. Allein 2023 kosteten Klimakatastrophen weltweit 12 000 Menschen das Leben – und damit 30 Prozent mehr als im Vorjahr. Sie starben bei Überschwemmungen, Waldbränden, Zyklonen, Stürmen oder Erdrutschen.[2] Solche Ereignisse werden in den nächsten Jahren und Jahrzehnten aufgrund der Klimakrise zunehmen. Und die vielen Toten durch klimabedingte gesundheitliche Beeinträchtigungen, Luftverschmutzung und Hitze sind hierbei noch gar nicht mitgerechnet.

Die Klimakrise strotzt vor eklatanter Ungerechtigkeit. Historisch gesehen haben diejenigen, die in Hierarchie- und Unterdrückungssystemen eher oben stehen, von der Ausbeutung und Zerstörung unserer Lebensgrundlagen profitiert, während diejenigen, die sich weiter unten befinden, zunehmend darunter leiden. Es sind beispielsweise vor allem Männer, die die Welt verbrennen.[3] Wohlhabende, einflussreiche Männer aus Industrienationen.

Wie kann es sein, dass unsere Gesellschaft diese moralischen Maximalverfehlungen toleriert? Schuld sind gesellschaftliche Einstellungen und Erzählungen, die sich über Jahrtausende zu Politik und Strukturen verdichtet haben. Demnach dürfen *(weiße)* Männer Frauen und andere marginalisierte Menschen dominieren, sind Imperialismus und Kolonialismus legitime Formen der Staatserweiterung und darf der *(weiße)* Mann alles, was er möchte, zu seinem Eigen und Untertan machen und so lange ausbeuten, missbrauchen und ausnutzen, bis seine emotionalen, sexuellen und wirtschaftlichen Bedürfnisse befriedigt sind.

In patriarchalen, kapitalistischen und rassistischen Gesellschaften gehen die Unterwerfung und Ausbeutung von Frauen, von Rassismus betroffenen und anderen marginalisierten Menschen mit der Unterwerfung und Ausbeutung von »Mutter Natur« einher. Wenn wir also über die Klimakrise sprechen, wenn wir »Unlearn CO_2« wirklich leben wollen, dann kommen wir um feministische Perspektiven und die Abschaffung des Patriarchats, von Rassismus und Kapitalismus sowie anderer Unterdrückungssysteme nicht herum. Je schneller wir das alle verinnerlichen und auch hinbekommen, desto besser – für alle Lebewesen und die Erde.

Patriarchat – die Beherrschung von Frau und Natur

Patriarchat bedeutet wörtlich »Väterherrschaft« oder »Vaterrecht«. Es beschreibt eine Gesellschaftsordnung, in der das männliche Familienoberhaupt die rechtliche und ökonomische Macht über die von ihm abhängigen Familienmitglieder innehat. Über die männliche Linie wurden der Name und die soziale Stellung weitergegeben (sogenannte Patrilinearität). Zudem bestimmte sie den Wohnort, denn es stand lange außer Frage, dass die Frau nach der Heirat in den Haushalt der Familie des Ehemanns zieht (sogenannte Patrilokalität) – was global gesehen immer noch die Norm ist. Das stellt seit Jahrtausenden sicher, dass männliche Netzwerke gefestigt und soziale Netze der Frau oft mit der Heirat zerstört werden. Deshalb ist der Aufbau von Frauennetzwerken ein feministischer Akt.

Das Patriarchat zeigt sich, wenn in Deutschland Frauen nicht über ihren eigenen Körper bestimmen dürfen, solange Abtreibungen immer noch nicht legal sind. Oder wenn über 14 000 Plätze in Frauenhäusern fehlen, also an Plätzen für Menschen gespart wird, die von männlicher Gewalt betroffen sind und sich nicht selten in Lebensgefahr befinden. Besonders prekär ist die Situation für arme Frauen, von denen wiederum viele geflüchtet sind, die einen unsicheren Aufenthaltstitel oder eine Migrationsgeschichte haben.

Das Patriarchat zeigt sich, wenn in Afghanistan unter der Taliban-Herrschaft Mädchen keine weiterführenden Schulen besuchen oder Frauen nicht arbeiten, keinen Sport machen oder sich allein in der Öffentlichkeit bewegen dürfen.

Das Patriarchat zeigt sich, wenn vor Gericht die Aussage eines Mannes mehr wert ist als die Aussage von zwei Frauen (zum Beispiel im Iran). Oder wenn ein Mann seine Frau schlagen und vergewaltigen darf (was auch in Deutschland noch bis 1997 legal war). Überall auf der Welt gibt es patriarchale Strukturen, in den unterschiedlichsten Formen, aber immer mit einem Ziel: die Normalisierung und Straflosigkeit männlicher Gewalt.

Was hat das alles mit der Klimakrise zu tun?

Die Politikwissenschaftlerin J. Ann Tickner schreibt, dass sich mit dem 17. Jahrhundert – der Geburtsstunde des modernen Staates und der kapitalistischen Orientierung der Weltwirtschaft – die Wahrnehmung der Natur zu verändern begann: Sie wurde nicht länger als lebender Organismus verstanden, sondern als träge Maschine. Dieser Wandel sei von den Ideen der Aufklärung getragen worden, so Tickner, und hänge mit dem ausbeuterischen Imperialismus und europäischen Kolonialismus zusammen, was weltweite ökologische Veränderungen auslöste. In den Kolonien kam es zur großflächigen Entwaldung für den Schiffbau und die Urbanisierung. Es wurden nicht einheimische Pflanzen- und Tierarten eingeführt, was die lokale Biodiversität störte und veränderte. Typisch sind auch das Management von Wasserressourcen, bei dem Kolonialmächte oft Flüsse und Seen kontrollierten, um eigene wirtschaftliche Interessen zu fördern, sowie die Umstellung auf europäische Landwirtschaftsmethoden wie Monokulturen, die die traditionelle Landnutzung indigener Völker verdrängten. Tickner beschreibt, wie noch im mittelalterlichen Europa Natur und Umwelt als vitaler Organismus verstanden wurden, mit dem die Menschen in Einklang leben. Dieses lebendige System wurde meist als weiblich angesehen: Das zeigt sich auch im Bild von »Mutter

Erde«, die sich um die Menschheit kümmert und für sie sorgt. Doch als das kapitalistische Wirtschaftssystem installiert wurde, begann mit der Industrialisierung die Zerstörung von Umwelt und Natur. Es waren die Anfänge der globalen Klima- und Biodiversitätskrise.[4]

Ökofeministinnen haben uns gezeigt, wie sich die Beherrschung und Unterdrückung der Natur und von Frauen strukturell gleichen. Vertreterinnen wie Françoise d'Eaubonne, Carolyn Merchant, Wangari Maathai oder Vandana Shiva gehen davon aus, dass sich die männliche Dominanz und Überheblichkeit gegenüber Frauen und von Rassismus betroffenen Personen spiegelbildlich zur Einstellung gegenüber der Natur verhält. Die patriarchale Unterdrückung und Ausbeutung von Frauen und von Rassismus betroffenen Personen geht einher mit der Unterdrückung von »Mutter Natur«, also unserer Lebensgrundlage. Die Natur wurde als wild, unbeherrschbar und als zu bändigen angesehen – ähnlich wie Frauen oder BIPoC.

Aus der Aufklärung kommt auch die Idee, dass es ein Zeichen menschlichen Fortschritts sei, sich die Natur anzueignen und sie auszubeuten. Damit wurden nicht zuletzt brutale Machtbestrebungen wie der Kolonialismus und Imperialismus gerechtfertigt. Da die meisten Menschen in den kolonisierten Gebieten nicht *weiß* waren und ihre Lebensgrundlage und die Natur nicht ausbeuteten und zerstörten, sondern im Einklang mit ihr lebten, sahen die *weißen* europäischen Kolonialist*innen sie als minderwertig an und rechtfertigten unter anderem so ihre Unterdrückung.

Klimawandel als Verstärker von Ungerechtigkeit

Die Klimakrise ereignet sich nicht in einem Vakuum. Trifft sie Gesellschaften mit ausbeuterischen und unterdrückenden Strukturen (wie patriarchale, rassistische, kapitalistische und so weiter), sind die ohnehin gesellschaftlich bereits benachteiligten Gruppen noch stärker gefährdet. Ihre Vulnerabilität steigt drastisch. Das zeigt sich etwa, wenn trans und queeren Menschen der Zugang zu Hilfsmaßnahmen nach Katastrophen erschwert wird – eine Leistung, die häufig von religiösen Gruppen und Institutionen erbracht wird, die mitunter queer- und transfeindlich agieren. Es zeigt sich, wenn in Stadtvierteln, in denen mehrheitlich von Rassismus betroffene und Menschen mit niedrigem Einkommen wohnen, weniger Bäume gepflanzt und Grünflächen angelegt werden, was vor allem bei enormer Hitze zu Problemen führt. Oder wenn Wasser knapp wird, worunter besonders menstruierende und stillende Personen leiden.

Aus feministischer Perspektive sind vor allem drei Aspekte der Klimakrise zu diskutieren: die Verstärkung von sozialer Ungerechtigkeit, die unzureichenden politischen Lösungsvorschläge und die zunehmende Gefährdung von internationaler Sicherheit. Im Folgenden werden wir auf diese drei Hauptbereiche gesondert eingehen.

Die Klimakrise betrifft nicht alle gleich

Die Polkappen schmelzen, und der Meeresspiegel steigt in Folge des Klimawandels. Eine der Inseln, die sehr wahrscheinlich untergehen werden, ist Tuvalu, eine kleine Inselnation im Pazifischen Ozean. Der höchste Punkt der Insel liegt aktuell keine fünf Meter über dem Meeresspiegel. Die Kombination aus Meeresspiegelanstieg, Küstenerosion und extremen Wetterereignissen führt dazu, dass Tuvalu vom Untergang bedroht ist. Die rund 11 000 Einwohner*innen haben wahrscheinlich kaum etwas zur Klimakrise beigetragen. Doch sie sind existenziell davon betroffen.

Das ist paradigmatisch für die patriarchalen Strukturen, die auch in der Klimakrise wirken: Ihre Folgen treffen nämlich vor allem Menschen, die die Krise am wenigsten verursacht haben. Ein Blick auf die Zahlen belegt diese Beobachtung. Das reichste Prozent der Weltbevölkerung ist für 16 Prozent der globalen Emissionen verantwortlich – das ist mengenmäßig ungefähr genauso viel, wie die ärmsten 66 Prozent (circa 5 Milliarden Menschen) an Emissionen erzeugen.[5] »Eine kleine Elite scheint einen Freifahrtschein für die Umweltverschmutzung zu haben«,[6] sagt Nafkote Dabi von Oxfam.

Aber damit nicht genug. In Uganda beispielsweise werden Frauen bei Ernteausfällen aufgrund von extremen Wetterereignissen wie Überflutungen oder Dürren nicht entschädigt, da Kompensationen nur den (überwiegend männlichen) Landbesitzern zustehen, auch wenn Frauen die Felder bestellen und dies ihre Lebensgrundlage darstellt.[7] Vor der Klimakrise fliehende Frauen und Kinder sind auf der Flucht einem sehr hohen Risiko ausgesetzt, geschlechtsspezifische Gewalt zu erleben oder Opfer von Menschenhandel zu werden.[8] Auf den Fluchtrouten, bei der Unterbringung in Notunterkünften, Zelten oder Lagern, ist sexualisierte Gewalt eine tragische Realität ihres Lebens, sagte Michelle Bachelet, ehemalige UN-Hochkommissarin für Menschenrechte.[9] Für sie gibt es aktuell keinen besonderen Schutz im Sinne der Genfer Konventionen.[10]

Gesellschaftliche, religiöse oder unterdrückende Geschlechternormen und Traditionen führen dazu, dass vor allem Frauen bei Naturkatastrophen oder in anderen Notsituationen weniger mobil und handlungsfähig sind, zum Beispiel aufgrund einschränkender Kleidungsvorschriften, restriktiver Bildungs- und Bewegungsangebote und daraus resultierend mangelnder Schwimmkenntnisse oder der Last der Verantwortung – denn es sind meist Frauen, die die Care-Arbeit leisten und sich zu Hause um Kinder oder andere Familienangehörige und den Haushalt kümmern. Beim Tsunami in Asien 2004 beispielsweise waren

70 Prozent der mehr als 227 000 Todesopfer Frauen – denn sie waren diejenigen, die zu Hause von den Ereignissen überrascht wurden und versuchten, ihre Familienangehörigen, vor allem Kinder, zu retten.

Zusätzlich werden Katastrophenschutzpläne oft nicht genderresponsiv entwickelt und umgesetzt, das heißt, dass sie die unterschiedlichen Geschlechterdimensionen missachten. So berücksichtigen Katastrophenschutzpläne kaum die Sicherheit vor sexualisierter und häuslicher Gewalt oder die Zusammenarbeit mit Frauenhäusern, obwohl Kinder und Frauen nach Naturkatastrophen wie Überflutungen, Dürren, Buschbränden oder anderen extremen Wetterereignissen verstärkt männlicher Gewalt ausgesetzt sind.[11]

Doch nicht nur unmittelbar in und nach Katastrophen spüren wir die extremen Ungerechtigkeiten, die durch die Klimakrise verschlimmert werden. Auch im Alltag machen sie sich bemerkbar. Schwangere sind besonders von Luftverschmutzung und extremen Wetterbedingungen beeinträchtigt, weil ihr Körper besonders empfindlich auf äußere Einflüsse reagiert.[12] Dies äußert sich zum Beispiel in Früh- und Fehlgeburten oder untergewichtigen Neugeborenen, schlechter Lungenentwicklung, Asthma bei Kleinkindern, Übertragung von Krankheiten durch Insekten (die sich in feuchtem und warmem Klima besonders gut verbreiten) oder Nahrungsunsicherheit.[13] Alles zusammengenommen zeigt: Die Klimakrise verstärkt bereits bestehende Ungerechtigkeiten.

Nicht nur Frauen (allen voran arme, nicht *weiße* Frauen) sind unverhältnismäßig von der Klimakrise und den Repressionen des Patriarchats betroffen. Im Grunde gilt dies für alle (mehrfach) marginalisierten oder diskriminierten Menschen, sei es aufgrund von Rassismus, Klassismus, Ableismus, Cis-Sexismus oder Transfeindlichkeit. All diese Diskriminierungsformen korrelieren auf unterschiedliche Weise mit der Betroffenheit durch die Klimakrise. Menschen mit geringem Einkommen ebenso wie von Rassismus betroffene Menschen sind beispielsweise häufiger Luftverschmutzung ausgesetzt, weil sie eher in luftverschmutzten Gegenden leben (müssen). Das wiederum trägt dazu bei, dass sie eine geringere Lebenserwartung haben.[14] So starb Ella Kissi-Debrah, ein neunjähriges Schwarzes Mädchen, 2013 im Süden Londons nach einer von vielen Asthmaattacken. 2020 war sie weltweit die erste Person, bei der – nach erneuten Untersuchungen auf Drängen ihrer Mutter – Luftverschmutzung als Todesursache angegeben wurde.[15] Ein historisches Urteil, das hoffentlich mehr Aufmerksamkeit auf die Folgen von exzessiver Luftverschmutzung lenkt.

Ein weiteres Beispiel: Menschen mit Behinderung haben nicht dieselben Chancen, Klimakatastrophen zu entfliehen. Unter den 135 Todesopfern der Flutkatastrophe im Ahrtal waren auch zwölf Menschen mit Behinderung. Sie ertranken, weil sie nicht rechtzeitig aus ihrem Wohnheim gerettet wurden.[16,17]

Als Menschen, als Feministinnen, die sich jeden Tag sowohl beruflich als auch privat mit der Diskrepanz zwischen Verantwortung und Betroffenheit auseinandersetzen, sind diese vielen Beispiele für uns nur schwer zu verdauen. Sie führen zu einem ständigen Wechsel zwischen Wut und Unverständnis.

Unzureichende Lösungsansätze

Laut UN-Generalsekretär António Guterres haben wir es bei der Klimakrise mit der »größten Bedrohung der modernen Menschheitsgeschichte« zu tun. Vor allem BIPoC-Aktivist*innen bieten immer wieder ganzheitliche Lösungsansätze an. Doch selten werden diese gehört, noch seltener finanziert. Regelmäßig wird indigenes Wissen diskreditiert. Dabei beinhaltet das in den jeweiligen Gemeinschaften entwickelte, bewahrte und über Generationen weitergegebene Wissen über Natur und Umwelt sowie das Zusammenleben viele wichtige Antworten. Doch indigene Lösungen werden im Unterschied zu beispielsweise universitären Forschungsergebnissen als nicht wissenschaftlich und Bestrebungen für Klimagerechtigkeit von Politik und Wirtschaft als unrealistisch abgestempelt und weder ideell noch finanziell gefördert.

Stattdessen geht ein Großteil der öffentlichen wie auch privaten Klimafinanzierung an große Umweltorganisationen, die sicherlich gute Arbeit leisten, aber nicht unbedingt eine Gerechtigkeitsperspektive verfolgen, oder sie fließt in *Climate Tech,* also Technologien, die CO_2-Emissionen reduzieren oder vermeiden sollen. Die Zahlen zeigen: 2022 wurden mehr als 52 Milliarden US-Dollar in Start-ups für *Climate Tech* investiert, seit 2018 waren es weltweit 260 Milliarden US-Dollar. Das ist pro Jahr mehr Geld, als jährlich für die Klimaanpassung ausgegeben wird, also Maßnahmen, die direkt den Betroffenen zugutekommen, Leben retten und Lebensraum schützen. Und davon geht wiederum nur ein Bruchteil an MAPA, also *Most Affected People and Areas,* zu Deutsch: am stärksten betroffene Menschen und Gebiete.

Diese Verteilung folgt der Logik patriarchaler, kapitalistischer und rassistischer Strukturen. Auch wenn technologische Innovationen zur Bewältigung der Probleme beitragen können, werden sie dieser Welt keine Gerechtigkeit bringen. Start-up-Investor*innen sind vor allem männlich, *weiß* und aus dem Globalen Norden. Sie spekulieren lieber hochriskant auf eine Vervielfachung ihres Geldes, als garantiert Menschenleben zu retten. Die Klimakrise ist eindeutig eine soziale Krise. Sie braucht soziale, gerechte und umfassende Lösungen. Es ist nicht tragbar, dass vor allem reiche *weiße* Männer die Klimakrise verursacht haben – und nun sollen sie die vermeintliche Lösung präsentieren und gleichzeitig wirtschaftlich davon profitieren? Gerechtigkeit sieht anders aus.

Problematisch ist außerdem, dass für »grüne Lösungen« begrenzte und seltene Rohstoffe benötigt werden, deren Abbau in vielen Fällen Kinderarbeit, Umweltzerstörung, unfaire Verteilung der Einnahmen und CO_2-verursachende Herstellungsprozesse bedingt. Das wohl bekannteste Beispiel ist das Elektroauto. Während häufig nur die klimafreundliche Nutzung betrachtet wird, basiert der Bau von Elektroautos auf Ausbeutung und Ungerechtigkeit, wodurch nicht zuletzt koloniale Strukturen gefestigt werden. Für die Herstellung von E-Autos, genauso wie für Handys, Laptops oder Kameras, wird Lithium benötigt, ein begrenzt vorhandenes, schwer ätzendes Leichtmetall. Dessen Abbau zerstört Natur und Umwelt, wie sich an der Salzwüste Salar de Uyuni in Bolivien zeigt. Darüber hinaus geht der Lithiumabbau (aber auch Kobalt) mit Kinderarbeit, fehlender Schutzkleidung, schlechter Bezahlung und Ausbeutung einher.[18]

Grüne Technologien allein sind kein Allheilmittel. Denn auch wenn es der Weltgesellschaft gelänge, bis zum Ende des Jahrhunderts unter 1,5 Grad Erwärmung zu bleiben, wären marginalisierte Bevölkerungsgruppen weiterhin von den bereits spür- und sichtbaren Folgen der Klimakrise am stärksten betroffen.

Sicherheitspolitik funktioniert nicht ohne Klimapolitik

Mit Blick auf die Geschichte und wegen der Dominanz des Patriarchats über alles, was zum Bereich des »Natürlichen« gezählt wurde, ist klar: Wir können international nur dann ein Leben in Frieden und Sicherheit für alle ermöglichen, wenn all diese Unterdrückungsformen und Hierarchien abgeschafft werden. Ein augenöffnender Bericht verdeutlicht die enge Verbindung zwischen Klimakrise und Sicherheitslage: »Environment of

Peace – Security in a new era of risk« des Stockholm International Peace Research Institute (SIPRI).[19]

Der Bericht zeigt die existenziellen Folgen der Klimakrise sehr detailliert: Während die Indikatoren für Unsicherheit weltweit zunehmen (steigende Anzahl an Konflikten und Kriegen sowie an getöteten und flüchtenden Menschen, wachsende weltweite Militärausgaben, erhöhte Gefahr des Einsatzes von Nuklearwaffen), sinken die Indikatoren für die Unversehrtheit der Umwelt (mehr Extremwetterereignisse, steigende Meeresspiegel, massive Wasserknappheit, schrumpfende Populationen von Säugetieren und Insekten, erhöhte Plastikverschmutzung, sterbende Korallenriffe, schwindende Wälder).

Die verantwortlichen Institutionen und Regierungen, resümieren die Autor*innen der Studie, konzentrieren sich zu wenig darauf, Lösungen zu finden, und agieren viel zu langsam. Die sich weltweit verschlechternde Sicherheitslage und die zunehmende Umweltzerstörung bewerten sie als große Gefahr für den Frieden.

In den ökologisch am stärksten bedrohten Ländern ist statistisch gesehen auch der Frieden am meisten gefährdet. So findet jetzt schon die Hälfte der laufenden UN-Friedenseinsätze in Ländern statt, die am stärksten von der Klimakrise betroffen sind.

Die Lage wird dadurch verschärft, dass die reichsten Länder nicht bereit sind, die Finanzmittel aufzubringen, die für die Bekämpfung der Klimakrise erforderlich sind. Unglücklicherweise werden die Gelder, die immerhin für die Anpassung an die Klimakrise bereitgestellt werden, nicht in den dringendsten Bereichen eingesetzt: Die Staaten mit dem größten Bedarf erhalten pro Kopf nur ein Achtzigstel der Klimafinanzierung. Reiche Staaten stecken ihr Geld stattdessen lieber in Rüstung und Militär: Sieben der zehn historisch größten Treibhausgas-Emittenten gehören auch zu den Ländern mit den international höchsten Militärausgaben: Die Vereinigten Staaten liegen hier mit dem mit Abstand höchsten Budget ganz vorn, gefolgt von China, Russland, dem Vereinigten Königreich, Frankreich, Japan und Deutschland.

Wir müssen also dringend unsere Sicht auf die Klimakrise anpassen und um den Aspekt der Friedenswahrung – ein urfeministisches Thema – erweitern: Die Klimakrise ist Teil eines weltweiten Sicherheitsproblems, weshalb Klimaschutz und -gerechtigkeit Teil der Sicherheitslösung sein müssen.

Macht und Sicherheit

Dabei gilt es auch, Sicherheit für Aktivist*innen zu schaffen. Allein im Jahr 2022 wurden 177 Land- und Umweltschützer*innen ermordet. Davon waren mehr als ein Drittel Indigene, obwohl sie nur etwa 5 Prozent der Weltbevölkerung ausmachen. Diese Zahlen verdeutlichen, dass sich überdurchschnittlich viele Indigene für den Umweltschutz einsetzen und ihre Energie, Zeit, Ressourcen und vor allem auch ihr unschätzbares Wissen investieren, um uns alle und diesen Planeten zu schützen. Für dieses Engagement bezahlen sie teils mit dem Leben.

Von 2012 bis 2022 wurden insgesamt 1910 Umweltaktivist*innen ermordet. Kolumbien erwies sich dabei als das tödlichste Land.[20] Diese erschreckend hohe Zahl hängt mit der zunehmenden Militarisierung der Klimakrise und der Kriminalisierung von Aktivist*innen zusammen. Da die Klimakrise vermehrt als Sicherheitsrisiko wahrgenommen wird, geben viele Länder vor, es bräuchte militärische Antworten, und setzen auf steigende Militärausgaben und -kompetenzen.[21] Diese immens ungerechte Verteilung verursacht nicht nur eine lebensbedrohliche Unterfinanzierung im Klimabereich, sondern bewirkt auch eine Aufrüstung des Militärapparates, der zunehmend auch Klimaaktivist*innen und Umweltschützer*innen ins Visier nimmt. Bedenklich ist außerdem, dass das Militär circa 5,5 Prozent der weltweiten Emissionen erzeugt. Wären alle Armeen dieser Welt ein Land, kämen sie bei den globalen Emissionen auf Platz vier, direkt nach Indien.[22]

Indigene und feministische[23] Aktivist*innen sind zudem besonders häufig Opfer genderspezifischer und sexualisierter Hetze und Gewalt. Ein trauriges Beispiel sind die Philippinen. Dort werden immer wieder Aktivist*innen des Terrors beschuldigt und festgenommen.[24] Indigene Aktivist*innen erfahren alltägliche Gewalt und »verschwinden«.

Eine weitere Gefahr besteht darin, dass Klimaleugner*innen an Einfluss gewinnen. Klimaleugner*innen sind, im Gegensatz zu Klimaaktivist*innen, überwiegend männlich und nehmen eher in Regierungen oder großen Konzernen machtvolle Positionen ein. Sie finden nicht nur Gehör in mächtigen Parteien und politischen Kreisen,[25] sondern sind auch bestens finanziert – weit besser als jene, die sich für Klimagerechtigkeit einsetzen. Allein in den USA fließt jährlich eine Milliarde US-Dollar in sogenannte Klimaleugnergruppen.[26] Eine Menge Geld, das an anderer Stelle so viel Gutes bewirken könnte.

Klimapolitik international – die Weltklimakonferenz

Die COP28, die jüngste *Conference of the Parties* oder Weltklimakonferenz, die in Dubai im Dezember 2023 stattfand, hat erneut die überwältigende Macht der fossilen Industrien verdeutlicht. Jahr für Jahr verhandeln Staaten weltweit über Lösungen zur Eindämmung der Erderwärmung. Die etwa zweiwöchige Konferenz strebt ein Abkommen an, das Staaten helfen soll, die Klimakrise zu bewältigen. Doch die Zivilgesellschaft muss um Einfluss und Teilnahme kämpfen, wie sich an fehlenden Akkreditierungsmöglichkeiten, Ausschlüssen aus Verhandlungen oder der Furcht vor Verfolgung und Unterdrückung im Heimat- und/oder Gastgeberland zeigt. Umgekehrt nahmen laut der

Kick-Big-Polluters-Out-Kampagne sage und schreibe 2465 Lobbyist*innen der fossilen Industrien an der COP28 teil. Kämen diese Lobbyist*innen alle aus einem Land, hätten sie die drittgrößte Delegation gestellt.

Die Zivilgesellschaft, darunter viele Feminist*innen, hat hingegen kaum Zugang zu den Verhandlungstischen. Kritische, indigene und feministische Perspektiven sowie Perspektiven aus dem Globalen Süden werden wenig bis gar nicht gehört oder sogar aktiv unterdrückt. Doch das ist nicht alles. Patriarchale, rassistische und klassistische Strukturen erschweren vielen zivilgesellschaftlichen Vertreter*innen die Teilnahme und Arbeit bei der COP. Die Barrieren reichen von massiven Schwierigkeiten bei der Visavergabe über teure Verpflegung und Unterkünfte bis hin zu fehlender Übersetzung und nicht vorhandenen geschlechtsneutralen Toiletten. Zur Realität gehört auch, dass Menschen kurzfristig aus Verhandlungen ausgeschlossen werden, dass Regierungsvertreter*innen zu Treffen mit zivilgesellschaftlichen Gesprächspartner*innen einfach nicht erscheinen oder der Diplomatenjargon der UN unnötige Hürden aufbaut.

Es ist eine eigene Welt, in der es ausschlaggebend ist, ob einem die Regeln, die richtigen Begriffe und die richtigen Personen bekannt sind. Berichte über sexuelle Übergriffe, sogar von offiziellen Verhandler*innen, sind keine Ausnahme. Antifeministische und patriarchale Muster prägen auch die Dokumente und Beschlüsse, zum Beispiel durch die Blockade genderinklusiver Sprache. Wenig überraschend und dennoch zutiefst enttäuschend gibt es kaum Bezüge zu sexuellen und reproduktiven Rechten[27] in den Verhandlungstexten. Der 2019 in Madrid beschlossene Gender Action Plan (GAP)[28] wird aktiv blockiert und seine Umsetzung verhindert. Gender wird als beiläufiges, nicht ernst zu nehmendes Thema behandelt, konkrete Maßnahmen zum Schutz indigener und ländlicher Frauen oder auch Genderinklusivität werden torpediert, bei der COP28 vor allem durch Russland und seine Verbündeten.

Für viele Aktivist*innen ist die alljährliche COP ein Ausnahmezustand. Sheena kann darüber aus ihrer Perspektive als Schwarze deutsche Aktivistin berichten. Auf der Tagesordnung stehen akuter Schlafmangel, stundenlanger Verzicht auf Essen, weil Verpflegung ausverkauft, zu teuer oder zu weit weg ist, zweistündige Anreisen zum Gelände und nochmalig einstündiges Anstehen vor dem Einlass, Warten bis spät in die Nacht vor den Verhandlungsräumen, um im Tausch gegen Snacks, die selbst mühsam ergattert wurden, vielleicht ein paar Details aus Verhandler*innen herauszukitzeln. Dazu gehören auch nächtliches Lesen der neuen Dokumente, um auf dem aktuellen Stand zu sein, Protest- und Solidaritätsaktionen planen, den Verhandlungen folgen, selbst auf Podien sprechen und die Perspektiven der Zivilgesellschaft einbringen.

Das wirkt wie der Versuch, alle Beteiligten dermaßen auszubrennen, dass sie gar nicht mehr in der Lage sind, gute Entscheidungen zu treffen oder schlaue Einwände vorzubringen. Wir Aktivist*innen werden in eine so missliche Lage gebracht, dass wir eigentlich nur versagen können. Doch neben all dem Chaos und der immensen Belastung gibt es auch viel Zusammenhalt zivilgesellschaftlicher, vor allem feministischer Akteur*innen, große gegenseitige Unterstützung und Fürsorge.

All dies – das Konzept der Konferenz, ihre Zusammensetzung, ihre Austragungsorte und die Barrieren für die Zivilgesellschaft – ist Ausdruck von patriarchaler, rassistischer, imperialistischer und vor allem kapitalistischer Macht. Wie können wir bei einer solchen Konferenz über eine bessere Zukunft, Klimagerechtigkeit und das Ende fossiler Energien verhandeln, wenn die Gegner*innen stets am längeren Hebel sitzen? Wir brauchen alternative, partizipative, feministische Formate, die es ermöglichen, Differenzen anzuerkennen und wertzuschätzen, indigenes Wissen und die Verknüpfung von Aktivismus zu berücksichtigen und Menschen zusammenzubringen, abseits von Konkurrenzkampf und Streit um Ressourcen. Gerade feministische Ideen und Konzepte wie die Wichtigkeit von Care,[29] die Berücksichtigung miteinander verschränkter Diskriminierungen (Intersektionalität), Solidarität und Zusammenarbeit können hier dringend benötigte Visionen und Ansätze für Transformation bieten.

Eine Frage von Klimagerechtigkeit

Aus feministischer Perspektive ist für uns klar: Der Kampf gegen die Klimakrise und gegen die Zerstörung unserer Lebensgrundlage muss so geführt werden, dass Ungerechtigkeiten beseitigt werden. Der Begriff »Klimagerechtigkeit« verlangt genau das. Klimagerechtigkeit bedeutet, die Klimakatastrophe als komplexes Problem sozialer Ungerechtigkeit zu verstehen und die am stärksten betroffenen Menschen und Weltregionen ins Zentrum der politischen Entscheidungen zu stellen. Um das zu erreichen, müssen Ansätze gefunden werden, die diese Ungerechtigkeiten und die sie bedingenden Strukturen beseitigen.

Folglich kann eine Politik, die sich lediglich auf nachhaltige Energiegewinnung und Emissionsreduktion beschränkt, nicht genügen. Für die Rettung der Erde muss ganzheitlich gedacht werden. Klimagerechtigkeit kann es nicht in einem ausbeuterischen Wirtschaftssystem mit nicht nachhaltigen Produktionsweisen geben, genauso wenig unter einem rassistischen und patriarchalen Gesellschaftssystem mit unterdrückenden Strukturen. Als Grundlage braucht es eine intersektionale Analyse der Klimakrise und ihrer Folgen.

Die Lösung: Feministische Politik auf allen Ebenen

Man kann Probleme nicht mit derselben Denkweise lösen, durch die sie entstanden sind. So etwa soll das Albert Einstein gesagt haben – und es ist ein Verständnis, das Feminist*innen seit rund 200 Jahren verinnerlicht haben. Patriarchale Probleme brauchen feministische Lösungen. Wir sind überzeugt, dass eine intersektionale Analyse der Klimakrise und ihrer Folgen zu ganzheitlichen, nachhaltigen und vor allem gerechten Lösungen führen wird. Dies gelingt aber nur, wenn wir es endlich wagen, feministische Politik auf allen Ebenen umzusetzen.

Wie feministische Klimapolitik auf internationaler, nationaler und aktivistischer Ebene aussehen kann, dazu haben wir ein paar Ideen. Wir reihen uns ein in die vielen Vorgänger*innen und Mitstreiter*innen, von denen wir lernen durften und dürfen und die jeden Tag so viel geben, um eine (klima-)gerechte Welt für uns alle zu erreichen.

Auf internationaler Ebene bedarf es einer ambitionierten feministischen Klimaaußenpolitik. Diese muss allen voran auch Themen wie Klimareparationen und Schuldenerlass priorisieren (bekannt in der Bewegung als *Debt Cancellation,* Debt for Climate leistet in diesem Bereich beispielsweise hervorragende Arbeit). Dies ist keine Wohltätigkeit, sondern Wiedergutmachung für historische Emissionen, koloniale und patriarchale Ausbeutung sowie kapitalistischen Profit, der auf dem Rücken der globalen Mehrheit gewonnen wurde. Staaten, die bereits eine feministische Außenpolitik verfolgen,[30] sollten hier mit gutem Beispiel vorangehen. Eine weitere Priorität muss endlich das Thema Klimamigration sein: Es muss anerkannt werden, dass Menschen aufgrund klimatischer und umweltbedingter Veränderungen ihre Heimat verlassen wollen oder regelrecht dazu gezwungen sind. Dieser Fakt muss im internationalen Recht und in der Genfer Flüchtlingskonvention verankert werden. Langfristig sollten das internationale Recht und internationale Institutionen auch gendergerecht re- und transformiert werden. Es muss ein ehrlicher und konstruktiver Austausch mit Aktivist*innen stattfinden, die gegen den Ökozid kämpfen als eine durch menschliches Handeln erwirkte Schädigung und Zerstörung von Ökosystemen.[31]

All diese und viele weitere Bereiche in der Klimaaußenpolitik erfordern vor allem ein ernst gemeintes und ambitioniertes Handeln von Regierungen. Es braucht Rechenschaftspflicht, gerechte Ressourcenverteilung, und es müssen Räume für Austausch, Diskussion und Zusammenarbeit geschaffen werden. Es braucht Einrichtungen, um im In- und Ausland Regierungen und Vertreter*innen der Privatwirtschaft zur Verantwortung zu ziehen. Es braucht bürokratiearme, langfristige und leicht zugängliche Finanztöpfe für feministische Klimaaktivist*innen und Umweltverteidiger*innen. Daneben müssen Monitoring-Mechanismen[32] zur Überprüfung der staatlichen Klimaleistungen eingeführt und flächendeckende Unterstützung angeboten werden bei Visaanträgen, für den Schutz von Aktivist*innen oder beim Zugang zu Verhandlungsräumen. Letzteres sollte zudem ausgeweitet werden, indem auch abseits von Verhandlungen wie bei der COP Anlässe geschaffen werden, bei denen Klimaaktivist*innen und Umweltschützer*innen zusammenkommen, ihr Wissen teilen und bereits vorliegende Lösungen vorantreiben können.

Auf nationaler Ebene ist mehr Handlungswillen nötig, dazu mutige Entscheidungen und die Einbindung aller gesellschaftlicher Gruppen. Erreicht werden sollte dies durch ein intersektionales, inklusives und gerechtes Klimaschutzgesetz, das die Belange aller Menschen in Deutschland miteinbezieht und die am stärksten Marginalisierten in den Vordergrund stellt. Außerdem muss es der Zivilgesellschaft möglich sein, die Regierung zur Rechenschaft zu ziehen, wenn sie Vereinbarungen bricht. Dringend braucht es außerdem Gelder für eine feministische Datenerhebung, um die große Lücke an gendersensibler Klimaforschung in Deutschland zu schließen. Finanziert werden sollte diese Forschung durch ein eigenes Klimaministerium, das abseits wirtschaftlicher Interessen agiert und die Interessen der Menschen in Deutschland vertritt. Hier ist eine enge Zusammenarbeit mit marginalisierten Gruppen wie Geflüchteten, queeren Menschen, von Rassismus betroffenen Personen, behinderten Menschen und Frauen ausschlaggebend, um eine erneute und/oder weitere Marginalisierung zu verhindern. Ein unabhängiges zivilgesellschaftliches Gremium sollte die Arbeit des Ministeriums zur Wahrung des öffentlichen Interesses begleiten und beraten.

Im Gegensatz zu den ersten beiden Bereichen passiert auf Aktivismus- und Community-Ebene bereits einiges, das in die richtige Richtung geht. Es sind vor allem indigene, junge und feministische Aktivist*innen, die den Kampf für Klimagerechtigkeit anführen. Um Spaltungen entgegenzuwirken und patriarchale Strukturen, auch innerhalb der Klimabewegung, aufzubrechen, muss allen voran ein feministisches Kernprinzip umgesetzt werden: Care. Konzerne, Regierungen und reiche Menschen nutzen gezielt patriarchale und kapitalistische Strukturen, um Aktivist*innen das Leben und Bewegungen die Arbeit schwer zu machen. Um dem entgegenzuwirken, sollten wir uns für unsere Mitstreiter*innen interessieren, ihre Ängste und Sorgen ernst nehmen, uns umeinander kümmern, Wissen anderer anerkennen und wertschätzen, aufeinander Acht geben und vor allem auch jenseits des politischen Engagements *Feminist Joy* leben. Wir sollten sensibel sein, für unsere Versammlungsorte (fühlen sich dort alle sicher und willkommen?), unsere Sprache, unsere Formen des Aktivismus.[33]

Wie das gehen soll? Schwarze Feminist*innen zeigen den Weg: Intersektionalität ist das Schlüsselelement. Es ist essenziell, dass der Einsatz für Klimagerechtigkeit nicht dazu führt, andere Unterdrückungsformen (wie etwa Rassismus, Sexismus, Klassismus) auszublenden. Im Gegenteil, die Kämpfe dagegen müssen intersektional miteinander verflochten und das Wissen, die Bedürfnisse und die Wünsche marginalisierter Menschen müssen priorisiert werden. Dabei geht es in letzter Konsequenz darum, sowohl die Menschen als auch den Planeten zu schützen.[34]

Es gibt sie zur Genüge, die vielen transformativen Ideen derjenigen, die nicht nur besonders von der Klimakrise betroffen sind, sondern die gleichzeitig eine große Expertise für Lösungsansätze mitbringen. Sie müssen nur gehört werden! Was für eine Zukunft möglich wäre, wenn die Zivilgesellschaft ungestört ihre Arbeit verrichten könnte und die oben genannten Forderungen umgesetzt würden. Trotz aller Rückschläge, der niederschmetternden Ratlosigkeit und quälenden Langsamkeit werden Aktivist*innen und *Frontline Defenders* nicht aufgeben, sich für intersektionale Klimagerechtigkeit, Demilitarisierung, Klimafinanzierung und genderinklusive Transformation einzusetzen. Aufgeben ist schlichtweg keine Lösung. Das Patriarchat schläft nicht. Wir und unser Kampf dagegen aber auch nicht.

unlearn energie

Andreas Schmitz

Moin, Leute,

einige von euch kennen mich vermutlich von meinem YouTube-Kanal »Akkudoktor«, der mittlerweile über 320 000 Follower*innen hat und sich mit Wissenschaftskommunikation sowie der Do-it-yourself-Energiewende beschäftigt. Er zählt wahrscheinlich zu den größten deutschen Kanälen in diesem Bereich, allein mein bisher anscheinend spannendstes Video wurde rund 2,5 Millionen Mal angeschaut.

Vor der Eröffnung des Kanals hatte ich gar nichts mit erneuerbaren Energien, Klimaschutz oder der Energiewende zu tun. Ich würde sogar sagen, dass ich diesen Themen eher skeptisch gegenüberstand. Warum?

Teils aus Unwissenheit, aber auch aus einer gewissen Resignation und dem erdrückenden Gefühl heraus, nichts tun oder bewirken zu können. Obwohl ich als promovierter Ingenieur wissenschaftlich ausgebildet bin, war mein Standpunkt, dass die dezentrale Stromversorgung unsinnig sei und man lieber die Kernfusion vorwärtsbringen solle. Wenn ich ehrlich bin: Ich hatte keine Ahnung von diesen Themen.

Mit meiner Geschichte möchte ich euch zeigen, wie meine Familie und ich ganz konkret »Energie unlearnen« konnten. Dazu gehört, auf welche Schwierigkeiten wir dabei gestoßen sind, wie wir am Ende jedoch unabhängiger von Energiekosten wurden und wie sich gleichzeitig unser CO_2-Fußabdruck dadurch verringert hat.

An meinem Beispiel zeigt sich auch, wie befreiend es sich anfühlen kann, Energie-Unabhängigkeit zu erleben. Aber auch, wie sich mein eigenes Denken mit der Zeit gewandelt hat und ich durch Wissenschaft, Experimentieren und eine tolle Community in wenigen Jahren sehr viel gelernt und mich dadurch verändert und weiterentwickelt habe. Ich habe erfahren, wie viel man als einzelner Mensch am Ende doch erreichen kann, wenn man es einfach versucht.

Alles fing an mit fünf Watt

Ohne meinen besten Freund wäre ich nie enger mit dem Thema in Berührung gekommen. Er interessierte sich sehr für Fotovoltaik. Also beschloss ich, ihm zum Geburtstag ein kleines 30-Watt-USB-Solarmodul zu schenken. Meine Neugierde darauf war so groß, dass ich zumindest herausfinden wollte: Reicht dieses kleine Ding wirklich, um ein Handy zu laden?

Ich hielt das Mini-Solarmodul ans Fenster und war erstaunt, dass es trotz relativ wenig Sonnenschein mein Handy laden konnte. Für einen technikbegeisterten Nerd, der das zuvor als »Unsinn« abgetan hatte, eröffneten sich plötzlich ganz neue Welten. Es klingt vielleicht absurd, aber die Tatsache, dass dieses kleine Ding problemlos fünf Watt (die Leistung eines alten USB-Ladegeräts) lieferte, war für mich unglaublich. Ich holte unsere Stromrechnung hervor und dachte mir: »Challenge accepted.«

Ein paar Wochen später hingen dann drei 150-Watt-Solarmodule an unserem Balkon, mit der Erlaubnis unserer Vermieterin. Relativ schnell stellte sich heraus, dass wir einen Großteil der so erzeugten Energie nicht selbst nutzen konnten, also war klar: Ein Akku musste her.

Ich schloss zwei Autobatterien an das System an und konnte im Sommer schon erstaunlich viele Geräte in unserer Wohnung damit versorgen. Sogar wenn es bereits dunkel war: die Beleuchtung, die Wärmelampe für unser erstes Kind und sogar der Kühlschrank liefen damit. Es war ein tolles Gefühl, seinen Strom selbst zu erzeugen. Aber das beste Event war: Stromausfall!

Denn das Ganze funktionierte im Sommer so gut, dass wir den Stromausfall überhaupt nicht bemerkten. Unsere Nachbarn kamen etwas irritiert zu uns und fragten, warum wir noch Licht hätten und sie nicht. Superstolz stellte ich ihnen unser Minisystem vor. Es sah zwar nicht sehr schön aus, aber mir schien, als seien sie beeindruckt. Im Nachhinein denke ich, dass wir die beiden sogar etwas »influenced« haben, denn jetzt haben sie ein Haus mit Fotovoltaikanlage. Das Gefühl, als einziger Haushalt noch Strom zu haben und einfach ein Stück weit unabhängig zu sein, ist schon phänomenal.

Meine nächstes Do-it-yourself-Projekt hatte mit E-Bikes zu tun, also eigentlich mit ihren Akkus. Wieder war es mein bester Freund, der mich dazu inspirierte. Er erzählte mir, er habe in einem Video gesehen, wie ein paar Leute in Australien Lithium-Akkus aus alten E-Bike-Akkus recycelten und sich daraus große Fotovoltaikspeicher gebaut hätten. »Die sind irre, die fackeln sich das Haus ab«, war meine Antwort. Jetzt ratet mal, wer sich gut vier bis fünf Monate später zu Hause einen recycelten Lithium-Akku selbst gebaut hat.

Schaut man ins Innere eines E-Bike-Lithium-Akkus, besteht dieser aus 30 bis 60 Lithium-Zellen, also kleineren Akkus. Diese Zellen sehen so ähnlich aus wie die handelsüblichen zylinderförmigen AA-Batterien. Allerdings sind die Lithium-Batterien in der Regel etwas größer und haben deutlich mehr Speichervermögen.

Neben den eigentlichen Zellen gibt es dann noch ein sogenanntes BMS – ein Batterie-Management-System. Es dient dazu, die Zellen, den Ladevorgang und die Temperatur zu überwachen. Stimmt etwas nicht oder fällt das BMS aus, wird der ganze Akku abgeschaltet.

Jetzt kommt der springende Punkt: Im Extremfall kann es passieren, dass selbst beim Ausfall nur EINER Zelle das BMS den ganzen Akku abschaltet. Wenn ihr einen solchen Akku nutzt, denkt ihr: Der ist Schrott, ich brauche einen neuen! Der Ärger ist groß, dabei würde es in den meisten Fällen genügen, eine einzige Zelle auszutauschen. Mit etwas Erfahrung ist das eine Arbeit von dreißig Minuten.

Es gibt tatsächlich ganz viele »defekte« E-Bike-Akkus, die eigentlich noch aus sehr vielen gut funktionierenden Zellen bestehen. Den Umstand habe ich mir zunutze gemacht und mir jede Menge ausrangierte E-Bike-Akkus gekauft. Die habe ich dann geöffnet, die Zellen entnommen, getestet und die Messergebnisse in einer Datenbank gespeichert. Aus all diesen Einzelzellen habe ich mir einen 11 Kilowattstunden großen Heimspeicher für meine Fotovoltaikanlage auf dem Balkon gebaut. Mit dieser Energiemenge lässt sich ein normaler Haushalt ein bis zwei Tage versorgen. Zum damaligen Zeitpunkt schlug ein Speicher dieser Größe mit 5000 bis 10 000 Euro Anschaffungskosten zu Buche. Im Gegensatz dazu war meine Variante praktisch kostenlos. Ich habe nämlich einen Großteil der von mir getesteten Zellen weiterverkauft, da sie nicht in mein System passten. Ein großer Nachteil war, dass ich jede einzelne der 2000 Zellen testen und die passenden danach in mühsamer, teils schmerzhafter Handarbeit an den Akku löten musste. Dafür braucht man nicht nur viel Zeit, sondern muss vermutlich auch einen »leichten Dachschaden« oder ausgeprägte Daniel-Düsentrieb-Anteile haben.

Bei meiner »Zell-Ernte« stellte sich heraus, dass fast 90 Prozent noch völlig in Ordnung waren. Die hätten sogar die Bezeichnung »neuwertig« verdient. Ich konnte damals kaum glauben, dass diese intakten Zellen normalerweise in die lokale Recycling-Sammelstelle gehen. Sinnvoller wäre es, die Zellen so lange wie möglich zu nutzen und erst dann zu recyclen oder zu verschrotten. Eine unfassbare Ressourcenverschwendung!

Vielleicht stellt ihr euch jetzt die Frage, warum man die »Zell-Ernte« nicht im großen Stil macht. Die bittere Wahrheit ist, dass es einfach nicht wirtschaftlich ist.

Zu dieser Zeit machte ich mein erstes YouTube-Video, das meine Frau wie folgt kommentierte: »Ich kann mir kaum vorstellen, dass dir jemand zehn Minuten zusehen will, wie du 2000 Zellen zusammenlötest.« Mein innerlicher Impuls war: »Ich würde es mir ansehen.«

Die Resonanz auf meine ersten Videos war sehr unterschiedlich, von »Du bist genial, das mache ich vielleicht auch« bis hin zu »Du bist irre und wirst dich umbringen« und natürlich der deutscheste Kommentar überhaupt: »Was sagt denn deine Versicherung dazu?«

Es bildete sich eine kleine Nerd-Community, die sich mit dem Testen, dem Aufbau und allen Aspekten des günstigen Selbstbaus von Fotovoltaikanlagen und deren Akkus beschäftigte – alles unglaublich konstruktive Menschen mit großartigen Ideen. Mit einigen dieser Menschen habe ich tolle Projekte umgesetzt. Darunter: ein kostenloser Fotovoltaik-Onlinerechner, der sich großer Beliebtheit erfreut, und mit dem man Fotovoltaikerträge und die optimale Akkugröße herausfindet. Ein weiteres spannendes Projekt habe ich zusammen mit vier anderen Wissenschaftlern entwickelt, eine KI namens LiLi. Diese Software hilft, das Testverfahren für gebrauchte Lithium-Zellen erheblich zu beschleunigen. Auch sie ist als Online-Anwendung kostenfrei für jeden nutzbar.

Umzug ins Haus – Energiesorgen ade

Als wir unser zweites Kind erwarteten, wurde die alte Wohnung zu eng. Uns zog es aufs Land, wo wir nach langer Suche fündig wurden und ein Haus kauften. Jetzt stellt euch vor, wie viel ich schon in unserer kleinen Wohnung getüftelt habe – und plötzlich stand mir richtig Platz und sogar eine eigene Dachfläche zur Verfügung. Das Paradies!

In diesem Haus gab es eine alte Ölheizung, es war natürlich keine Fotovoltaikanlage vorhanden, und auch die Dämmung war nicht besonders gut. Die Vorbesitzer zeigten uns die Energiekosten, und ich dachte mir sofort: Die bekommst du mindestens halbiert! Ich bestellte rund zwanzig Fotovoltaikmodule, installierte sie auf dem Dach unseres Carports und bestellte einen Wechselrichter. Ein Wechselrichter wandelt den Gleichstrom der Fotovoltaikmodule in Wechselstrom um. Wechselstrom ist letztlich das, was aus der Steckdose kommt und was die meisten Geräte nutzen und vertragen.

Durch YouTube lernte ich zwei mittlerweile gute Freunde kennen, die ebenfalls begeisterte Do-it-yourself-Energiewendler sind. Einer der beiden ist Elektromeister und konnte mir beim Anschluss der Fotovoltaikanlage und auch bei der Anmeldung helfen. Die Kosten für all das betrugen unter 4 000 Euro, und den Akku hatte ich ja schon. Aktuell würde eine Anlage in dieser Größenordnung um die 15 000 Euro kosten. Unser Stromverbrauch aus dem Netz verringerte sich extrem, aber mich störte noch unsere Heizung. Die war nämlich schon zwanzig Jahre alt, das Lebensende lag in Sichtweite. Außerdem wollte ich unseren kostenlosen Fotovoltaikstrom natürlich zum Heizen verwenden und damit unsere Betriebskosten senken.

Doch auch der Wunsch, unsere Emissionen zu senken, ohne unsere Familie dadurch finanziell zu überlasten, spielte eine Rolle. Also informierte ich mich, was eine Wärmepumpe für unser Haus kosten würde, und bekam Angebote von 30 000 Euro – und das ohne den vorgeschlagenen Einbau einer Fußbodenheizung. Bei der Summe war das keine Option für uns, zumal unsere Ölheizung ja noch lief.

In diesem Moment wurde mir zum ersten Mal klar, wie unfassbar schwierig es ist, Klimaschutz und Wirtschaftlichkeit unter einen Hut zu bekommen. Wenn ich ehrlich bin, war ich sogar schockiert, da ich ja mit meinem Brotjob als Wissenschaftler nicht unbedingt am Hungertuch nage. Ich war frustriert. Es musste doch eine Möglichkeit geben, klimafreundlich und gleichzeitig günstig zu heizen. Der Gedanke führte mich zu meinem nächsten Do-it-yourself-Erfolg.

Im Herbst hatte ich zufällig eine Idee, die mit der Klimaanlage in unserem Schlafzimmer zu tun hat. Die brauchen wir, weil das Zimmer unterm Dach ist und wir als starke Allergiker nicht mit offenem Fenster schlafen können. Als die Temperaturen drastisch sanken, langweilte sich besagte Klimaanlage, während unser Fotovoltaik-Akku noch ziemlich voll war. Sogar so voll, dass der erzeugte Strom ins öffentliche Netz eingespeist wurde. Das ist grundsätzlich nicht schlimm, da wir dafür mit circa sieben Cent pro Kilowattstunde vergütet werden. Finanziell gesehen ist es jedoch wesentlich sinnvoller, seinen erzeugten Strom selbst zu verbrauchen. Denn so spart man etwa 30 Cent pro Kilowattstunde, also genau das, was der Strom sonst kosten würde.

Deswegen wollte ich gerne unseren Eigenverbrauch erhöhen und schaute mir die Heizfunktion der Klimaanlage an. Die war erstaunlich effizient, wie ich schnell herausfand. Denn eine Klimaanlage ist letztlich auch nur eine Wärmepumpe: Sie transportiert Wärme von außen nach innen und kann damit mehr Wärmeenergie ins Haus bringen, als Energie in Form von Strom eingesetzt wurde. Einfach gesprochen sind damit Effizienzen von mehr als 100 Prozent möglich.

Ich baute einen kleinen Mikroprozessor an die Klimaanlage, um die Energie zu messen, und war mehr als überrascht. Im Vergleich zu unserer Ölheizung verbrauchte die Klimaanlage nicht nur erheblich weniger Energie, sondern sparte damit auch Geld und (je nach Strommix natürlich) auch Emissionen. Hinzu kam: Da ich die Klimaanlage zu dieser Zeit mit Strom aus unserer Fotovoltaikanlage betreiben konnte, stellte sich die Frage nach der finanziellen Bilanz nicht.

In den nächsten Monaten baute ich noch weitere Klimaanlagen ein, unsere Ölheizung wurde zunehmend arbeitslos. Das ist vielleicht einer der schönsten Effekte: Man kann nach und nach umsteigen, in einem Tempo, das man sich finanziell erlauben kann. Zugegeben, ich hatte hier etwas Hilfe von einem befreundeten Kältetechniker und konnte so meine Installationskosten sehr gering halten. Der gesamte Umbau – also Fotovoltaik, Warmwasser, Klimaanlagen – hat mich ungefähr 21 000 Euro gekostet. Im Vergleich dazu wären wir sonst beim Zwei- bis Dreifachen gelandet. Ehrlicherweise ist diese Zahl ohne meine zahlreichen Fehlschläge kalkuliert, die ich aber offen und transparent zeige, damit andere sie nicht wiederholen.

Unsere jährlichen Energiekosten für Strom und Heizung sind jährlich von grob 4200 Euro auf 1300 Euro gesunken. Über das Jahr gesehen erzeugen wir mittlerweile mehr Energie, als wir verbrauchen. Von Mitte November bis Mitte Februar sind wir noch auf die öffentliche Energieversorgung angewiesen, aber von April bis September benötigen wir fast keinen externen Strom mehr. Insgesamt versorgen wir uns zu circa 60 Prozent komplett selbst mit Energie, und zwar fürs Heizen wie auch für den Haushaltsstrom.

Mein spezielles System hat natürlich nicht nur Vorteile und ist auch nicht für jedes Haus geeignet, also bitte nicht blind nachbauen. Dennoch zeigt es vielleicht an meinem persönlichen Beispiel, dass Energiewende funktionieren kann und dass es für echte Freiheit und Unabhängigkeit sorgt.

Kraftwerke auf dem Balkon

Es gab zwei bedeutende weltpolitische Ereignisse auf meiner Reise: Als im Februar 2022 Russland die Ukraine angriff, stiegen die Energiepreise stark an, viele Freund*innen und Bekannte hatten Angst um ihre finanzielle Existenz. Dank unserer Selbstversorgung im eigenen Haus mussten wir uns diese Sorgen glücklicherweise nicht machen. In dieser schwierigen Zeit fragten mich immer mehr Menschen: Was kann ich denn in meiner Mietwohnung tun?

Ich konnte schlecht antworten: Hey, löte doch einfach 2000 Lithium-Zellen zusammen und bau dir eine eigene Fotovoltaikanlage.

Mein Tipp für diese Leute war, über eine Balkonsolaranlage nachzudenken. Ein Balkonkraftwerk besteht meist aus ein bis zwei Fotovoltaikmodulen, die sich am Balkon anbringen lassen. Die Module werden an einen Mikrowechselrichter angeschlossen und dann in eine Steckdose eingestöpselt. Dieser Wechselrichter sorgt dafür, dass die Gleichspannung der Solarmodule (so um die 30 bis 40 Volt) in die haushaltstypische 230-Volt-Wechselspannung umgewandelt wird. Eine Balkonsolaranlage kann durchaus 10 bis 20 Prozent deiner Energiekosten senken und amortisiert sich üblicherweise innerhalb von vier bis sechs Jahren.

Viele Leute, denen ich davon erzählte, waren von dieser Idee begeistert. Zumindest bis zu dem Moment, an dem sie eine Anlage anmelden wollten oder mit ihren Vermieter*innen gesprochen hatten. In vielen Fällen gingen dann die Mundwinkel runter.

Die Anmeldung einer solchen Anlage erfolgte bisher bei der Bundesnetzagentur und zusätzlich beim jeweiligen Netzbetreiber. Oft verweigerten die Netzbetreiber die Zulassung, weil die Stromzähler im Haus zu alt seien und noch ausgetauscht werden müssten. Das Paradoxe daran ist, dass die Netzbetreiber dafür verantwortlich sind. Die Balkonkraftwerksbetreiber*innen haben also gar keine Möglichkeit, an diesem Umstand etwas zu ändern. Vielen war das alles zu kompliziert oder sie waren mit den Fragen überfordert.

Und die Vermieter*innen oder Wohneigentümergemeinschaften konnten zum damaligen Zeitpunkt den Betrieb einfach untersagen, was sie leider sehr häufig taten. Oft geschah das aus Unwissenheit über Haftungsfragen und auch aus Angst vor Schäden oder Bränden. Viele Vermieter*innen fühlten sich hier offensichtlich völlig überfordert und blockierten dann vorsichtshalber.

Das Resultat: Circa 50 bis 74 Prozent[1] der Menschen mit einer solchen Anlage betreiben diese, ohne sie anzumelden.

Die Petition

Und dann stolperte ich über ein Positionspapier des VDE (Verband der Elektrotechnik Elektronik Informationstechnik), in dem konkrete Vorschläge für Gesetzesänderungen gemacht wurden. Ich sah eine Chance, politisch etwas zu bewegen. Mit damals über 100 000 Abonnent*innen im Rücken startete ich eine Petition, unterstützt von einer engagierten Gemeinschaft namens AG Balkonkraftwerk. Ziel der Petition war es, die Anmeldung zu entbürokratisieren und für Mieter*innen ein Recht auf Balkonkraftwerke zu fordern.

Obwohl der Weg steinig war und unsere Petition zunächst mit einer thematisch weit entfernten verschmolzen werden sollte – ein Vorhaben, gegen das wir mit der Unterstützung einiger engagierter Bundestagsabgeordneter erfolgreich intervenierten –, gelang es uns, weitreichende Aufmerksamkeit zu erzeugen. Wir sammelten 102 000 Unterschriften, womit unsere Initiative zu den Top 10 der erfolgreichsten Petitionen im Deutschen Bundestag zählte.

Jetzt mussten wir nach Berlin fahren und vor einem Petitionsausschuss, bestehend aus Regierungsvertreter*innen und Abgeordneten jeder Partei des Bundestages, eine Rede halten und die Fragen des Ausschusses beantworten. Ich sag's jetzt einfach mal so, wie es war: Mir ging der Arsch auf Grundeis.

In Berlin angekommen, sprachen mich plötzlich wildfremde Leute auf der Straße an und wünschten mir Glück für morgen. Alles, was bisher fast zu 100 Prozent virtuell war, wurde immer mehr in die Realität geholt.

Wir durften zu zweit auftreten, und nach kurzer Besprechung innerhalb der AG Balkonkraftwerk haben wir demokratisch entschieden, dass Christian Ofenheusle und ich das gemeinsam machen werden. Christian kennt sich mit der Rechtsprechung und auch den Normen sehr gut aus, sodass die Wahl nicht schwerfiel.

Der Morgen der Anhörung brach an, und ich wurde immer gespannter und aufgeregter. Im Saal angekommen, fiel mir sofort die ernste Atmosphäre auf – eine Mischung aus Respekt vor den 102 000 Menschen, die unterschrieben hatten, und dem Gewicht der Aufgabe, die vor uns lag. Die Mitglieder des Petitionsausschusses und Abgeordnete warteten bereits. Christian und ich begrüßten sie höflich und stellten uns vor. Dann begann ich mit meiner Rede.

Ich hatte alles sorgfältig vorbereitet, doch in diesem Moment fühlte sich jedes Wort, das ich aussprach, bedeutungsschwer an. Vielleicht fasst es der folgende Satz aus der Rede am besten zusammen: »Sie werden keine bessere Möglichkeit finden, die Menschen von erneuerbaren Energien zu überzeugen.« Denn auch wenn die Erträge überschaubar sein mögen, ist es ein einfacher, unkomplizierter und vor allem günstiger Einstieg, um erneuerbare Energien auszuprobieren und selbst zu erleben, was energetische Unabhängigkeit bedeutet.

Nach meiner Rede folgte eine Fragerunde. Einige Fragen waren erwartungsgemäß kritisch, andere überraschend unterstützend. Es gab Bedenken bezüglich der Sicherheit und der technischen Umsetzbarkeit, aber auch Interesse an den vorgeschlagenen Vereinfachungen und der möglichen positiven Auswirkung auf die Energiewende. Christian und ich wechselten uns mit den Antworten ab, gestützt durch das Wissen und die Erfahrungen, die wir auf unserem Weg gesammelt hatten.

Als die Sitzung endete, war das Gefühl der Erleichterung unbeschreiblich. Wir hatten unsere Sache gut vertreten, und obwohl der Ausgang noch ungewiss war, waren wir stolz auf das, was wir erreicht hatten. Die Unterstützung, die wir erfahren hatten, von den Petitionsunterzeichnenden über die Menschen auf der Straße in Berlin bis zu den Abgeordneten, die sich unserer Sache angenommen hatten, war überwältigend. Es zeigte, dass wir als kleine Gruppe von Bürger*innen etwas bewirken konnten.

In den Wochen nach der Anhörung warteten wir gespannt auf eine Rückmeldung. Und dann endlich kam sie: Einige unserer Vorschläge würden in die Überarbeitung der entsprechenden Gesetze und Vorschriften einfließen. Es war ein unglaublicher Erfolg, ein Beweis dafür, dass Bürgerinitiativen wirklich etwas bewegen können.

Bei dieser Reise ging es um mehr als nur um eine Petition oder eine Anhörung. Sie zeigt, was möglich ist, wenn Menschen sich für eine Sache einsetzen, an die sie glauben. Es war ein langer Weg voller Höhen und Tiefen, aber am Ende stand die Erkenntnis, dass jeder von uns die Kraft hat, Veränderung zu bewirken. Und das war vielleicht die wichtigste Lektion von allen.

Das Thema Do-it-yourself-Energiewende und damit auch mein YouTube-Kanal wurden sehr schnell sehr groß. Was ich daran besonders schön finde: Mein Kanal vereint sehr viele unterschiedliche Menschen, von Klimaschützer*innen über Wissenschaftler*innen bis hin zu skeptischen Zeitgenossen. Vielleicht ist das sogar der spannendste und schönste Aspekt meiner Arbeit: das Brückenbauen.

Ich bin immer gut damit gefahren, neugierig zu sein und zu fragen unter der Prämisse »Ich will lernen, erzähl mal«. Meistens mit Erfolg, sehr oft wurde auch meine Meinung verändert, weil ich neue Informationen bekommen habe. So ist man in der Lage, alle Seiten kennenzulernen, alle Erkenntnisse zu berücksichtigen und dann zu bewerten.

Für meine Videorecherchen ist das unerlässlich. Klärt man dann Sachverhalte auf diese Art und Weise, wird das von verschiedenen Bubbles sehr gut akzeptiert und man hat eine kleine Brücke in der Social-Media-Welt gebaut.

Ich möchte an dieser Stelle aber auch erwähnen, dass diese Bubbles verstärkt in den sozialen Medien unterwegs sind. Bei meiner Arbeit als Wissenschaftler habe ich dieses Phänomen in so extremer Form noch nicht kennengelernt. Wir sind zwar oft anderer Meinung, aber dann eher in die Richtung »Hey, spannend, dass du anders denkst, kannst du mir das erklären, und vielleicht kann ich ja was von dir lernen.« Eine Haltung, die zu Teambildung, Austausch und am Ende zu mehr Wissen führt! Eine Win-win-Situation für alle.

Zum Abschluss noch ein letztes positives Beispiel aus meinem Umfeld: Bei der Do-it-yourself-Energiewende treffen sich Menschen mit ziemlich unterschiedlichen Voraussetzungen. Die meisten sind – zugegebenermaßen – männlich, aber was Alter, soziale Herkunft, finanzielle Möglichkeiten und politische Einstellungen angeht, wird nach meinem Gefühl ein recht großes Spektrum abgedeckt. Ihr gemeinsamer Nenner ist die Begeisterung am Selbermachen, am Basteln, an aktiven eigenen Lösungen, die manch andere Differenzen überlagert. Und genau dieser gemeinsame Nenner macht mir Hoffnung, wenn ich mir die Spaltungen in unserer Gesellschaft angucke.

Besonders in einer Zeit, in der viele Menschen aufgrund der zahlreichen Krisen resignieren. Ich hatte am Anfang meiner »Reise« weder Ahnung noch einen Plan, und dennoch konnte ich technisch, finanziell, aber auch politisch viel mehr erreichen, als ich jemals gedacht hätte, und jede*r andere kann das auch. Es gibt absolut keinen Grund, es nicht selbst zu versuchen. Die meisten Leute in eurem Umfeld werden es super finden und euch unterstützen. Nur ein paar fossile Akteure und Rechtsextreme werden euch Gegenteiliges erzählen und darauf setzen, dass wir uns lähmen lassen und nichts tun.

Ich habe für mich damals den Entschluss gefasst: »Ich will nicht nur meckern oder wegschauen, sondern etwas ändern.« Vielleicht ist das auch genau Deine Devise. Dann fängst du einfach an und begibst dich auf deine ganz eigene und unfassbar spannende Reise, deren Wege und Schwierigkeiten du selbst noch nicht kennst. Für mich hat es sich bisher gelohnt, denn ich kann meinem Sohn in ferner Zukunft eine Antwort auf die Frage geben: »Papa, waren wir euch damals eigentlich egal?« Und zwar eine Antwort, für die ich mich nicht schämen muss.

unlearn gesundheit

Eckart von Hirschhausen

»Wenn wir als Menschen immer betonen, dass wir die schlaueste Art auf diesem Planeten sind – warum zerstören wir dann unser eigenes Zuhause?«

Mit dieser Frage hat mich Jane Goodall, die berühmte Schimpansenforscherin und Umweltaktivistin, sprachlos gemacht. Diese Frage gilt für uns als Zivilisation genauso wie für jede und jede*n Einzelne*n von uns. Vielleicht ist es die wichtigste Überlebensfrage im 21. Jahrhundert. Deshalb möchte ich in diesem Kapitel die Zusammenhänge zeigen, warum wir gesundheitliche Prävention sinnvollerweise nicht mehr nur als eine persönliche Frage oder eine von den jeweiligen »Lebenswelten« abhängige begreifen können, wenn unser aller Lebenswelt massiv bedroht ist.

Klima und Gesundheit stehen in einem engen Verhältnis zueinander. Zum Beispiel schätzt das Umweltbundesamt, dass es bis 2050 aufgrund der Erderhitzung jedes Jahr bis zu 5000 zusätzliche Hitzetote in Deutschland geben wird.[1]

Wenn es eine ärztliche Pflicht ist, Leben zu schützen, auf Gesundheitsgefahren hinzuweisen und gegebenenfalls auch schlechte Nachrichten zu überbringen, dann sollten Vertreter*innen der Gesundheitsberufe die Ersten sein, die die Bedrohung des Menschen durch den Klimawandel thematisieren. Und die schlechte Nachricht lautet: Die Klimakrise hat massive Auswirkungen auf unsere Gesundheit. Wir müssen nicht das Klima retten, sondern uns! Die Erde braucht uns nicht, wir aber brauchen die Erde.

Mein Freund Harald Lesch hat mir einen Satz hinter die Ohren geschrieben: »Naturgesetze sind nicht verhandelbar.« Salopp gesagt: Physik gilt für alle, egal, ob wir sie verstehen oder nicht. Ja, CO_2 ist für unser Auge unsichtbar, greift unser Herz-Kreislauf-System an, sogar Hirn und Bauchspeicheldrüse werden durch die vielen kleinen Partikel chronisch entzündet und geschädigt. Luftverschmutzung ist weltweit der Killer Nummer eins.[2] Und hängt maßgeblich davon ab, wie wir Energie gewinnen. Deshalb ist die Energiewende nicht nur eine Frage für Ingenieur*innen und Klimawissenschaftler*innen, sondern auch für Ärzt*innen und alle anderen Gesundheitsberufe.

Wir müssen Umwelt und Gesundheit zusammendenken

Das Thema, wie Klimawandel und Gesundheit zusammenhängen, nimmt gehörig an Fahrt auf. 2023 hatten die beiden Jahresgutachten der zwei wichtigsten deutschen Expertengremien genau dies zum Thema. Sowohl der Wissenschaftliche Beirat der Bundesregierung für globale Umweltfragen (WBGU) als auch der Sachverständigenrat für Umweltfragen (SRU) war der Meinung: Das ist das Wichtigste, womit wir uns jetzt beschäftigen müssen.[3]

Die Studie »Gesund leben auf einer gesunden Erde« des WBGU stellt die Untrennbarkeit der Gesundheit von Mensch und Natur und damit ein erweitertes Gesundheitsverständnis ins Zentrum: Menschliche Gesundheit ist auf eine »gesunde« Erde mit funktionierenden, resilienten und leistungsfähigen Ökosystemen und einem stabilen Klima angewiesen. Dazu gehören gesunde Lebensstile, die gleichzeitig die Natur schützen – in den Bereichen Ernährung, Bewegung und Wohnen. Wir brauchen Rahmenbedingungen, die diese Lebensstile ermöglichen. Wie können wir die natürlichen Lebensgrundlagen erhalten – also Klimawandel, Biodiversitätsverlust und weltweite Verschmutzung aufhalten? Wir müssen die Gesundheitssysteme auf die vor uns liegenden Herausforderungen vorbereiten und ihre transformativen Potenziale nutzen.

Im Sondergutachten »Umwelt und Gesundheit konsequent zusammendenken«[4] des SRU heißt es: Umweltprobleme, wie zum Beispiel Feinstaub, die Ausbreitung von Antibiotikaresistenzen und die Belastung mit PFAS (per- und polyfluorierten Alkylsubstanzen, die zum Beispiel in Nahrungsmitteln und Textilien stecken), sind unzureichend gelöst.[5] Neue Herausforderungen, etwa durch den Klimawandel, kommen hinzu.

Manche dieser Probleme sind seit vielen Jahren bekannt, die Politik sollte sie nun konsequent angehen. Zudem wird oft unterschätzt, wie wichtig die Natur für Gesundheit und Wohlbefinden ist. Der Aufenthalt in der Natur hilft unter anderem dabei, Stress abzubauen, motiviert zur Bewegung und stärkt das Immunsystem. Um all diese Funktionen zu erhalten, müssen wir die Natur besser schützen und ihr mehr Raum geben. Die Dringlichkeit wurde auch 2024 beim Weltwirtschaftsforum in Davos formuliert. Dort wurde nicht nur der »Global Risk Report« vorgelegt, sondern auch eine fundierte Einschätzung darüber, welche Kosten auf das Gesundheitswesen zukommen, wenn wir so weitermachen wie bisher.[6] Oft wird ja nur betrachtet, was uns etwas kostet. Die relevantere Frage ist aber: Was kostet es uns, nichts zu tun?

Von persönlicher zu planetarer Gesundheit

Es ist schwer, die Welt ehrenamtlich zu retten, solange andere sie hauptberuflich zerstören. Als Arzt weiß ich: Gesundheit beginnt nicht mit einer Tablette, einer MRT oder einer Operation. Gesundheit beginnt mit fünf Lebensgrundlagen: Alle Menschen brauchen saubere Luft zum Atmen, Wasser zum Trinken, leckere Pflanzen zum Essen, erträgliche Temperaturen und ein friedliches Miteinander. Jeden Tag sehen wir in den Nachrichten, dass all diese Lebensgrundlagen akut bedroht sind. Deshalb braucht es den erweiterten Blick von der persönlichen Gesundheit zur sogenannten »planetaren Gesundheit«. Dieser planetaren Gesundheit widme ich mich mit vollem Elan und meiner Stiftung *Gesunde Erde – Gesunde Menschen*. Mit anschaulichen Bildern, mit überraschenden Fakten zum Weitererzählen, konstruktivem Journalismus, Humor und Filmen erreichen und bewegen wir viele Menschen. Das geht.[7]

Traditionell hält sich die Mehrheit der Ärzt*innen aus der Politik heraus. Dass die fossile Energiepolitik massive Gesundheitsschäden verursacht, stand bislang eher nicht auf ihrer Agenda. In meiner Ausbildung spielten diese Zusammenhänge kaum eine Rolle, Umweltmedizin wurde belächelt als »Orchideenfach«. Aber natürlich gab es auch Ausnahmen. Die »Ärzte gegen den Atomkrieg« traten zum Beispiel der Vernichtung von Leben und Umwelt entschieden entgegen. Sie warnten auf einem ihrer Plakate: »Eine Atombombe kann dir den ganzen Tag versauen.« Gleiches gilt heute für die Klimakrise. Sie kann einem das ganze Leben versauen. Und das der nächsten Generationen gleich mit.

Klimaschutz als Gesundheitsschutz zu begreifen eröffnet eine Perspektive, die sich nicht auf eine Partei, Ideologie oder Altersgruppe bezieht, sondern für jede*n Einzelne*n von uns und die Zivilgesellschaft wichtig ist. Sichtbarer, öffentlicher und politischer zu werden, heißt anzuerkennen, dass die Lösung der Probleme nicht in einer medizinischen Innovation zu finden sein wird. Wir können eine überhöhte Körpertemperatur, sprich Fieber, medikamentös senken. Aber gegen eine überhöhte Außentemperatur gibt es keine Tablette, und es helfen keine Wadenwickel, da hilft nur wirksame Politik.

Kann das so einen Riesenunterschied bedeuten, ob es ein paar Grad wärmer wird? Ja. Als Arzt weiß ich: Von 41 auf 43 Grad Körpertemperatur ist es ein großer Sprung. Der über die Klinge. Übrigens: Die höchste je gemessene Temperatur in Deutschland liegt bei 41,2 Grad.

Die Überhitzung wirkt sich konkret auf unsere Gesundheit aus

Warum sind die Todesopfer von Hitzewellen kein öffentliches Thema? 2003, während der ersten großen Hitzeperiode des Jahrtausends, starben europaweit 70 000 Menschen. Schlüge irgendwo in Europa eine Bombe in ein übervolles Fußballstadion ein, gingen diese Bilder um die Welt, und jeder dächte darüber nach, wie man verhindern kann, dass so etwas Schreckliches noch einmal passiert. Hitzetote sind viel weniger sichtbar. Es sind viele alte Menschen, die einsam in ihren Wohnungen sterben, wenn das durch die Hitze geschwächte Herz oder die Lunge nach ein paar Wochen endgültig aufgibt. Diese Opfer unserer Lebensweise sind uns selten Schlagzeilen wert. Oder Gegenmaßnahmen.

Was genau passiert bei Überhitzung im Körper? Auch ein gesunder Mensch hat Mühe, seine Wärme loszuwerden, weil sie als »Abwärme« in der Muskulatur und bei jeder Umwandlung von Essen in Energie im Körper anfällt. Die effektivste Weise, dem Körper Wärme zu entziehen, ist die Verdunstungskälte von Schweiß auf der Haut. Wenn er nicht schwitzen kann, heizen schon dreißig Minuten Fitnessprogramm den Körper auf über 40 Grad hoch – genau die Temperatur, ab der wir anfangen zu halluzinieren. Ab 42 Grad fällt das Hirn dann komplett aus.

Professor Hanns-Christian Gunga, einer der renommiertesten Hitzeexperten überhaupt, machte mich auf neue Studien aufmerksam, die belegen, dass Hitze über die Gegenregulation des Körpers mit dem antidiuretischen Hormon ADH auch auf die Psyche wirkt. Denn dieses Hormon macht aggressiv.[8] Das erklärt, warum bei Hitze Unfälle, Impulshandlungen und Suizide zunehmen: Unser Hirn verliert die Kontrolle über sich. Bestimmte Patientengruppen sind besonders gefährdet, mit der Regulation der Temperatur körperlich nicht hinterherzukommen, etwa Menschen mit Diabetes, hohem Blutdruck und Herzinsuffizienz. Gerade auch Medikamente zur Entwässerung sind tückisch: Wenn Dosierung und Wirkung nicht genau überwacht werden, bricht bei einem zu starken Wasserverlust schnell der Kreislauf zusammen. Und lange vor dem Zusammenbruch sackt die Leistung ab.

Städte werden in Hitzeperioden zu echten Wärmefallen. Im Gebiet sogenannter Hitzeinseln, beispielsweise in dicht bebauten Innenstädten, in Bereichen mit stark versiegelten Oberflächen und wenig Grün, kann die Temperatur über zehn Grad höher sein als im Umkreis. Hitzeplanung spielt bei der Stadtplanung bisher jedoch kaum eine Rolle, man orientiert sich an den Erfahrungswerten der Vergangenheit – ohne einen Blick in eine wärmere Zukunft. Das sieht man an den »Prachtbauten«, den teuren Gebäuden von Versicherungen, Energieunternehmen, Banken und auch manchen Krankenhäusern, die mit großen Fensterfronten ausgestattet sind. Als hätten die Architekt*innen noch nie etwas vom Treibhauseffekt gehört, bauen sie Treibhäuser für Menschen.

Wie viele neue Temperaturrekorde, Jahrhundertfluten, Jahrhundertstürme und Brände brauchen wir eigentlich noch, um zu verstehen, dass dieses Jahrhundert gerade erst angefangen hat? Und wir die umfassenden Veränderungen nicht weiter als Ausnahmen abtun können?

Bei einer globalen Erderwärmung von »nur« 1,5 Grad treten Hitzeperioden, die sonst nur alle 50 Jahre auftreten würden, knapp neunmal häufiger auf. Die 1,5-Grad-Grenze wurde übrigens 2023 das erste Mal überschritten. Bei plus 2 Grad treten solche seltenen Hitzeereignisse sogar vierzehnmal häufiger auf.[9] Mit anderen Worten: Jahrhundertsommer werden bald wohl nur noch »Sommer« heißen.

Warum es jetzt richtungsweisende politische Entscheidungen braucht

Als Arzt habe ich gelernt: Erst die Diagnose, dann die Therapie.

Die Diagnose haben wir, und das nicht erst seit heute. Wir brauchen jetzt eine Politik, die auf die Wissenschaft hört. Und dann auch handelt. Eine Jahrhundertaufgabe – für die wir kein Jahrhundert mehr Zeit haben. Wir leben in historischen Zeiten. Es kommt jetzt auf jede*n an. Noch haben wir eine Wahl.

Worauf wir uns alle einigen können: Gesunde Menschen und Tiere gibt es nur auf einer gesunden Erde.

Die Atmosphäre ist eben keine Dunstabzugshaube, die alle schlimmen Gerüche ins Nirwana verfrachtet – sie ist eine hauchdünne Schicht, im Verhältnis zur Erde dünner als die Haut eines Apfels. Kein Milliardär kann sich seine eigene Außentemperatur erschaffen. Oder aus der Biologie freikaufen. Es betrifft uns alle.

Warum endet jedes analoge Fieberthermometer bei 41 Grad? Weil wir eine höhere Körpertemperatur schlichtweg nicht aushalten. Die Eiweißstoffe im Hirn gehen kaputt. So schwer uns das in den Kopf geht: Es gibt Dinge, die sind nicht mehr umkehrbar. Irreversibel. Jeder, der schon mal ein Ei gekocht hat, weiß, dass Proteine, die einmal ihre Form durch Überhitzung verändert haben, nicht mehr in die ursprüngliche Form zurückzubringen sind. Ein Ei stockt bei über 40 Grad und wird hart. Auch wenn es wieder abkühlt, wird es nie wieder weich.

Wir übersehen wirklich, wie sehr wir auch als Menschen biologische Wesen sind, mit einem sehr anfälligen und verletzlichen Körper. Es ist eine große Illusion, dass wir uns an Hitze »gewöhnen« könnten. Klar, im Urlaub, in der Sauna, im begrenzten Rahmen reguliert die Schweißproduktion unser Kreislaufsystem. Aber wir kommen sehr schnell an unsere Grenzen. Erst recht, wenn Menschen Vorerkrankungen haben wie Diabetes, ein schwaches Herz oder eine schwache Lunge. Deutschland ist unter den Top 3 der extrem von Hitzetoten betroffenen Länder weltweit, weil wir eine Bevölkerung mit vielen älteren Menschen haben. Wie so oft trifft es die Armen und Geschwächten zuerst, wenn wir sie nicht durch mehr Grün in den Städten, andere Bauten, Trinkbrunnen und andere Maßnahmen schützen. Deshalb empfinde ich es auch als zynisch, wenn man »soziale Fragen« aus dem Hut zaubert, um Klimaschutz, ehrliche Preise für Lebensmittel oder den Ausbau der erneuerbaren Energie zu verhindern.

Auf dem Cover meines Buches *Mensch, Erde! Wir könnten es so schön haben* gibt es einen Sticker, auf dem steht: »Drei Krisen zum Preis von zwei!« Was wie ein Marketinggag aussieht, ist die bittere Wahrheit. Wir haben gerade mehr Krisen, als wir eingepreist haben.

Die Zoonosen, die Krankheitsübertragungen aus dem Tierreich wie HIV, Ebola, Mers, Sars und aktuell Corona, werden immer heftiger und häufiger, weil wir den Lebensraum der Wildtiere brutal zerstören, die Tiere krank werden und immer noch mit Wildtieren gehandelt wird, sodass immer häufiger diese Erreger auf den Menschen überspringen. Dass eine Generation mit HIV und Covid zwei Pandemien erlebt, ist ein Zeichen dafür, wie schwerwiegend die Dinge aus dem Lot sind. In Deutschland gibt es bereits erste Krankheitsfälle, ausgelöst durch das »West-Nil-Virus«, wo schon der Name sagt, dass es aus einem anderen Gebiet kommt. Wir schaffen gerade die Voraussetzungen dafür, dass sich auch andere Erkrankungen, die wir eigentlich als »Tropenkrankheiten« bezeichnen, hierzulande ausbreiten können, dazu zählen Malaria und Dengue-Fieber. Heute diagnostizieren wir »Frühsommer-Meningoenzephalitis« bereits im Januar, weil sich die übertragenden Zecken durch die warmen Winter enorm vermehren.

Klimakrise, Artensterben und Naturzerstörung haben also viele Gesichter. Gegen Viren gibt es Impfungen. Gegen Hitze nicht. Und deshalb lohnt es sich, um jede Tonne CO_2 zu kämpfen, die wir NICHT in die Atmosphäre verklappen. Es schweben schon genug Tonnen davon über uns. Alles, was wir dort oben »deponieren«, fällt uns buchstäblich wieder auf die Füße. Wenn wir momentan über den Daumen gepeilt so viel fossile Energie an einem Tag freisetzen, wie Mutter Erde in 1000 Jahren mühselig gebildet hat, braucht man kein Rechengenie zu sein, um zu verstehen: Das geht nicht lange gut. Und eigentlich weiß das auch jeder. Zwei Quizfragen verdeutlichen das: Wo würden Sie lieber wohnen, hundert Meter von einer Solaranlage entfernt oder von einem Kohlekraftwerk? Und wo würden Sie in dem Moment, in dem die Technik versagt, lieber stehen, neben einem Windrad oder neben einem Atomkraftwerk?

Als Arzt wundere ich mich darüber, dass die Energiewende in Deutschland vorrangig als ein technisches Problem diskutiert wird. Wir sollten stattdessen darüber reden, wie viel gesünder hundertprozentig erneuerbare Energieerzeugung für uns alle wäre. Würde man alle Braunkohlekraftwerke abschalten, ließen sich mit einem Mal 150 Millionen Tonnen CO_2 einsparen. Und natürlich würden auch weniger andere Schadstoffe freigesetzt wie Feinstaub, Blei oder Arsen. Denn Deutschlands Kohlekraftwerke sind nicht nur Klimasünder, sondern auch Giftschleudern. Sie pumpen jährlich rund sieben Tonnen Quecksilber in die Luft. Was gab es früher im Krankenhaus für ein Geschrei, wenn ein Thermometer herunterfiel und die Quecksilberkügelchen blitzschnell unter die Betten kullerten! Da ging es um Mengen im Milligrammbereich. Bei Kohlekraftwerken sprechen wir von Tonnen![10] Nirgendwo in Europa wird ungestraft mehr von dem Nervengift emittiert als in Deutschland.

Quecksilber und Feinstaub sind für mich Beispiele dafür, dass wir die Idee, uns irgendwo gemütlich ins Private zurückzuziehen und Gesundheit als eine Sache der »Eigenverantwortung« zu begreifen, dringend knicken müssen. Es gibt kein »Drinnen« und »Draußen«, kein »Hier ist es sauber« und »Dort ist es schmutzig«. Luft lässt sich halt schlecht einsperren. Klar kann ich als Privatmensch auf Laub- und Holzverbrennung im Garten verzichten, ich kann darauf hoffen, dass der Vermieter eine energiesparende und emissionsarme Gebäudeheizung eingebaut hat, und ich kann meinen eigenen Fleischkonsum reduzieren, da bei der Tierhaltung große Mengen Ammoniak freigesetzt werden. Ich kann am Staubsauger einen Feinstaubfilter einsetzen, den Schulen einen Luftfilter spendieren und das Rauchen sein lassen. Aber nur politisch kann ich darauf drängen, dass es endlich ein Gesetz gibt, alle Busse mit Partikelfiltern auszustatten, dass Lkw nicht länger durch hoch belastete Straßen fahren dürfen und mehr Lasten auf die Bahn verteilt werden. Nur auf diesem Weg ist es möglich, etwas an der Luftqualität für uns alle zu verbessern.

Die Planetary Health Diet

Marco Springmann, Leiter des *Programme on the Future of Food* der Oxford Martin School, sagte nach Veröffentlichung des Berichts des Weltklimarates (IPCC) zur Landnutzung: »Ohne eine Änderung hin zu einer gesünderen und ressourcenschonenden Ernährungsweise, die weit weniger tierische Lebensmittel beinhaltet, gibt es kaum eine Chance, den Klimawandel ausreichend zu begrenzen.« Die Landmenge kann man nicht vermehren. Daher sollten wir die Menge an Bäumen auf der uns zur Verfügung stehenden Fläche vermehren, die CO_2 aus der Luft filtern und aufnehmen, statt immer mehr Bullen zu züchten, die Methan rülpsen. Gerade einmal zehn Prozent des Getreides, das in den USA angebaut wird, wird von Menschen gegessen. Ein Großteil wird in der Tierhaltung eingesetzt. Für Fleisch als Lebensmittel werden somit exponentiell mehr Ressourcen verwendet als für eine Ernährung, die (weitgehend) auf tierische Produkte verzichtet.

Hinzu kommt: Die planetaren Kosten für unsere Ernährung und besonders für unser Fleisch zahlen nicht wir als Verbraucher*innen, sondern die zahlt die Erde selbst. Humor kann helfen, diese Widersprüche offenzulegen. Ich sage den Zuschauer*innen in meinem Bühnenprogramm: »Stellt euch vor, es gibt ab sofort für jedes Kilo Fleisch verpflichtend an der Kasse zwanzig Liter Gülle mit dazu.« Und die Verkäuferin sagt: »Die haben Sie mit verursacht. Die nehmen Sie jetzt mit. Wollen Sie einen Deckel drauf oder geht das so? Und viel Spaß beim Grillen!« Dann lacht das Publikum und versteht: Das Fleisch hat einen Preis. Auch wenn wir ihn an der Supermarkttheke nicht sehen. Ich bin ernsthaft dafür, bei Lebensmitteln eine CO_2-Angabe anzugeben, so wie auch die Kalorien draufstehen. So wird ein Bewusstsein dafür geschaffen, dass beim Kochen einer Rindfleischsuppe bis zu zehnmal so viele Treibhausgase erzeugt werden wie bei einer Gemüsesuppe. Dann muss sich jede*r die Frage stellen: Ist die zehnmal so gut? Nö.

Gibt es die eine Tablette, die Herzinfarkte und Schlaganfälle verhindert? Was könnten wir uns »einwerfen«, um jährlich etwa elf Millionen vorzeitiger Todesfälle weltweit zu vermeiden? Diese »Wunderpille« können wir uns täglich bei jeder Mahlzeit vom Teller weg in den Mund stecken. Es ist unsere Ernährung. Gäbe es eine Tablette mit derartigen Gesundheitsvorteilen wie die »Planetary Health Diet«, würde jeder Arzt sie sofort verschreiben, alles andere wäre fahrlässig. Weil man gesundes Essen aber nicht in eine Blisterverpackung pressen kann, verkaufen sich einerseits Nahrungsergänzungsmittel, die die wenigsten brauchen, für Milliarden Euro. Andererseits steigt weltweit der Anteil an Fertiggerichten, die uns fertig und fett machen.

Ungesunde Ernährung ist bereits heute eine der Hauptursachen für Zuckerkrankheit, Herz-Kreislauf-Erkrankungen und die Fettleber, und – was selten im selben Atemzug genannt wird – sie gefährdet zugleich die Klimastabilität. Aus diesem Grund hat die EAT-Lancet-Kommission, ein großes Netzwerk von internationalen Expert*innen aus den Bereichen Gesundheit, Ernährung, Agrarwissenschaften und Erdsystemwissenschaften, relevante Forschungsergebnisse in einem bahnbrechenden Report zusammengestellt.[11] Die gute Nachricht: Es ist möglich, eine wachsende Bevölkerung von zehn Milliarden Menschen bis 2050 gesund und innerhalb der planetaren Grenzen zu ernähren. Die schlechte Nachricht: Es wird nur gelingen, wenn wir die Nahrungsmittelproduktion verbessern und die Nahrungsmittelabfälle reduzieren – weltweit wird irrsinnigerweise immer noch fast ein Drittel aller produzierten Lebensmittel weggeworfen. Was es aber vor allem braucht: Wir müssen unseren Speiseplan substanziell umstellen. Das wiederum erfordert erhebliche Veränderungen. Es ist aber möglich – in Form der Planetary Health Diet.

Diät, das klingt leider nach Zwang und Verzicht. Dabei bedeutet das Wort eigentlich »Lebensweise«, und das trifft hier auch eher zu. Denn es geht nicht um eine Anleitung zum Abnehmen, sondern um den Erhalt unserer Lebensgrundlagen. Dass man dabei überflüssige Kilos verliert oder langfristig erst gar nicht anhäuft, ist ein willkommener Nebeneffekt. Was sind also die wichtigsten Ernährungsspielregeln der Forscher*innen?

Ganz simpel: deutlich mehr Gemüse, Nüsse, Obst und Hülsenfrüchte auf den Teller als bisher und dafür seltener rotes Fleisch und Zucker.

Dem Ruf der Natur folgen

Wenn wir uns zum Nutzen für Leib und Seele bewegen, ist es nicht egal, in welcher Umgebung wir das tun und in welcher Haltung. In den Innenstädten fehlen öffentliche Sportanlagen, Schwimmbäder bleiben oft unsaniert oder werden gar geschlossen, und wenn es zu heiß ist, bekommen einen keine zehn Pferde vor die Tür. Also raus in die Natur! Da kann ein Spaziergang von dreißig Minuten eine ganz andere Wirkung haben als einmal um den Block zu laufen. Gerade das Gefühl von Ehrfurcht in und vor der Natur beeinflusst das emotionale Wohlbefinden stark. Sich die Zeit zu nehmen, die Natur wertzuschätzen und sich von ihr inspirieren zu lassen, hat außerordentliche Vorteile für die psychische Gesundheit, weil wir uns auf die Umgebung konzentrieren und nicht auf uns selbst. Achten Sie mal auf die Gesichter der Menschen, die Ihnen entgegenkommen: Im Grünen wird mehr gelächelt als vor einer roten Ampel. Auch Einsamkeit wird nicht so negativ wahrgenommen, wenn wir uns mit etwas Größerem verbunden fühlen als dem eigenen Selbst.

»There is no glory in prevention?« Wenn es keinen Ruhm und keinen Blumentopf mit Prävention zu gewinnen gibt – dann lasst uns die Spielregeln ändern, die Belohnungs- und Aufmerksamkeitssysteme. Denn: Was nutzen die besten Beatmungsgeräte, wenn ein Patient nach langer Intensivbehandlung aus dem Krankenhaus entlassen wird und vor der Tür gleich wieder Dreck einatmet? Was hilft es, wenn man mit den richtigen Medikamenten Bluthochdruck und Fieber senken kann, aber nicht die Außentemperaturen, bei denen Menschen unweigerlich zusammenklappen? Die Gesundheitsberufe, denen immer noch höchstes

Vertrauen entgegengebracht wird, haben eine besondere Aufgabe und Verantwortung: Sie müssen sich an die Speerspitze der Klimabewegung setzen, da sie die Dramatik kennen, das Vertrauen der Menschen besitzen und tagtäglich die gesundheitlichen Folgen des Klimawandels behandeln müssen.

Gesunde Erde, gesunde Menschen

Die Medizin hat eine neue Patientin: die Erde. Im 21. Jahrhundert muss Gesundheit als »planetare Gesundheit« verstanden und praktiziert werden. Der »One Health«-Ansatz ist in Deutschland noch zu wenig etabliert. »One Health« bedeutet, die Gesundheit von Mensch, Tier und Umwelt als etwas Gemeinsames zu begreifen. Es geht erst allen besser, wenn es allen besser geht. Gesunde Menschen gibt es nur auf einer gesunden Erde. Wenn die Klimakrise das Fieber von Mutter Erde ist, dann ist das Artensterben ihre Demenz. In jeder Art steckt das Wissen von Millionen Jahren Evolution darüber, wie wir auf dieser Erde zusammenleben können. Wir Menschen sind eine unter vielen Arten und können wie alle Säugetiere eine Körperkerntemperatur über 42 Grad nicht überleben. Die Klimakrise ist die existenziell bedrohlichste Gesundheitsgefahr im 21. Jahrhundert: durch Hitze, Extremwetter, Nahrungs- und Wassermangel und neue Infektionskrankheiten. Das Tragische daran: Die Klimakrise ist menschengemacht. Wir sind Täter und Opfer zugleich.

Von den Entscheidungen der nächsten zehn Jahre hängt ab, ob wir in diesem Jahrhundert weitere irreversible Kipppunkte im Erdsystem überschreiten. Deshalb ist es eine ärztliche Aufgabe, auf diese Gesundheitsgefahr hinzuweisen und unsere herausragende Stellung und Verantwortung in der Gesellschaft zu nutzen, um rasche politische und wissenschaftsbasierte Entscheidungen zu bewirken. Die größte Präventionsaufgabe liegt noch vor uns. Millionen vorzeitige Tode können verhindert werden durch saubere Luft dank erneuerbarer Energien, durch pflanzenbasiertes Essen im Sinne der Planetary Health Diet und durch das Einhalten des Paris-Abkommens und damit der Verhinderung eines weiteren Temperaturanstiegs. Das Gesundheitswesen hat hier eine Vorbildfunktion, auch beim Reduzieren des eigenen ökologischen Fußabdruckes. Die Kommunikation der Themen und ein Bewusstsein für die Brisanz in der Mitte der Gesellschaft zu etablieren ist notwendig, um Mehrheiten für die notwendigen Entscheidungen zu finden. Das Wissen aus den Präventionswissenschaften ist bei dieser Aufgabe sehr hilfreich: Es braucht Gesundheitskompetenz, soziale Gerechtigkeit, Selbstwirksamkeit und vor allem Rahmenbedingungen, die ein gesundes Verhalten leicht machen und belohnen. Denn nur durch Einsicht hat sich noch wenig geändert. Aber im Sinne der »Co-Benefits« zu argumentieren und zu handeln hat eine große Hebelwirkung, denn was gut ist für die Erde, ist auch gut für uns Menschen.

anmerkungen

unlearn verdrängung – **Katharina van Bronswijk**

1 In der Verschwörungserzählung von der »kalten Sonne« heißt es, die Sonnenaktivität gehe zurück und deswegen könne es gar nicht heißer werden. De facto steigen die globalen Temperaturen jedoch messbar.

2 Katharine Steentjes, Nicholas Frank Pidgeon, Wouter Poortinga, Adam Corner, Anika Arnold, Gisela Böhm, Claire Mays, Marc Poumadère, Michael Ruddat, Dirk Scheer, Marco Sonnberger & Endre Tvinnereim (2017, März): »European Perceptions of Climate Change: Topline findings of a survey conducted in four European countries in 2016«. Cardiff University, https://climateoutreach.org/reports/european-perceptions/

3 Marlis Charlotte Wullenkord & Gerhard Reese (2021): »Avoidance, rationalization, and denial: defensive self-protection in the face of climate change negatively predicts pro-environmental behavior«, in: *Journal of Environmental Psychology* 77, https://www.sciencedirect.com/science/article/abs/pii/S0272494421001365?via%3Dihub

4 Ebd.

5 Katharina van Bronswijk: *Klima im Kopf. Angst, Wut, Hoffnung: Was die ökologische Krise mit uns macht,* München 2022.

6 Marlis Charlotte Wullenkord, Josephine Tröger, Karen Hamann, Laura Loy & Gerhard Reese (2021): »Anxiety and climate change: A validation of the Climate Anxiety Scale in a German-speaking quota sample and an investigation of psychological correlates«, in: *Climatic Change 168,* 20, https://link.springer.com/article/10.1007/s10584-021-03234-6

7 Klaus Grawe: *Neuropsychotherapie,* Göttingen 2004.

8 Ken Fuchsman (2023): »Harvard Grant Study of Adult Development: 1938–2022«, in: *Journal of Psychohistory* 51 (1), S. 27–44, https://www.proquest.com/docview/2843891005?sourcetype=Scholarly%20Journals

9 Zum Beispiel: Caroline Hickman, Elizabeth Marks, Panu Pihkala, Susan Clayton, Eric Lewandowski, Elouise Mayall, Britt Wray, Catriona Mellor & Lise van Susteren (2021): »Climate anxiety in children and young people and their beliefs about government responses to climate change: a global survey«, in: *The Lancet Planetary Health* 5 (12), S. 863–873, https://www.thelancet.com/journals/lanplh/article/PIIS2542-5196(21)00278-3/fulltext

10 Glenn Albrecht (2006): »Solastalgia«, in: *Alternatives Journal* 32 (4/5), S. 34–36.

11 Rheingold-Institut (2023, Juli): »Die Zuversicht der Deutschen in multiplen Krisenzeiten«, https://identity-foundation.de/wp-content/uploads/2023/07/Identity_Foundation_Zuversicht_Gesamt bericht_Juli_2023.pdf

12 Immo Fritsche, Markus Barth, Philipp Jugert, Torsten Masson & Gerhard Reese (2018): »A social identity model of pro-environmental action (SIMPEA)«, in: *Psychological Review* 125 (2), S. 245–269, https://psycnet.apa.org/doiLanding?doi=10.1037%2Frev0000090

1 Monica Crippa, Efisio Solazzo, Diego Guizzardi et al. (2021): Food systems are responsible for a third of global anthropogenic GHG emissions. *Nat Food* 2, S. 198–209.

2 Intergovernmental Panel on Climate Change (2022): »Mitigation of Climate Change. Working Group III Contribution to the IPCC Sixth Assessment Report«, https://www.ipcc.ch/report/ar6/wg3/about/how-to-cite-this-report/

3 ProVeg International (2023, 14. Februar): »Anzahl der vegan, vegetarisch und flexitarisch lebenden Menschen in Deutschland«, https://proveg.com/de/ernaehrung/anzahl-vegan-vegetarischer-menschen/

4 Mathias Brandt (2020, 23. Juni): »Über 2 Millionen Tiere werden täglich geschlachtet«, Statista, https://de.statista.com/infografik/22076/anzahl-der-durchschnittlich-pro-tag-in-deutschland-geschlachtete-tiere/

5 Donna Winham & Andrea Hutchins (2011): »Perceptions of flatulence from bean consumption among adults in 3 feeding studies«, in: *Nutrition Journal* 10, https://www.ncbi.nlm.nih.gov/pmc/articles/PMC3228670/

6 Albert-Schweitzer-Stiftung für unsere Mitwelt (o. D.): »Fleischskandal: Lidl muss handeln« [Onlinepetition], https://albert-schweitzer-stiftung.de/helfen/petitionen/lidl-fleischskandal

7 Bundesministerium für Ernährung und Landwirtschaft (2023, 21. Juni): »Lebensmittelabfälle in Deutschland: Aktuelle Zahlen zur Höhe der Lebensmittelabfälle nach Sektoren«, https://www.bmel.de/DE/themen/ernaehrung/lebensmittelverschwendung/studie-lebensmittelabfaelle-deutschland.html

8 Statistisches Bundesamt (2022, 30. Juni): »Lebensmittelabfälle in Deutschland im Berichtsjahr 2022 (vorläufiges Ergebnis)«,

https://www.destatis.de/DE/Themen/Gesellschaft-Umwelt/Umwelt/Abfallwirtschaft/Tabellen/lebensmittelabfaelle.html

9 Tanja Breinig (2024, 15. Mai): »Überfischung: Wie die Fischerei unsere Meere zerstört«, Peta, https://www.peta.de/themen/ueberfischung/;
World Wide Fund for Nature (2019, 1. April): »Die weltweite Fischerei in Zeiten des Klimawandels«,
https://www.wwf.de/themen-projekte/meere-kuesten/fischerei/fischerei-und-klimawandel

unlearn ableismus – **Andrea Schöne**

1 Radiotelevisone Italiana (2022, 5. Juli): »Wasser-Notstand in fünf italienischen Regionen«, https://www.rainews.it/tgr/tagesschau/articoli/2022/07/tag-Wasser-Notstand-in-fuenf-italienischen-Regionen-51f7c8c3-47d4-4202-b3e4-a7f3e3748ae1.html

2 Radiotelevisione Italiana (2022, 8. Juli): »Wasser-Notstand jetzt auch in Ligurien«, https://www.rainews.it/tgr/tagesschau/articoli/2022/07/tag-Wasser-Notstand-jetzt-auch-in-Ligurien-3e8f9cd0-7f06-4a15-8b7c-8ce02c0dbe9b.html

3 Luca Baccolini, Silvia Bignami, Micol Lavinia Lunari Perini & Eleonora Capelli (2023, 17. Mai): »Maltempo Bologna e provincial, Lepore: ›Oltre 3mila sfollati‹. A Loiano ospedale irragiungibile. Scuole chiuse anche giovedi 18«, *La Repubblica,*
https://bologna.repubblica.it/cronaca/2023/05/17/news/bologna_esondazioni_ravone_idice_navile_savena-400490258/

4 Lucia Landoni (2023, 21. Juli): »Fulmine innesca l'incendio di un tetto nel Varesotto. Bomba d'acqua a Milano. Vento a Brescia, due operai feriti da alcune finestre«, *La Repubblica,* https://milano.repubblica.it/cronaca/2023/07/21/news/maltempo_milano_varese_lombardia-408483252/

5 ANSA (2024, 20. Februar): »Sima, in Italia 80mila morti l'anno per l'inquinamento atmosferico«, https://www.ansa.it/canale_saluteebenessere/notizie/sanita/2024/02/20/sima-in-italia-80mila-morti-lanno-per-inquinamento-atmosferico_1b480a9f-63f4-4a5e-ae49-d1f355ee51ce.html

6 Fabrizio Fasanella (2024, 8. Februar): »L'emergenza sanitaria dovuta allo smog e il ruolo sottovalutato dell'inquinamento indoor«, Greenkiesta, https://www.linkiesta.it/2024/02/sport-corsa-smog-inquinamento-indoor-consigli-polveri-sottili/

7 Andrea Schöne: *Behinderung und Ableismus,* Münster 2022.

8 World Economic Forum (2024, 10. April): »How neurodiversity can shape sustainable urban planning – and benefit us all«, https://www.weforum.org/agenda/2024/04/neurodiversity-sustainable-urban-planning/

9 NDR (2022, 10. August): »Neun-Euro-Ticket: Pries fordert Einbindung von Menschen mit Behinderung«, https://www.ndr.de/nachrichten/schleswig-holstein/Neun-Euro-Ticket-Pries-fordert-Einbindung-von-Menschen-mit-Behinderung,neuneuroticket252.html

10 Raul Krauthausen (2018, 18. August): »Der letzte Strohhalm«, raul.de. https://raul.de/allgemein/der-letzte-strohhalm/

11 Anja Krüger (2019, 28. Januar): »Hass und Hetze gegen Greta Thunberg«, *taz*, https://taz.de/Onlinemob-stuerzt-sich-auf-Klimaaktivistin/!5565669/

12 CBM Global Disability Inclusion (2022, 13. Juli): »Data & evidence missing on the impact of climate change on persons with disabilities«, https://cbm-global.org/news/data-evidence-missing

13 SustainedAbility (o. D.): »Disability Led Climate Action«, https://www.sustainedability.org/

14 Jason Boberg & Kera Sherwood-O'Regan: »Nothing about us without us: Climate Change and disability justice«, in: H. Clark (Hrsg.):

Climate Aotearoa – What's happening & what we can do about it. Auckland 2021, S. 197–229.

15 Fiona Harvey (2019, 12. Dezember): »Activists protest at ›sidelining of social justice‹ at UN climate talks«, *The Guardian*, https://www.theguardian.com/environment/2019/dec/12/activists-protest-un-climate-talks

16 Drew Costley & Teresa de Miguel (2022, 10. November): »People with disabilities gained a voice in global climate talks. Here's what that means«, PBS News Hour, https://www.pbs.org/newshour/world/people-with-disabilities-gained-a-voice-in-global-climate-talks-heres-what-that-means

17 https://documents.un.org, Dokument A/HRC/RES/41/21

18 https://documents.un.org, Dokument A/HRC/44/30

19 Ilan Kelman & Laura Stough: »(Dis)Ability and (Dis)Aster«, in I. Kelman/L. Stough (Hrsg.): *Disability and Disaster – Explorations and Exchange*, New York 2015, S. 3–14, S. 8 f, https://link.springer.com/book/10.1057/9781137486004

20 Axel Spilcker (2022, 13. Juli): »12 Tote in Behindertenheim: Akten offenbaren das ungeheure Versagen in Flutnacht«, *Focus Online*, https://www.focus.de/perspektiven/flutreporter/schwerpunkt-woche-auf-focus-online-12-tote-in-behinderteneinrichtung-untersuchung-offenbart-versagen-in-flutnacht_id_115050633.html

21 David Alexander: »Disability and Disaster: An Overview«, in: I. Kelman/L. Stough (Hrsg.): *Disability and Disaster – Explorations and Exchange*, New York 2015, S. 15–29, S. 22 f, https://link.springer.com/book/10.1057/9781137486004

22 Ilan Kelman & Laura Stough: »(Dis)Ability and (Dis)Aster«, in: I. Kelman/L. Stough (Hrsg.): *Disability and Disaster – Explorations and Exchange*, New York 2015, S. 3–14, S. 8, https://link.springer.com/book/10.1057/9781137486004

23 Ein wichtiger Akteur ist hier das Projekt »Nicht-Diskriminierung behinderter Menschen in Gefahrensituationen und humanitären

Notlagen« der Interessenvertretung Selbstbestimmt Leben, die sich in Deutschland als Reaktion auf die Covid-19-Pandemie und die Flutkatastrophe im Ahrtal gegründet hat.

24 Friedrich Gabel & Maira Schobert (2024, April): »Langfassung zum Anschlussbericht der Bestandsaufnahme zum Katastrophenmanagement und der Inklusion von Menschen mit Behinderungen (Projekt KIM)«, Eberhard Karls Universität Tübingen/Aktion Deutschland Hilft e. V., https://uni-tuebingen.de/de/255656

25 Brenda Phillips: »Inclusive Emergency Management for People with Disabilities Facing Disaster«, in: I. Kelman/L. Stough (Hrsg.): *Disability and Disaster – Explorations and Exchange,* New York 2015, S. 31–49,
https://link.springer.com/book/10.1057/9781137486004

26 Notfallregister e. V. (o. D.): »Notfallregister«,
https://www.notfallregister.eu/

27 Nora Notruf (o. D.): »Nora Notruf-App«,
https://www.nora-notruf.de/de-as/startseite

28 Demografie-Portal (o. D.): »Zwei Prozent aller Wohnungen und Einfamilienhäuser in Deutschland einigermaßen barrierefrei«,
https://www.demografie-portal.de/DE/Politik/Baden-Wuerttemberg/Wohnen/zahl-des-monats.html

29 Liverpool John Moores University, Dr. Sasha Kosanic,
https://www.ljmu.ac.uk/about-us/staff-profiles/faculty-of-science/school-of-biological-and-environmental-sciences/sasha-kosanic

30 Andrea Schöne (2021, 6. Juli): »Inklusion in Zeiten der Klimakrise«, in: *Die Neue Norm,*
https://dieneuenorm.de/gesellschaft/inklusion-in-zeiten-der-klimakrise/

31 CBM Global Disability Inclusion (2022, November): »Missing in Climate Action: Stories of Persons with disabilities from the Global South«,

https://www.cbmuk.org.uk/app/uploads/2024/04/Missing-in-Climate-Action-November-2022-1.pdf

32 CBM Italia Onlus (2023, Dezember): »CBM Italia Onlus Activity Report«, https://en.cbmitalia.org/sites/default/files/2023-12/CBM_22_Activity_report_ENG.pdf

33 Shaun Grech (2015): »Decolonizing Eurocentric disability studies: why colonialism matters in the disability and global South debate«, in: *Social Identities – Journal for the Study of Race, Nation and Culture* 21 (1), S. 6–21, https://www.tandfonline.com/doi/full/10.1080/13504630.2014.995347

34 Kera Sherwood-O'Regan, https://www.instagram.com/keraoregan/

35 Lisa Marshall (o. D.): »Climate change hits disabled and Indigenous communities hard. Kera Sherwood-O'Regan wants their voices heard«, University of Colorado Boulder, https://www.colorado.edu/globalclimatesummit/learn/climate-change-indigenous-communities-kera-sherwood-oregan

36 Jugend im Bund für Umwelt und Naturschutz Deutschland e.V. (Hrsg.): *VerRücktes Klima – BeHinderte Lösungen. Perspektiven auf Ableismus und Klimagerechtigkeit,* https://www.bundjugend.de/projekte/locals-united/verruecktes-klima/

unlearn medien – **Julien Gupta & Manuel Kronenberg**

1 Marcus Bensmann, Justus von Daniels, Anette Dowideit, Jean Peters & Gabriele Keller (2024, 10. Januar): »Geheimplan gegen Deutschland«, in: *Correctiv.* https://correctiv.org/aktuelles/neue-rechte/2024/01/10/geheimplan-remigration-vertreibung-afd-rechtsextreme-november-treffen/

2 Arne Holzhausen, Patricia Pelayo Romero, Lorenzo Stucchi (2023,

November): »Allianz Climate Literacy Survey: Climate Fatigue«, Allianz Research, https://www.allianz.com/content/dam/onemarketing/azcom/Allianz_com/economic-research/publications/specials/en/2023/november/2023-11-29-climate-literacy-AZ.pdf

3 Caroline Hickman, Elizabeth Marks, Panu Pihkala, Susan Clayton, Eric Lewandowski, Elouise Mayall, Britt Wray, Catriona Mellor & Lise van Susteren (2021): »Climate anxiety in children and young people and their beliefs about government responses to climate change: a global survey«, in: *The Lancet Planetary Health* 5 (12), S. 863–873, https://www.thelancet.com/journals/lanplh/article/PIIS2542-5196(21)00278-3/fulltext

4 APA-Comm (2022, 1. Dezember): »APA-Comm-Analyse: Häufigkeit von Klimaberichten im Ländervergleich«, https://www.ots.at/presseaussendung/OTS_20221201_OTS0012/apa-comm-analyse-haeufigkeit-von-klimaberichten-im-laendervergleich-bild

5 Stefan Paulus (2022, 18. Juli): »So (un)wichtig ist deutschen Publishern der Klimawandel«, in: *azernis*, https://www.azernis.de/reports/klima

6 Irene Neverla & Imke Hoppe (2023, Oktober): »Klimawandel und Biodiversität: Was zeigt das Fernsehen? Was wollen die Zuschauer*Innen?«, MaLisa Stiftung,
https://malisastiftung.org/klimawandel-und-biodiversitaet-im-tv/

7 Ebd.

8 Ebd.

9 Robert Tschötschel, Michael Brüggemann, Norman Schumann & Rahel Roloff (2022): »Der Klimawandel im öffentlich-rechtlichen Fernsehen«, in: *Media Perspektiven 12,* S. 574–581.

10 Jens Schröder (2022, 16. Dezember): »Norbert Röttgen entthront Karl Lauterbach als Talkshowkönig«, in: *Meedia*, https://www.meedia.de/marktdaten-medien/die-gaestelisten-auswertung-der-

ard-und-zdf-talks-norbert-roettgen-entthront-karl-lauterbach-als-talkshowkoenig-34c800c887549b83349b01619fe22282
11 Jens Schröder (2023, 21. Dezember): »MEEDIA-Analyse 2023: Kevin Kühnert ist der neue Talkshowkönig«, in: *Meedia*, https://www.meedia.de/marktdaten-medien/meedia-analyse-2023-kevin-kuehnert-ist-der-neue-talkshowkoenig-6ae37ceb16a4d0e7595b2d64a77313ea
12 Robert Tschötschel, Michael Brüggemann, Norman Schumann & Rahel Roloff (2022): »Der Klimawandel im öffentlich-rechtlichen Fernsehen«, in: *Media Perspektiven 12,* S. 574–581.
13 Intergovernmental Panel on Climate Change (2023): »Climate Change 2022 – Impacts, Adaptation, and Vulnerability. Contribution of Working Group II to the Sixth Assessment Report of the Intergovernmental Panel on Climate Change«, https://www.cambridge.org/core/books/climate-change-2022-impacts-adaptation-and-vulnerability/161F238F406D530891AAAE1FC76651BD
14 Peter Kalmus, Tweet vom 10. 04. 2022, https://twitter.com/ClimateHuman/status/1513053660128825348
15 Netzwerk Klimajournalismus Deutschland (2022, April): »Charta des Netzwerks Klimajournalismus Deutschland«, https://klimajournalismus.de/charta/
16 Copernicus Climate Change Service (2024, 20. Februar): »2023 is the hottest year on record, with global temperatures close to the 1.5 °C limit« [Pressemitteilung], https://climate.copernicus.eu/copernicus-2023-hottest-year-record
17 Kay Burley, Tweet vom 02. 01. 2024, https://twitter.com/KayBurley/status/1742127026092274100
18 Ebd.
19 John Cook: »Vom Verständnis und der Vermeidung von False Balance in der Medienberichterstattung über den Klimawandel«, in:

KLIMA° vor acht (Hrsg.): *Medien in der Klima-Krise,* München 2022, S. 65–72.

20 Ingo Zamperoni (2023, 8. September): »ExtremWetterKongress2023 Tag2 28. 09. 2023« [Video], YouTube, https://www.youtube.com/live/7HvjoEfodRA?si=610_6cmpsvGwGxD6&t=17966

21 Thomas Bellut (2021, 1. Juni): »Medientage Mitteldeutschland 2021 – Livestream Bühne A« [Video], YouTube, https://www.youtube.com/live/NKL5LT2wOK4?si=xHbqOWQjICTe1ChW&t=29027

22 Rüdiger Jungbluth (2021, 2. November): »Mit keiner Sache gemein? Die Wahrheit über das Hanns-Joachim-Friedrichs-Zitat«, in: *Übermedien.* https://uebermedien.de/64851/mit-keiner-sache-gemein-die-wahrheit-ueber-das-hanns-joachim-friedrichs-zitat/

23 Marie-Elodie Perga, Oriane Sarrasin, Julia Steinberger, Stuart Lane & Fabrizio Butera (2023): »The climate change research that makes the front page: Is it fit to engage societal action?«, in: *Global Environmental Change 80*, https://www.sciencedirect.com/science/article/pii/S0959378023000419?via%3Dihub

24 James Painter, Joshua Ettinger, David Holmes, Loredana Loy, Janaina Pinto, Lucy Richardson, Laura Thomas-Walters, Kjell Vowles & Rachel Wetts (2023): »Climate delay discourses present in global mainstream television coverage of the IPCC's 2021 report«, in: *Communications Earth & Environment* 4, https://www.nature.com/articles/s43247-023-00760-2

25 Markus Flaute, Saskia Reuschel & Britta Stöver (2022, Dezember): *Volkswirtschaftliche Folgekosten durch Klimawandel: Szenarioanalyse bis 2050,* S. 82, Gesellschaft für wirtschaftliche Strukturforschung, https://gws-os.com/de/publikationen/alle-publikationen/detail/volkswirtschaftliche-folgekosten-durch-klimawandel-szenarioanalyse-bis-2050

26 Statistisches Bundesamt (2023, 28. November): »Industrie-Investitionen in Klimaschutz binnen zehn Jahren um 74 % gestiegen« [Pres-

semitteilung], https://www.destatis.de/DE/Presse/Pressemitteilungen/2023/11/PD23_N062_32.html

27 Oliver Burkeman (2003, 4. März): »Memo exposes Bush's new green strategy«, in: *The Guardian*, https://www.theguardian.com/environment/2003/mar/04/usnews.climatechange

28 Paul Thibodeau & Lera Boroditsky (2011): »Metaphors We Think With: The Role of Metaphor in Reasoning«, in: *Public Library of Science ONE* 6 (2), S. 1–12. https://journals.plos.org/plosone/article?id=10.1371/journal.pone.0016782;
Miranda Fricker: *Epistemische Ungerechtigkeit – Macht und die Ethik des Wissens*, München 2023, S. 203 f.

29 Kübra Gümüşay: *Sprache und Sein*, München 2020.

30 In Anlehnung an die für alle Harry-Potter-Fans wohlbekannte Bezeichnung für Lord Voldemort: »Der, dessen Name nicht genannt werden darf«. Genau wie die Komplexität der Klimakrise ist die von Lord Voldemort verkörperte Bosheit unvorstellbar und unaussprechlich.

31 Samira El Ouassil & Friedemann Karig: *Erzählende Affen – Mythen, Lügen, Utopien*, Berlin 2021.

32 Mit dem Unterschied, dass Ikarus selbst immer höher steigen wollte, Greta dagegen von einer Berichterstattung überhöht und fallen gelassen wurde, die in der Aktivistin eine tragische Heldenfigur gefunden hat.

33 Jonas Schaible (2023, 28. Oktober): »Das ist das Ende der Klimabewegung, wie wir sie kennen«, in: *Spiegel*, https://www.spiegel.de/politik/deutschland/fridays-for-future-das-ende-der-klimabewegung-wie-wir-sie-kennen-a-b5e506d3-31df-4adc-97e2-0fefb7979d67;
Jan-Philipp Hein, Markus Hurek, Janna Wolf & Mike Szymanski (2023, 11. November): »Fridays No Future«, in: *Focus*, https://www.focus.de/magazin/archiv/klima-bewegung-fridays-no-future_id_238872106.html

34 Rebecca Solnit (2023, 12. Januar): »›If you win the popular imagina-

tion, you change the game«: why we need new stories on climate«, in: *The Guardian*, https://www.theguardian.com/news/2023/jan/12/rebecca-solnit-climate-crisis-popular-imagination-why-we-need-new-stories

35 Auch auf Plattformen wie Instagram gibt es hervorragenden Klima-Content, vom öffentlich-rechtlich betriebenen Account klima.neutral bis hin zum Indie-Kanal nachhaltig.kritisch, die vor allem junge Menschen mit zugänglich aufbereiteten Klimainformationen erreichen. Darüber hinaus gibt es noch viele weitere Leuchtturm-Medien, die wir hier nicht alle nennen können.

36 Netzwerk Klimajournalismus Deutschland (2022, April): »Charta des Netzwerks Klimajournalismus Deutschland«, https://klimajournalismus.de/charta/

unlearn recht – **Alexandra Endres & Roda Verheyen**

1 Johan Rockström, Will Steffen, Kevin Noone, Asa Persson, Stuart III Chapin, Eric Lambin, Timothy Lenton u.a. (2009): »Planetary Boundaries: Exploring the Safe Operating Space for Humanity«, in: *Ecology&Society* 14 (2), https://www.ecologyandsociety.org/vol14/iss2/art32/;
Potsdam-Institut für Klimafolgenforschung (2009, 23. September): »Planetarische Grenzen: Ein sicherer Handlungsraum für die Menschheit« [Pressemitteilung], https://www.pik-potsdam.de/de/aktuelles/nachrichten/archiv/2009/planetarische-grenzen-ein-sicherer-handlungsraum-fuer-die-menschheit

2 Katherine Richardson, Will Steffen, Wolfgang Lucht, Jorgen Bendtsen, Sarah Cornell, Jonathan Donges, Markus Drüke, Johan Rockström u.a. (2023): »Earth beyond six of nine planetary boundaries«, in: *Science Advances* 9 (37), https://www.science.org/doi/10.1126/sciadv.adh2458

3 United Nations (2015): »Paris Agreement«, Artikel 2, S. 3, https://unfccc.int/sites/default/files/english_paris_agreement.pdf; Bundesverfassungsgericht (2021, 24. März): »Verfassungsbeschwerden gegen das Klimaschutzgesetz teilweise erfolgreich« [Pressemitteilung], https://www.bundesverfassungsgericht.de/SharedDocs/Pressemitteilungen/DE/2021/bvg21-031.html

4 Sachverständigenrat für Umweltfragen (2022, Juni): »Wie viel CO2 darf Deutschland maximal noch ausstoßen? Fragen und Antworten zum CO_2-Budget«, https://www.umweltrat.de/SharedDocs/Downloads/DE/04_Stellungnahmen/2020_2024/2022_06_fragen_und_antworten_zum_co2_budget.pdf?__blob=publicationFile&v=30

5 Sachverständigenrat für Umweltfragen (2024, März): »Wo stehen wir beim CO2-Budget? Eine Aktualisierung«, https://www.umweltrat.de/SharedDocs/Downloads/DE/04_Stellungnahmen/2020_2024/2024_03_CO2_Budget.html?nn=400216

6 Das Urteil wurde 2019 vom höchsten Gericht des Landes bestätigt. Dazu: Hoge Raad der Nederlanden (2019, 20. Dezember): »Dutch State to reduce greenhouse gas emissions by 25 % by the end of 2020« [Pressemitteilung], https://www.hogeraad.nl/actueel/nieuwsoverzicht/2019/december/dutch-state-case-reduce-greenhouse-gas-emissions/

7 Roda Verheyen & Alexandra Endres: *Wir alle haben ein Recht auf Zukunft,* München 2023.

8 Grundgesetz, Artikel 20a,
https://www.gesetze-im-internet.de/gg/art_20a.html

9 Grundgesetz, Artikel 14,
https://www.gesetze-im-internet.de/gg/art_14.html

10 Bundesministerium für Ernährung und Landwirtschaft (2024, 9. Februar): »Dürre: Finanzielle Hilfen für Waldbesitzer«,
https://www.bmel.de/DE/themen/wald/wald-in-deutschland/duerrehilfen-waldbesitzer.html;

Silke Kersting (2018, 22. August): »Ereignis von nationalem Ausmaß – Minister bringen Dürrehilfen für deutsche Bauern auf den Weg«, in: *Handelsblatt*, https://www.handelsblatt.com/politik/deutschland/landwirtschaft-ereignis-von-nationalem-ausmass-minister-bringen-duerrehilfen-fuer-deutsche-bauern-auf-den-weg/22939474.html

11 Roda Verheyen & Alexandra Endres: *Wir alle haben ein Recht auf Zukunft*, München 2023.

12 Bundesregierung (2023, 10. August): »Ein Kompass für die Zukunft – Die Deutsche Nachhaltigkeitsstrategie«, https://www.bundesregierung.de/breg-de/themen/nachhaltigkeitspolitik/deutsche-nachhaltigkeitsstrategie-318846

13 Gerd Winter (2013): »Ökologische Verhältnismäßigkeit«, in: *Zeitschrift für Umweltrecht 7/8*, S. 387–395, https://www.gerd-winter.jura.uni-bremen.de/oekologischeverhaeltnismaessigkeit.pdf

14 Johan Rockström, Louis Kotzé, Svetlana Milutinovic, Frank Biermann, Victor Brovkin, Jonathan Donges, Jonas Ebbesson, Will Steffen u. a. (2024): »The planetary commons: A new paradigm for safeguarding Earth regulating systems in the Anthropocene«, in: *Proceedings of the National Academy of Sciences of the United States of America 121* (15), https://www.pnas.org/doi/10.1073/pnas.2301531121

15 Vgl. Roda Verheyen & Alexandra Endres: *Wir alle haben ein Recht auf Zukunft*, München 2023.

16 Wissenschaftlicher Beirat der Bundesregierung Globale Umweltveränderungen (2023, Juni): »Gesund leben auf einer gesunden Erde«, https://www.wbgu.de/de/publikationen/publikation/gesundleben

1 Statista (2024, 28. März): »Anzahl des Personals in der ambulanten und der stationären bzw. teilstationären Pflege in Deutschland im Zeitraum von 2001 bis 2021«, https://de.statista.com/statistik/daten/studie/36565/umfrage/personal-in-der-stationaeren-und-ambulanten-pflege/

2 Statista (2024, 27. März): »Anzahl der Beschäftigten in der Automobilindustrie in Deutschland von 2005 bis 2023«, https://de.statista.com/statistik/daten/studie/30703/umfrage/beschaeftigtenzahl-in-der-automobilindustrie/

3 Statistisches Bundesamt (2024): »Umsatz nach Wirtschaftsbereichen 2022«, https://www.destatis.de/DE/Themen/Branchen-Unternehmen/Unternehmen/_Grafik/_Interaktiv/unternehmensregister-umsatz.html

4 Jörg Tschürtz (2020, 17. Februar): »Null Verkehrstote: Helsinki und Oslo beinahe am Ziel«, in: *Luxemburger Wort*, https://www.wort.lu/international/null-verkehrstote-helsinki-und-oslo-beinahe-am-ziel/1045376.html

5 Umweltbundesamt (2024, 30. April): »Klimaschutz im Verkehr«, https://www.umweltbundesamt.de/themen/verkehr/klimaschutz-im-verkehr#rolle

6 Lena Bitz (2023, 31. März): »Ist der Klimaschutz-Rückschritt noch verfassungskonform?«, in: *Legal Tribune Online*, https://www.lto.de/recht/hintergruende/h/koalitionsausschuss-modernisierungspaket-sektorenziele-weichen-co2-gesamtrechnung/

7 Laura Cozzi, Apostolos Petropoulos, Leonardo Paoli, Mathilde Huismans & Amrita Dasgupta (2023, 27. Februar): »As their sales continue to rise, SUVs' global CO2 emissions are nearing 1 billion tonnes«, International Energy Agency, https://www.iea.org/commentaries/as-their-sales-continue-to-rise-suvs-global-co2-emissions-are-nearing-1-billion-tonnes

8 Agora Verkehrswende (2021, September): »Pendlerverkehr in Deutschland – Zahlen und Fakten zu den Wegen zwischen Wohn- und Arbeitsort«,
https://www.agora-verkehrswende.de/fileadmin/Projekte/2021/Pendlerverkehr/63_Faktenblatt_Pendlerverkehr.pdf
9 The International Council on Clean Transportation (2024, 31. Januar): »Trotz neuem Prüfverfahren: Offizielle und reale Emissions- und Verbrauchswerte von PKW klaffen erneut auseinander« [Pressemitteilung],
https://theicct.org/pr-de-trotz-neuem-prufverfahren-offizielle-und-reale-emissions-und-verbrauchswerte-von-pkw-klaffen-erneut-auseinander-jan24/
10 Ruth Blanck & Wiebke Zimmer (2021, 14. Oktober): »Klimaschutzinstrumente im Verkehr – Plug-In-Hybrid Pkw«, Umweltbundesamt, https://www.umweltbundesamt.de/sites/default/files/medien/366/dokumente/uba-kurzpapier_plug-in-hybride_kliv.pdf
11 Frauke Suhr (2020, 11. Mai): »Mehrheit lehnt Auto-Kaufprämie ab«, Statista, https://de.statista.com/infografik/21665/umfrage-zu-auto-kaufpraemien-wegen-der-corona-pandemie/
12 Martin Wietschel, Matthias Kühnbach & David Rüdiger (2019, März): »Die aktuelle Treibhausgasemissionsbilanz von Elektrofahrzeugen in Deutschland«, Fraunhofer-Institut für System- und Innovationsforschung, https://www.isi.fraunhofer.de/content/dam/isi/dokumente/sustainability-innovation/2019/WP02-2019_Treibhausgasemissionsbilanz_von_Fahrzeugen.pdf
13 Fraunhofer-Institut für System- und Innovationsforschung (2023, 29. März): »Elektroauto versus Verbrenner – Kostenanalyse zeigt klaren Vorteil für E-Fahrzeuge« [Pressemitteilung],
https://www.isi.fraunhofer.de/de/presse/2023/presseinfo-04-elektroauto-versus-Verbrenner-Kostenanalyse.html
14 Cuno Bieler & Daniel Sutter (2019, August): »Externe Kosten des

Verkehrs in Deutschland – Straßen-, Schienen-, Luft- und Binnenschiffverkehr 2017«, Allianz pro Schiene,
https://www.allianz-pro-schiene.de/glossar/externe-kosten/

15 Stefan Gössling, Jessica Kees & Todd Litman (2022): »The lifetime cost of driving a car«, in: *Ecological Economics 194,* https://www.sciencedirect.com/science/article/pii/S0921800921003943?via=ihub%3D#

16 Max Roser (2021, 25. November): »Data review: how many people die from air pollution?«, Our World in Data,
https://ourworldindata.org/data-review-air-pollution-deaths

17 Damian Carrington (2017, 12. Juni): »Air pollution more harmful to children in cars than outside, warns top scientist«, in: *The Guardian,* https://www.theguardian.com/environment/2017/jun/12/children-risk-air-pollution-cars-former-uk-chief-scientist-warns

18 Manfred Liebel & Philip Meade: *Adultismus. Die Macht der Erwachsenen über die Kinder – Eine kritische Einführung,* Berlin 2023, S. 109 ff;
Allianz der freien Straße: *Manifest der freien Straße,* Berlin/Boston 2023, S. 78.

19 Nikolaos Evangeliou, Henrik Grythe, Zbigniew Klimont, Chris Heyes, Sándor Eckhart, Susana Lopez-Aparicio & Andreas Stohl (2020): »Atmospheric transport is a major pathway of microplastics to remote regions«, in: *Nature Communications 11,* https://www.nature.com/articles/s41467-020-17201-9

20 Verkehrsclub Österreich (2016, November): »VCÖ-Factsheet: Mit Parkplatzmanagement Verkehr nachhaltig steuern«,
https://vcoe.at/publikationen/vcoe-factsheets/detail/vcoe-factsheet-mit-parkplatzmanagement-verkehr-nachhaltig-steuern

21 https://www.swr.de/swraktuell/rheinland-pfalz/koblenz/neues-anwohnerparken-koblenz-tritt-in-kraft-100.html

22 Stefanie Markert (2021, 30. August): »Paris führt fast überall Tempo 30 ein«, *Tagesschau,*

https://www.tagesschau.de/ausland/europa/paris-tempolimit-103.html

23 Andreas Kockartz (2022, 5. Januar): »1 Jahr Tempo-30-Zone Brüssel: Eine Erfolgsstory? Halbierung der Zahl der Todesopfer im Straßenverkehr«, Vlaamse Radio- en Televisieomroeporganisatie, https://www.vrt.be/vrtnws/de/2022/01/05/1-jahr-tempo-30-zone-bruessel-eine-erfolgsstory-halbierung-der/

24 Allgemeiner Deutscher Fahrrad-Club (2022, Juni): »Studie zum Weltfahrradtag«, https://www.adfc.de/neuigkeit/studie-zum-weltfahrradtag

25 Bundesministerium für Digitales und Verkehr (2023, 15. Dezember): »Fahrrad-Monitor«, https://bmdv.bund.de/SharedDocs/DE/Artikel/StV/Radverkehr/fahrradmonitor.html

26 Ralf Julke (2023, 28. Dezember): »Verkehrswende im Schneckentempo: Sachsen hat 2023 gerade mal 8 Kilometer neue Radwege an Staatsstraßen gebaut«, in: *Leipziger Zeitung*, https://www.l-iz.de/wirtschaft/mobilitaet/2023/12/verkehrswende-im-schneckentempo-sachsen-2023-8-kilometer-radwege-staatsstrassen-570373

27 Im Jahr 2022 waren es 1,95 Millionen Ausleihen.

28 Stefan Hennigfeld (2023, 13. Juli): »KVB-Rad: Spitzenwerte im ersten Halbjahr«, Eisenbahnjournal Zughalt.de, http://www.zughalt.de/2023/07/kvb-rad-spitzenwerte-im-ersten-halbjahr/

29 Clemens Weiss (2020, 18. Mai): »Stand der Mobilitätswende in ländlichen Regionen«, Zukunft Mobilität, https://www.zukunft-mobilitaet.net/171427/analyse/laendliche-regionen-mobilitaetswende-zukunft-der-mobilitaet-auf-dem-land/

30 http://www.zughalt.de/2023/07/kvb-rad-spitzenwerte-im-ersten-halbjahr/

31 WWF Deutschland (2023, 22. November): »Studie: Entfernungspauschale ungerecht und klimaschädlich« [Pressemitteilung],

https://www.wwf.de/2023/november/studie-entfernungspauschale-ungerecht-und-klimaschaedlich-breites-buendnis-fordert-abschaffung

32 Supermarkt Inside (2021, 23. Juli): »Supermärkte im ländlichen Raum: Echte Stützen der Gemeinschaft«, https://www.supermarkt-inside.de/supermaerkte-im-laendlichen-raum-%E2%80%A8echte-stuetzen-der-gemeinschaft/

unlearn wachstum – **Claudia Kemfert**

1 Statista (2024, 9. Februar): »Energiebedingte CO_2-Emissionen pro Kopf weltweit nach ausgewählten Ländern im Jahr 2022«, https://de.statista.com/statistik/daten/studie/167877/umfrage/co-emissionen-nach-laendern-je-einwohner/

2 Dennis Meadows, Donella Meadows, Erich Zahn & Peter Milling: *Die Grenzen des Wachstums. Bericht des Club of Rome zur Lage der Menschheit,* Stuttgart 1972.

3 Intergovernmental Panel on Climate Change (2023): »Summary for Policy Makers«, in: *Climate Change 2023: Synthesis Report,* https://www.ipcc.ch/report/ar6/syr/downloads/report/IPCC_AR6_SYR_SPM.pdf

4 Sara Holzmann, Thiess Petersen & Marcus Wortmann: *Wachstum oder Schrumpfung in der sozial-ökologischen Transformation: Eine Frage der Entkopplung,* Gütersloh: Bertelsmann-Stiftung 2023, https://www.bertelsmann-stiftung.de/de/publikationen/publikation/did/wachstum-oder-schrumpfung-in-der-sozial-oekologischen-transformation-eine-frage-der-entkopplung

5 Global Footprint Network (o. D.): »Earth Overshoot Day«, https://overshoot.footprintnetwork.org/

6 Rob Dietz & Daniel O'Neill: *Enough is Enough. Building a Sustainable Economy in a World of Finite Resources,* London 2013;

Wolfgang Sachs (2015): »Suffizienz. Umrisse einer Ökonomie des Genug«, in: *uwf UmweltWirtschaftsForum* 23 (1), S. 3–9.

7 Max-Planck-Gesellschaft (o. D.): »Die Verortung des Anthropozäns«, https://www.mpg.de/20614478/anthropozaen-crawford-lake
Aus wissenschaftlichen Gründen einigte man sich aber auf die Verortung des Beginns des Anthropozäns im Jahre 1945, mit Beginn der Atomwaffentests, die global nachweisbare Spuren hinterließen, nämlich Plutonium-Isotope an zwölf Orten auf fünf Kontinenten. Im August 2024 will die International Union of Geological Sciences den Crawford Lake, wo das Plutonium ab Ende der 1940er-Jahre mit einem schnellen Anstieg ab 1950 zu finden ist, als geologischen Referenzpunkt für die Epoche des Anthropozäns ratifizieren.

8 Philipp Lepenies: *Die Macht der einen Zahl. Eine politische Geschichte des Bruttoinlandsprodukts,* Berlin 2013.

9 Matthias Schmelzer (2015): »The growth paradigm: History, hegemony, and the contested making of economic growth-manship«, in: *Ecological Economics 118,* S. 262–271;
Matthias Schmelzer: *The Hegemony of Growth: The OECD and the Making of the Economic Growth Paradigm,* Cambridge 2016;
Gareth Dale: »Seventeenth-century origins of the growth paradigm«, in: I. Borowy, M. Schmelzer (Hrsg.): *History of the Future of Economic Growth. Historical Roots of Current Debates on Sustainable Degrowth,* London/New York 2017, S. 27–51.

10 Statista (2024, 30. April): »Bruttoinlandsprodukt (BIP) in Deutschland in jeweiligen Preisen vom 1. Quartal 2019 bis zum 1. Quartal 2024«, https://de.statista.com/statistik/daten/studie/3829/umfrage/entwicklung-des-bruttoinlandsprodukts-in-deutschland-nach-quartalen/

11 Statista (2024, 29. April): »Ranking der 20 Länder mit dem größten Bruttoinlandsprodukt (BIP) im Jahr 2023«, https://de.statista.com/statistik/daten/studie/157841/umfrage/ranking-der-20-laender-mit-dem-groessten-bruttoinlandsprodukt/

12 Matthias Schmelzer (2023): »From Luddites to limits? Towards a systematization of growth critiques in historical perspective«, in: *Globalizations* 20 (3), S. 447–464.

13 Phoebe Spencer, Patricia Perkins & Jon Erickson (2018): »Re-establishing Justice as a Pillar of Ecological Economics Through Feminist Perspectives«, in: *Ecological Economics* 152, S. 191–198;
Daniela Gottschlich & Sara Hackfort: »Care«, in: D. Gottschlich, S. Hackfort, T. Schmitt, U. von Winterfeld (Hrsg.): *Handbuch Politische Ökologie. Theorien, Konflikte, Begriffe, Methoden,* Bielefeld 2022, S. 307–314.

14 Thilo Albers, Charlotte Bartels & Moritz Schularick: »Wealth and its Distribution in Germany, 1895–2018«, CESifo Working Papers, 2022, https://papers.ssrn.com/sol3/papers.cfm?abstract_id=4103952

15 Global Change Data Lab (o. D.): »Gini Coefficient, 2019«, https://ourworldindata.org/grapher/economic-inequality-gini-index

16 Oxfam Deutschland (2020): »Im Schatten der Profite. Wie die systematische Abwertung von Hausarbeit, Pflege und Fürsorge Ungleichheit schafft und vertieft«, https://www.staaken.info/wordpress/wp-content/uploads/2023/03/2020_oxfam_ungleichheit_studie_deutsch_schatten-der-profite.pdf

17 Oxfam Deutschland (o. D.): »Bericht zur sozialen Ungleichheit 2024 – Inequality Inc«, https://www.oxfam.de/ueber-uns/publikationen/bericht-soziale-ungleichheit-2024;
Oxfam International (2024): »Inequality Inc. How corporate power divides our world and the need for a new era of public action«, https://www.oxfam.de/system/files/documents/bp-inequality-inc-150124-eng.pdf

18 Uta Meier-Gräwe (2020, 30. Oktober): »Wirtschaft neu ausrichten. Wege in eine care-zentrierte Ökonomie«, Bundeszentrale für politische Bildung, https://www.bpb.de/shop/zeitschriften/apuz/care-arbeit-2020/317855/wirtschaft-neu-ausrichten/#footnote-target-2

19 Heidi Foth, Christian Calliess, Olav Hohnmeyer, Karin Holm-Müller, Manfred Niekisch, Miranda Schreurs & Martin Faulstich: *Umweltgutachten 2012: Verantwortung in einer begrenzten Welt,* Berlin 2012, https://www.umweltrat.de/SharedDocs/Downloads/DE/01_Umweltgutachten/2012_2016/2012_06_04_Umweltgutachten_HD.html

20 Hans Diefenbacher & Roland Zieschank (2010, Februar): »Wohlfahrtsmessung in Deutschland. Ein Vorschlag für einen nationalen Wohlfahrtsindex«, Umweltbundesamt, https://www.umweltbundesamt.de/sites/default/files/medien/461/publikationen/3902.pdf

21 Benjamin Held, Dorothee Rodenhäuser & Hans Diefenbacher (2022, Februar): »NWI 3.0. – Methodenbericht Nationaler Wohlfahrtsindex 3.0«, Institut für Makroökonomie und Konjunkturforschung, https://www.boeckler.de/fpdf/HBS-008250/p_imk_study_78_2022.pdf

22 Jason Hickel (2020): »The sustainable development index: Measuring the ecological efficiency of human development in the anthropocene«, in: *Ecological Economics 167,* https://www.sciencedirect.com/science/article/abs/pii/S0921800919303386?via%3Dihub

23 Organisation for Economic Co-operation and Development (2020): »How's Life? 2020. Measuring Wellbeing«, https://www.oecd-ilibrary.org/content/publication/9870c393-en

24 Ida Kubiszewski, Robert Costanza, Carol Franco, Philip Lawn, John Talberth, Tim Jackson & Camille Aylmer (2013): »Beyond GDP: Measuring and achieving global genuine progress«, in: *Ecological Economy* 93, S. 57–68, https://econpapers.repec.org/article/eeeecolec/v_3a93_3ay_3a2013_3ai_3ac_3ap_3a57-68.htm

25 »These 8: Suffizienz erfordert ein zukunftsfähiges Wohlfahrtsverständnis und ein vorsorgeorientiertes Wirtschaftssystem«, Sachverständigenrat für Umweltfragen (2024): *Suffizienz als ›Strategie des Genug‹: Eine Einladung zur Diskussion,* S. 36 ff., https://www.um-

weltrat.de/SharedDocs/Downloads/DE/04_Stellungnahmen/2020_2024/2024_03_Suffizienz.html

26 Ulrich Petschow, Steffen Lange, David Hofmann, Eugen Pissarskoi, Nils aus dem Moore, Thorben Korfhage & Annekathrin Schoofs (2018): »Gesellschaftliches Wohlergehen innerhalb planetarer Grenzen. Der Ansatz einer vorsorgeorientierten Postwachstumsposition. Zwischenbericht des Projektes ›Ansätze zur Ressourcenschonung im Kontext von Postwachstumskonzepten‹«, Umweltbundesamt, https://www.umweltbundesamt.de/sites/default/files/medien/1410/publikationen/uba_texte_89_2018_vorsorgeorientierte_postwachstumsposition.pdf

27 Christine Corlet Walker, Angela Druckman & Tim Jackson (2021): »Welfare systems without economic growth: A review of the challenges and next steps for the field«, in: *Ecological Economics 186*, https://www.sciencedirect.com/science/article/pii/S0921800921001245?

28 Sebastian Strunz & Harry Schindler (2018): »Identifying Barriers Toward a Post-growth Economy – A Political Economy View«, in: *Ecological Economics 153*, S. 68–77.

29 Sachverständigenrat für Umweltfragen (2023): »Umwelt und Gesundheit konsequent zusammendenken«, https://www.umweltrat.de/SharedDocs/Downloads/DE/02_Sondergutachten/2020_2024/2023_06_SG_Umwelt_und_Gesundheit_zusammendenken.html

30 Claudia Kemfert & Sophie Schmalz (2019): »Sustainable Finance: Political Challenges of Development and Implementation of Framework Conditions«, in: *Green Finance 1* (3), S. 237–248, https://www.econstor.eu/bitstream/10419/202480/1/Kemfert-Schmalz-2019.pdf

31 KLIMA° vor acht: »Wir fordern Primetime fürs Klima«, https://klimavoracht.de/

32 Michael Jakob & Ottmar Edenhofer (2015): »Green growth, de-

growth, and the commons«, in: *Oxford Review of Economic Policy* 30 (3), S. 447–468, https://www.mcc-berlin.net/fileadmin/user_upload/Jakob/Jakob_Edenhofer_Green_Growth_Degrowth_Commons_OXREP_2014.pdf;
Tim Jackson (2019): »The Post-growth Challenge: Secular Stagnation, Inequality and the Limits to Growth«, in: *Ecological Economics* 156, S. 236–246.

33 Partha Dasgupta (2021): »The Economics of Biodiversity: The Dasgupta Review«, HM Treasury, https://www.gov.uk/government/publications/final-report-the-economics-of-biodiversity-the-dasgupta-review

34 World Bank (2012): »Inclusive Green Growth. The Pathway to Sustainable Development«, Washington, DC: World Bank, https://openknowledge.worldbank.org/bitstreams/8fd533cc-8dd2-5a0a-820b-2de519108f52/download

35 Jason Hickel (2021): »What does degrowth mean? A few points of clarification«, in: *Globalizations* 18 (7), S. 1105–1111.

36 Ulrich Petschow, Steffen Lange, David Hofmann, Eugen Pissarskoi, Nils aus dem Moore, Thorben Korfhage & Annekathrin Schoofs (2018): »Gesellschaftliches Wohlergehen innerhalb planetarer Grenzen. Der Ansatz einer vorsorgeorientierten Postwachstumsposition. Zwischenbericht des Projektes ›Ansätze zur Ressourcenschonung im Kontext von Postwachstumskonzepten‹«, Umweltbundesamt, https://www.umweltbundesamt.de/sites/default/files/medien/1410/publikationen/uba_texte_89_2018_vorsorgeorientierte_postwachstumsposition.pdf

unlearn mode – **Nina Lorenzen**

1 Phoebe Nicette (2021, 21. Oktober): »Welche Fortschritte macht die Modeindustrie?«, in: *Fashion Changers Magazin*, https://fashion-

changers.de/klimawandel-und-mode-welche-fortschritte-macht-die-modeindustrie/

2 Greenhouse Gas Protocol (2022, Juni): »Scope 3 Frequently Asked Questions«, https://ghgprotocol.org/sites/default/files/2022-12/Scope%203%20Detailed%20FAQ.pdf

3 Textile Exchange (2020, Januar): »Preferred Fiber and Materials – Market Report 2020«, https://textileexchange.org/app/uploads/2021/04/Textile-Exchange_Preferred-Fiber-Material-Market-Report_2020.pdf

4 Textile Exchange (2023, Dezember): »Materials Market Report 2023«, https://textileexchange.org/knowledge-center/reports/materials-market-report-2023/

5 Alle in diesem Absatz genannten Zahlen basieren auf: Jason Judd, Angus Bauer, Sarosh Kuruvilla & Stephanie Williams (2023, September): »Higher Ground? Fashion's Climate Breakdown and its Effects for Workers«, Cornell ILR Global Labor Institute/Schroders, https://www.ilr.cornell.edu/sites/default/files-d8/2023-09/Higher%20Ground%20Report%201%20FINAL.pdf

6 Jessica Whitt & Scott Gordon (2023, 17. Januar): »This is the economic cost of extreme weather«, World Economic Forum, https://www.weforum.org/agenda/2023/01/extreme-weather-economic-cost-wef23/

7 Business of Fashion/McKinsey & Company (2023, November): »The State of Fashion 2024«, https://cdn.businessoffashion.com/reports/The_State_of_Fashion_2024.pdf

8 World Commission on Environment and Development (1987, August): »Report of the World Commission on Environment and Development – Our Common Future«, https://sustainabledevelopment.un.org/content/documents/5987our-common-future.pdf

9 Joan Kennedy (2022, 5. April): »Why Shein Might Be Worth $ 100 Billion, in Four Charts«, Business of Fashion,

https://www.businessoffashion.com/articles/retail/why-shein-might-be-worth-100-billion-in-four-charts/
10 Katrin Ley, Rogier van Mazijk, Rory Hugill, Lewis Perkins & Ryan Gains (2021, November): »Unlocking the Trillion Dollar Fashion Decarbonisation Opportunity – Existing and Innovative Solutions«, Apparel Impact Institute/Fashion For Good, https://reports.fashionforgood.com/report/trillion-dollar-fashion-decarbonisation/
11 Sarah Kent (2024, 31. Januar): »Where Is the Money to Make Fashion More Sustainable?«, Business of Fashion, https://www.businessoffashion.com/articles/sustainability/fashion-climate-finance-funds-suppy-chain-invesment-sustainability/
12 Ellen MacArthur Foundation (2017): »A new textiles economy: Redesigning fashion's future«, https://www.ellenmacarthurfoundation.org/a-new-textiles-economy
13 Diese Hochrechnung basiert auf Zahlen des Marktforschungsinstituts Euromonitor International aus dem Jahr 2019. Gesehen hier: *Süddeutsche Zeitung* (2023, 5. Dezember): »EU verbietet Vernichtung unverkaufter Kleidung«, https://www.sueddeutsche.de/wirtschaft/eu-kleidung-vernichtung-verbot-1.6314321
14 Europäische Kommission (2023, 5. Juli): »Kreislaufwirtschaft für Textilien: Verantwortung übernehmen für Verringerung, Wiederverwendung und Recycling von Textilabfällen und Märkte für gebrauchte Textilien ankurbeln« [Pressemitteilung], https://ec.europa.eu/commission/presscorner/detail/de/IP_23_3635

1 Stefan Rahmstorf (1987): *Stabilität von Dichtefluktuationen im expandierenden Kosmos in harmonischen Koordinaten* [Diplomarbeit]. Universität Konstanz.

2 Alexander von Humboldt: *Central-Asien. Untersuchungen über die Gebirgsketten und die vergleichende Klimatologie,* Berlin 1844.

3 Stefan Rahmstorf (2015, 9. November): »Der Klimawandel: Fünfzig Jahre Zaudern«, Project Syndicate – The World's Opinion Page, https://www.project-syndicate.org/commentary/climate-change-action-paris-summit-by-stefan-rahmstorf-2015-11/german

4 Stefan Rahmstorf (2020, 25. Januar): »Woher die gewaltige Energie des Klimawandels stammt«, in: *Spiegel,* https://www.spiegel.de/wissenschaft/mensch/klimawandel-woher-die-gewaltige-energie-der-erderhitzung-stammt-a-692ebf01-faf1-4ffe-828a-16493d24715b

5 Intergovernmental Panel on Climate Change (1990): »Climate Change: The IPCC Scientific Assessment«, https://www.ipcc.ch/report/climate-change-the-ipcc-1990-and-1992-assessments/

6 Matthew Osman, Jessica Tierney, Jiang Zhu, Robert Tardif, Gregory Hakim, Jonathan King & Christopher Poulsen (2021): »Globally resolved surface temperatures since the Last Glacial Maximum«, in: *Nature* 599, S. 239–244, https://www.nature.com/articles/s41586-021-03984-4

7 Daniel Vecellio, Qinqin Kong, Larry Kenney & Matthew Huber (2023): »Greatly enhanced risk to humans as a consequence of empirically determined lower moist heat stress tolerance«, in: *Proceedings of the National Academy of Sciences of the United States of America 120* (42), https://www.pnas.org/doi/10.1073/pnas.2305427120

8 Geoffrey Supran, Stefan Rahmstorf & Naomi Oreskes (2023):

»Assessing ExxonMobil's global warming projections«, in: *Science* 379 (6628),
https://www.science.org/doi/10.1126/science.abk0063

9 Stefan Rahmstorf (2022, 12. März): »Was die Eiszeit über den Klimawandel lehrt«, *Spiegel*,
https://www.spiegel.de/wissenschaft/mensch/was-die-eiszeit-ueber-den-klimawandel-lehrt-a-cfce2e0b-564d-4887-949d-ab3bafec4363

10 Claudia Black-Kalinsky (2016, 25. Mai): »My father warned Exxon about climate change in the 1970s. They didn't listen«, *The Guardian,*
https://www.theguardian.com/commentisfree/2016/may/25/exxon-climate-change-greenhouse-gasses

11 Geoffrey Supran & Naomi Oreskes (2017): »Assessing ExxonMobil's climate change communication (1977–2014)«, in: *Environmental Research Letters 12*(8),
https://iopscience.iop.org/article/10.1088/1748-9326/aa815f.

12 Stefan Rahmstorf (2017, 29. Juli): »Der globale CO2-Anstieg: die Fakten und die Bauernfängertricks«, Spektrum.de,
https://scilogs.spektrum.de/klimalounge/der-globale-co2-anstieg-die-fakten-und-die-bauernfaengertricks/

13 Stefan Rahmstorf (2017, 18. September): »Uralte Exxon-Propaganda neu aufgelegt im deutschen Wahlkampf«, Spektrum.de,
https://scilogs.spektrum.de/klimalounge/uralte-exxon-propaganda-neu-aufgelegt-im-deutschen-wahlkampf/

14 Stefan Rahmstorf (2020, 25. Januar): »Woher die gewaltige Energie des Klimawandels stammt«, *Spiegel,*
https://www.spiegel.de/wissenschaft/mensch/klimawandel-woher-die-gewaltige-energie-der-erderhitzung-stammt-a-692ebf01-faf1-4ffe-828a-16493d24715b

15 Niall McCarthy (2019, 26. März): »Oil Firm spends Millions on Climate Lobbying«, Statista,

https://www.statista.com/chart/17467/annual-expenditure-on-climate-lobbying-by-oil-and-gas-companies/

16 Graham Readfearn (2015, 5. März): »Doubt over climate science is a product with an industry behind it«, *The Guardian,* https://www.theguardian.com/environment/planet-oz/2015/mar/05/doubt-over-climate-science-is-a-product-with-an-industry-behind-it

17 Michael Mann, Raymon Bradley & Malcolm Hughes (1999): »Northern hemisphere temperatures during the past millennium: Inferences, uncertainties and limitations«, in: *Geophysical Research Letters* 26 (6), S. 759–762, https://agupubs.onlinelibrary.wiley.com/doi/10.1029/1999GL900070

18 Axel Bojanowski (2004, 15. August): »Das Klima war viel komplexer«, *Welt am Sonntag,* https://www.welt.de/print-wams/article114358/Das-Klima-war-viel-komplexer.html

19 Stefan Rahmstorf (2013, 23. Mai): »Paläoklima: Die Hockeyschläger-Debatte«, Spektrum.de, https://scilogs.spektrum.de/klimalounge/palaeoklima-die-hockeyschlaeger-debatte/

20 Andrey Revkin (2010, 8. Februar): »Reality Check on Old Ice, Climate and CO2«, *The New York Times,* https://archive.nytimes.com/dotearth.blogs.nytimes.com/2010/02/08/richard-alley-on-old-ice-climate-and-co2/

21 Stefan Rahmstorf (2022, 12. März): »Was die Eiszeit über den Klimawandel lehrt«, *Spiegel,* https://www.spiegel.de/wissenschaft/mensch/was-die-eiszeit-ueber-den-klimawandel-lehrt-a-cfce2e0b-564d-4887-949d-ab3bafec4363

22 Stefan Rahmstorf (2020, 18. März): »Wissenschaftsleugnung in Zeiten von Corona«, Spektrum.de,

https://scilogs.spektrum.de/klimalounge/wissenschaftsleugnung-in-zeiten-von-corona/

23 Klimafakten (2020, 28. April): »P-L-U-R-V: Dies sind die häufigsten Desinformations-Tricks von Wissenschafts-Leugnern«, https://www.klimafakten.de/kommunikation/p-l-u-r-v-dies-sind-die-haeufigsten-desinformations-tricks-von-wissenschafts-leugnern

24 Stefan Rahmstorf (2009, 9. März): »Climate sceptics confuse the public by focusing on short-term fluctuations«, *The Guardian,* https://www.theguardian.com/environment/cif-green/2009/mar/09/climate-change-copenhagen

25 Peritia Project (o. D.): »Public perceptions on climate change«, The Policy Institute/King's College London, https://www.kcl.ac.uk/policy-institute/assets/peritia-climate-change%E2%80%8B.pdf

26 European Environment Agency (2023, 29. Juni): »Global and European Temperatures«, https://www.eea.europa.eu/en/analysis/indicators/global-and-european-temperatures

27 Cathrin Gilbert & Holger Stark (2023, 13. April): »›Aber das ist dennoch die einzige Chance, um den endgültigen Niedergang des Landes zu vermeiden‹«, *Zeit,* https://www.zeit.de/2023/16/mathias-doepfner-axel-springer-interne-dokumente/komplettansicht

28 Stefan Rahmstorf (2009, 20. März): »Meeresspiegel-Irrungen«, Spektrum.de, https://scilogs.spektrum.de/klimalounge/meeresspiegel-irrungen/

29 Stefan Rahmstorf (2011, 15. Juli): »SPIEGEL zum Meeresspiegel«, Spektrum.de, https://scilogs.spektrum.de/klimalounge/spiegel-zum-meeresspiegel/

30 Axel Bojanowski (2021, 2. September): »Der unappetitliche Klima-Bluff«, *Welt*, https://www.welt.de/wissenschaft/article232515327/Flutkatastrophe-Klimawandel-Volksverpetzer-im-Faktencheck.html

31 Stefan Rahmstorf (2021, 16. August): »DWD-Sprecher Andreas Friedrich zur Ahrtalflut« [Tweet]. Twitter, https://x.com/rahmstorf/status/1427174389972443136

32 Joel Zeder & Erich Fischer (2020): »Observed extreme precipitation trends and scaling in Central Europe«, in: *Weather and Climate Extremes* 29, https://www.sciencedirect.com/science/article/pii/S2212094719301720

33 Für weitere bekannte öffentliche Beispiele siehe etwa:
Stefan Rahmstorf (o. D.): »Fehler im Artikel ›Rüpeleien unter Klimaforschern‹ von Axel Bojanowski«, Potsdam Institute for Climate Impact Research,
https://www.pik-potsdam.de/~stefan/bojanowski.html
https://x.com/rahmstorf/status/1802281163253223628

34 Phoebe Cook (2023, 20. Juli): »Revealed: Media Blitz Against Heat Pumps Funded by Gas Lobby Group«, DeSmog, https://www.desmog.com/2023/07/20/revealed-media-blitz-against-heat-pumps-funded-by-gas-lobby-group/

35 Stephan Lewandowsky, John Cook, Ullrich Ecker, Dolores Albarracin, Michelle Amazeen, Maria Zaragoza u. a. (2020): »Widerlegen, aber richtig«, https://skepticalscience.com/docs/DebunkingHandbook2020-German.pdf

36 Christopher Schrader & www.klimafakten.de (Hrsg.): *Über Klima sprechen,* München 2022.

1 Sara Weber: *Die Welt geht unter, und ich muss trotzdem arbeiten?* Köln 2023, S. 11–13.
2 ZaidLeppelin (2022, 25. Juli): »On quiet quitting« [Video], TikTok, https://www.tiktok.com/@zaidleppelin/video/7124414185282391342?lang=de-DE
3 Felix Kiefer, Valerie Höhne & Katrin Schulze (2023, 11. September): »›Nach 45 Jahren Maloche in die Altersarmut‹ – Millionen Beschäftigte müssen mit weniger als 1500 Euro Rente rechnen«, *Tagesspiegel*, https://www.tagesspiegel.de/wirtschaft/finanzen/mehr-als-neun-millionen-beschaftigte-werden-weniger-als-1500-euro-rente-bekommen-10448179.html
4 Juliet Schor (2022, April): »Argumente für eine 4-Tage-Arbeitswoche« [Video], TED Conferences, https://www.ted.com/talks/juliet_schor_the_case_for_a_4_day_work_week?language=de
5 Kyle Knight, Eugene Rosa & Juliet Schor: »Reducing Growth to Achieve Environmental Sustainability: The Role of Work Hours«, in: J. Wicks-Lim, R. Pollin (Hrsg.): *Capitalism on Trial.* Cheltenham/Northampton 2013, S. 187–204.
6 Dirk Thomas (2021, 22. April): »Warum Homeoffice gut fürs Klima ist – Arbeiten nach Corona. 2021« [Konferenzpräsentation]. 3. Sitzung der AG Systemfragen. Institut für Zukunftsstudien und Technologiebewertung, S. 12–13, https://www.bmwk.de/Redaktion/DE/Downloads/P-R/roadmap-2045-ag-systemfragen-3-sitzung-homeoffice-fuer-alle-holdampf-wendel.pdf?__blob=publicationFile&v=4
7 Ifo Institut (2024, Februar): »ifo Konjunkturperspektiven – Verarbeitendes Gewerbe, Bauhauptgewerbe, Großhandel, Einzelhandel, Dienstleistungen«, https://www.ifo.de/publikationen/2024/zeitschrift-einzelheft/ifo-konjunkturperspektiven-022024
8 Laurie Mompelat (2021, Mai): »Stop The Clock. The Environmental

Benefits of a Shorter Working Week«, Platform London/Alex Ferry Foundation,
https://6a142ff6-85bd-4a7b-bb3b-476b07b8f08d.usrfiles.com/ugd/6a142f_5061c06b240e4776bf31dfac2543746b.pdf

9 Anders Fremstad, Mark Paul & Anthony Underwood (2019): »Work Hours and CO_2 Emissions: Evidence from U.S. Households«, in: *Review of Political Economy 31* (1), S. 42-59, S. 54 f., https://www.tandfonline.com/doi/full/10.1080/09538259.2019.1592950

10 Natalie Muller & Neil King (2023, 6. September): »Could a 4-day workweek help the climate?«, Deutsche Welle,
https://www.dw.com/en/could-a-4-day-workweek-help-the-climate/a-65553713;
Juliet Schor, Wen Fan, Orla Kelly, Guolin Gu, Tatiana Bezdenezhnykh & Niamh Bridson-Hubbard (2022): »Assessing Global Trials of Reduced Work Time with No Reduction in Pay«, Four Day Week Global Foundation, S. 32, https://www.researchgate.net/publication/367023918_The_Four_Day_Week_Assessing_global_trials_of_reduced_work_time_with_no_reduction_in_pay_Evidence_from_Ireland

11 Yanqiu Tao, Longqi Yang, Sonia Jaffe & Fengqi You (2023): »Climate mitigation potentials of teleworking are sensitive to changes in lifestyle and workplace rather than ICT usage«, in: *Proceedings of the National Academy of Sciences 120* (39), https://www.pnas.org/doi/full/10.1073/pnas.2304099120

12 Paresh Dave (2022, 12. Mai): »Companies need to confront a new and rapidly emerging climate challenge: Home offices«, World Economic Forum, https://www.weforum.org/agenda/2022/05/companies-climate-challenge-home-offices/

13 *Tagesschau* (2023, 18. Juli): »Amtsärzte fordern Sommer-Siesta in Deutschland«, https://www.tagesschau.de/inland/amtsaerzte-siesta-temperaturen-100.html

14 Stuart Braun (2021, 1. Juli): »Arbeiten in der Hitze senkt Produktivi-

tät«, Deutsche Welle, https://www.dw.com/de/klimawandel-arbeiten-in-extremer-hitze-senkt-die-produktivit%C3%A4t/a-58046093

15 Oliver Matthes & Albrecht Radon (2023, 14. August): »Es wird heißer: Wie geht dann Arbeit auf dem Bau?«, MDR.de, https://www.mdr.de/nachrichten/deutschland/gesellschaft/dachdecker-jobs-klimawandel-hitze-100.html

16 Kai Biermann, Astrid Geisler, Karsten Polke-Majewski & Sascha Venohr (2022, 22. Juni): »Der Tod kommt bei Sonnenschein«, *Zeit Online*, https://www.zeit.de/politik/deutschland/2022-06/hitze-gefahr-tote-hitzeperioden-klimawandel

17 Sophia Oberhuber (2022, 12. August): »Zu heiß! Douglas in München sperrt zu – Behörden-Alarm bei Parfümerie«, *tz München*, https://www.tz.de/muenchen/stadt/muenchen-douglas-hitze-sperrt-zu-behoerden-alarm-parfuemerie-news-91709362.html

18 Sachverständigenrat für Integration und Migration (o. D.): »Prekäre Beschäftigung von ausländischen Arbeitskräften und Perspektiven für ihre Teilhabe in Deutschland (April 2021 – September 2023)«, https://www.svr-migration.de/projekte/prekaere-beschaeftigung/

19 International Labour Organization (2019): »Working on a Warmer Planet«, S. 13 f., https://www.ilo.org/wcmsp5/groups/public/---dgreports/---dcomm/---publ/documents/publication/wcms_711919.pdf

20 Ver.di (2024, 6. Mai): »ÖPNV – Verhandeln für bessere Tarife und für die Zukunft«, https://www.verdi.de/themen/nachrichten/++co++abd57506-9361-11ee-aeda-f97f3e953c6f.

21 MDR Aktuell (2023, 3. März): »Verdi und Gesundheitsberufe solidarisieren sich mit Fridays for Future«, MDR.de, https://www.mdr.de/nachrichten/deutschland/politik/klimastreik-fridays-for-future-verdi-102.html

22 Amazon Employees for Climate Justice (2019, 10. April): »Open let-

ter to Jeff Bezos and the Amazon Board of Directors«, *Medium*, https://amazonemployees4climatejustice.medium.com/public-letter-to-jeff-bezos-and-the-amazon-board-of-directors-82a8405f5e38

23 Caroline O'Donovan (2023, 31. Mai): »Amazon Workers walk out amid layoffs, citing concerns for climate«, *Washington Post*, https://www.washingtonpost.com/technology/2023/05/31/amazon-walkout-climate-strike/;
Amazon Employees for Climate Justice (2023, 26. Mai): »Amazon is failing its own Climate Pledge«, *Medium*,
https://amazonemployees4climatejustice.medium.com/amazon-is-failing-its-own-climate-pledge-c6ff60fceccd

24 Aryn Baker (2023, 6. Juli): »What Climate Change has to do with the looming UPS Union Strike«, *TIME*,
https://time.com/6292244/ups-strike-climate-change/

25 Robert Scholz (2023, Dezember): »Mitbestimmungsreport Nr. 79 – Unternehmensmitbestimmung und die sozialökologische Transformation«, Institut für Mitbestimmung und Unternehmensführung,
https://www.imu-boeckler.de/de/faust-detail.htm?produkt=HBS-008751

26 Europäische Investitionsbank (2023, 21. März): »81 Prozent der jungen Deutschen achten bei der Jobwahl auf die Haltung des Arbeitgebers zum Klima«, https://www.eib.org/de/press/all/2023-123-81-of-young-germans-say-the-climate-impact-of-prospective-employers-is-an-important-factor-when-job-hunting

27 International Labour Organization (2016, 13. April): »What is a green job?«, https://www.ilo.org/global/topics/green-jobs/news/WCMS_220248/lang--en/index.htm

28 Organisation for Economic Co-operation and Development: »Job Creation and Local Economic Development 2023: Bridging the Great Green Divide«, Paris 2023,

https://www.oecd-ilibrary.org/sites/21db61c1-en/1/3/2/index.html?itemId=/content/publication/21db61c1-en&_csp_=f2842cfcbf9633a0ce68042bae4d00dd&
29 Fabian Albrecht (2023, 15. November): »Deutsche Unternehmen geben 72,2 Milliarden Euro für Klimaschutz aus«, *Zeit Online*, https://www.zeit.de/wirtschaft/2023-11/klimaschutz-studie-kfw-unternehmen
30 Heike Westram (2023, 13. Februar): »Unternehmen tun zu wenig fürs Klima«, *Tagesschau*, https://www.tagesschau.de/wissen/klima/corporate-climate-responsibility-monitor-101.html

unlearn wetter – **Özden Terli**

1 World Weather Attribution (2021, 23. August): »Heavy rainfall which led to severe flooding in Western Europe made more likely by climate change«, https://www.worldweatherattribution.org/heavy-rainfall-which-led-to-severe-flooding-in-western-europe-made-more-likely-by-climate-change/
2 World Weather Attribution (2023, 19. September): »Interplay of climate change-exacerbated rainfall, exposure and vulnerability led to widespread impacts in the Mediterranean region«, https://www.worldweatherattribution.org/interplay-of-climate-change-exacerbated-rainfall-exposure-and-vulnerability-led-to-widespread-impacts-in-the-mediterranean-region/
3 Christian Breyer, Dominik Keiner, Benjamin Abbott, Jonathan Bamber, Felix Creutzig, Christoph Gerhards, Andreas Mühlbauer, Gregory Nemet & Özden Terli (2023): »Proposing a 1.0 °C climate target for a safer future«, in: *Public Library of Science* 2 (6), https://journals.plos.org/climate/article?id=10.1371/journal.pclm.0000234

1 Als cis werden Menschen bezeichnet, deren Geschlechtsidentität mit dem bei Geburt zugewiesenen Geschlecht übereinstimmt. Es ist der sprachliche Gegenpart zu »trans« und soll vermeiden, dass heteronormativ lebende Menschen als »normal« konstruiert werden.

2 Save the Children (2023, 20. Dezember): *»2023 in Review: Climate Disasters claimed 12.000 Lives Globally in 2023«* [Pressemitteilung], https://reliefweb.int/report/world/2023-review-climate-disasters-claimed-12000-lives-globally-2023

3 Ein sehr lesenswertes Buch dazu: Christian Stöcker: *Männer, die die Welt verbrennen,* Berlin 2024.

4 J. Ann Tickner: *A Feminist Voyage through International Relations,* Oxford 2014, S. 51 ff.

5 Jan Kowalzig, Mara Brückner & Manuel Schmitt (2023, November): »Klima der Ungleichheit – Wie extremer Reichtum weltweit die Klimakrise, Armut und Ungleichheit verschärft«, Oxfam Deutschland e. V.,
https://www.oxfam.de/system/files/documents/20231120-oxfam-klima-ungleichheit.pdf

6 *Tagesspiegel* (2021, 4. November): »›Elite gönnt sich die Zerstörung.‹ Superreiche leben wie ökologische Vandalen«.
https://www.tagesspiegel.de/politik/superreiche-leben-wie-okologische-vandalen-4287565.html

7 Hilda Flavia Nakabuye & Leonie Bremer (2020, 8. März): »Opinion: The climate crisis has a female face«, Thomson Reuters Foundation News,
https://news.trust.org/item/20200308143901-mlk7e/

8 Amali Tower (2020, 19. Mai): »The Gendered Impacts of Climate Displacement«, Climate Refugees,
https://www.climate-refugees.org/perspectives/genderedimpactsofclimatechange

9 Office of the United Nations High Commissioner for Human Rights (2022, 12. Juli): »Climate change exacerbates violence against women and girls«,
https://www.ohchr.org/en/stories/2022/07/climate-change-exacerbates-violence-against-women-and-girls

10 Die Genfer Konventionen (1949 verabschiedet) sind eine Reihe von internationalen Verträgen, die die Behandlung von Kriegsgefangenen, Verwundeten, Zivilisten und Nichtkombattanten in bewaffneten Konflikten regeln. Sie wurden erstmals im Jahr 1864 auf der Basis humanitärer Grundsätze festgelegt und seitdem mehrfach überarbeitet und erweitert. Die Konventionen legen unter anderem fest, dass Personen, die nicht an den Feindseligkeiten teilnehmen, wie Verwundete, Kranke, Zivilisten und Kriegsgefangene, geschützt und human behandelt werden müssen. Sie verbieten Folter, grausame Behandlung, Geiselnahme und willkürliche Inhaftierung. Die vier Genfer Konventionen von 1949 und ihre Zusatzprotokolle von 1977 und 2005 bilden das wichtigste rechtliche Rahmenwerk des humanitären Völkerrechts zum Schutz von Opfern bewaffneter Konflikte.

11 Center for Disaster Philanthropy (o. D.): »Women and Girls in Disasters«, https://disasterphilanthropy.org/resources/women-and-girls-in-disasters/

12 Sam Seller (2016, November): »Gender and Climate Change: A Closer Look at Existing Evidence«, Global Gender and Climate Alliance, https://wedo.org/wp-content/uploads/2016/11/GGCA-RP-FINAL.pdf

13 Taylor Morris (2022, 18. Mai): »How is climate change affecting maternal and fetal health?«, The Health Policy Partnership, https://www.healthpolicypartnership.com/how-is-climate-change-affecting-maternal-and-fetal-health/

14 American Lung Association (2023, 2. November): »Disparities in the Impact of Air Pollution«, www.lung.org/clean-air/outdoors/who-is-at-risk/disparities

15 Francisca Rockey (2021, 4. Januar): »The death of Ella Adoo-Kissi-Debrah: Why are black people more likely to be exposed to toxic air?«, *Euronews*, https://www.euronews.com/green/2021/01/04/the-death-of-ella-adoo-kissi-debrah-why-are-black-people-more-likely-to-be-exposed-to-toxi

16 Lena von Seggern (2021, 27. Juli): »Ertrunkene Menschen mit Behinderung. Wie konnte das passieren?«, *taz*. https://taz.de/Ertrunkene-Menschen-mit-Behinderung/!5785903/

17 Der Beitrag von Andrea Schöne geht nochmals näher auf dieses Thema und Beispiel ein.

18 Laura Bechert, Dodo & Shaylı Kartal (2021, Dezember): »Kolonialismus & Klimakrise. Über 500 Jahre Widerstand«, S. 38 f., Jugend im Bund für Umwelt und Naturschutz Deutschland e. V., https://www.bundjugend.de/wp-content/uploads/Kolonialismus_und_Klimakrise-ueber_500_Jahre_Widerstand.pdf

19 Stockholm International Peace Research Intitute (o. D.): »*Environment of Peace*«, https://www.sipri.org/research/peace-and-development/environment-peace

20 Global Witness (2023, 15. September): »Standing firm – The Land and Environmental Defenders on the frontlines of the climate crisis«, https://www.globalwitness.org/en/campaigns/environmental-activists/standing-firm/

21 Daniela Philipson García (2023, Juni): »Feminist Interventions: Resisting the Militarization of the Climate Crisis«, The Centre for Feminist Foreign Policy, https://centreforfeministforeignpolicy.org/2023/06/15/feminist-interventions-militarization-us-eu/

22 Doug Weir (2024, 9. Januar): »The climate costs of war and militaries can no longer be ignored«, *The Guardian*,

https://www.theguardian.com/commentisfree/2024/jan/09/emission-from-war-military-gaza-ukraine-climate-change#:~:text=The%20best%20estimate%20we%20have,emissions%2C%20between%20India%20and%20Russia

23 Häufig FLINTA (Frauen, Lesben, Intersex, Nicht-binäre Personen, Transgender und Asexuelle).

24 Leilani Chavez (2020, 28. Juli): »›Criminalizing‹ dissent, martial law fuel attacks on Philippine environmental defenders«, *Mongabay – News and Inspiration from Nature's Frontline*, https://news.mongabay.com/2020/07/criminalizing-dissent-martial-law-fuel-attacks-on-philippine-environmental-defenders/

25 Ari Drennen & Sally Hardin (2021, 30. März): »Climate deniers in the 117th Congress«, Center for American Progress, https://www.americanprogress.org/article/climate-deniers-117th-congress/

26 Colin Schultz (2013, 23. Dezember): »Meet the Money behind the climate denial movement«, *Smithsonian Magazine*, https://www.smithsonianmag.com/smart-news/meet-the-money-behind-the-climate-denial-movement-180948204/

27 Sexuelle und reproduktive Rechte sind eng mit der Klimakrise verknüpft: Extreme Wetter- und Klimaereignisse schränken den Zugang zu Abtreibung, Verhütung, Hygieneprodukten und Medikamenten ein und erhöhen das Risiko für sexuell übertragbare Krankheiten und geschlechtsspezifische Gewalt; klimatische Veränderungen haben Einfluss auf Müttergesundheit oder beeinflussen den Kinderwunsch.

28 Der »Gender Action Plan« fokussiert sich auf das Vorantreiben der vollen, gleichberechtigten und bedeutsamen Teilhabe von Frauen, fördert genderresponsive Klimapolitik und setzt sich für das Mainstreaming einer Gender-Perspektive bei der Umsetzung der Klimakonvention ein.

29 Care-Arbeit oder auch Care im Anschluss an feministische Theorie,

Diskurse und Wissenschaft umfasst bezahlte und unbezahlte Sorgearbeit wie z. B. Kinderbetreuung, Altenpflege, Hausarbeit, freundschaftliche Arbeit und Beziehungsarbeit. Da Care-Arbeit häufig nicht als gesellschaftspolitisches Kernthema, sondern als private Verantwortung behandelt wird, sind es vor allem Frauen, die unter Mehrbelastung leiden und etliche Aufgaben zusätzlich zu Lohnarbeit auf sich nehmen oder mehrheitlich in Care-Berufen wie der Altenpflege beschäftig sind.

30 Folgende Staaten verfolgen derzeit eine feministische Außenpolitik: Argentinien, Chile, Deutschland, Frankreich, Kanada, Kolumbien, Libyen, Luxemburg, Mexiko, die Niederlande, Schottland, Slowenien und Spanien.

31 Stop Ecocide Deutschland (o. D.): »Was ist Ökozid?«, https://www.stopecocide.de/was-ist-oekozid

32 Zum Beispiel Adaptionspläne und ihre Überprüfung, genaue Zielsetzungen und ihre unabhängige Überprüfung, Expert*innengremien bestehend aus unterschiedlichen Gruppen, Gefährdenschwellen, um schnelles Handeln zu erzwingen, und viele mehr.

33 Sheena Anderson (2021): »Eine intersektional-feministische Perspektive für die Klimabewegung: Zur Anerkennung und Wertschätzung (marginalisierter) Stimmen von Black, Indigenous und Women of Color«, in: *Femina Politica* 30(2), S. 64–79, https://www.budrich-journals.de/index.php/feminapolitica/article/view/38787

34 Ebd.

unlearn energie – **Andreas Schmitz**

1 Andreas Schmitz: »Balkonkraftwerk-Anmeldung« [Online-Umfrage], YouTube. https://www.youtube.com/post/Ugkx1CsGZpLWENWOhXM4eUzXgroYxor9AT1G;

Joseph Bergner, Rosa Hoelger & Barbara Praetorius (2022, Mai): »*Nutzung von Steckersolargeräten*«, Hochschule für Technik und Wirtschaft Berlin, https://solar.htw-berlin.de/studien/nutzung-steckersolar-2022/

unlearn gesundheit – **Eckart von Hirschhausen**

1 Umweltbundesamt (2024, 4. Januar): »Gesundheitsrisiken durch Hitze«, https://www.umweltbundesamt.de/daten/umwelt-gesundheit/gesundheitsrisiken-durch-hitze#gesundheitsrisiko-hitze

2 Jos Lelieveld, Andy Haines, Richard Burnett, Cathryn Tonne, Klaus Klingmüller, Thomas Münzel & Andrea Pozzer (2023): »Air pollution deaths attributable to fossil fuels: observational and modelling study«, in: *The British Medical Journal 383* (8410), https://www.bmj.com/content/383/bmj-2023-077784

3 Wissenschaftlicher Beirat der Bundesregierung Globale Umweltveränderung (2023, Juni): »Gesund leben auf einer gesunden Erde«, https://www.wbgu.de/de/publikationen/publikation/gesund-leben

4 Sachverständigenrat für Umweltfragen (2023, Juni): »Umwelt und Gesundheit konsequent zusammendenken«, https://www.umweltrat.de/SharedDocs/Downloads/DE/02_Sondergutachten/2020_2024/2023_06_SG_Umwelt_und_Gesundheit_zusammendenken.html

5 Verbraucherzentrale (2024, 11. April): »Ewigkeits-Chemikalien PFAS: Wo sie stecken, warum sie problematisch sind«, https://www.verbraucherzentrale.de/wissen/umwelt-haushalt/produkte/ewigkeitschemikalien-pfas-wo-sie-stecken-warum-sie-problematisch-sind-81811

6 Oliver Eitelwein, Rolf Fricker, Annika Green & Vanessa Racloz

(2024, Januar): »Quantifying the Impact of Climate Change on Human Health«, World Economic Forum/ Oliver Wyman, https://www.oliverwyman.com/content/dam/oliver-wyman/v2/publications/2024/jan/quantifying_the_impact_of_climate_change_on_human_health.pdf

7 Für alle, die mehr wissen wollen, empfehle ich unsere Webseite und den Medienservice Klima und Gesundheit mit gemeinnützigen guten Recherchen für alle.

8 Hanns-Christian Gunga: *Tödliche Hitze – Was extreme Temperaturen im Körper bewirken und wie wir uns schützen können,* Köln 2023.

9 Intergovernmental Panel on Climate Change (2021): »Summary for Policymakers«, in: *Climate Change 2021: The Physical Science Basis,* https://www.ipcc.ch/report/ar6/wg1/downloads/report/IPCC_AR6_WGI_SPM.pdf

10 Ökopol-Institut für Ökologie und Politik (o. D.): »Quecksilber-Emissionen aus Kohlekraftwerken – Auswertung der EU-Schadstoffregistermeldung«, https://oekopol.de/archiv-de/DE_622-19/

11 Marina Romanello, Claudia di Napoli, Carole Green, Harry Kennard, Pete Lampard, Daniel Scamman, Maria Walawender, Anthony Costello u. a. (2023): »The 2023 report of the *Lancet* Countdown on health and climate change: The imperative for a health-centered response in a world facing irreversible harms«, in: *The Lancet* 402 (10419), S. 2346–2394, https://www.thelancet.com/journals/lancet/article/PIIS0140-6736(23)01859-7/abstract

die autor*innen

Sheena Anderson

ist eine Schwarze Feministin, Politikwissenschaftlerin und Aktivistin, die sich besonders im Bereich Antirassismus, dekoloniale Ansätze und Klimagerechtigkeit engagiert. Nach ihrem Bachelor war Sheena viele Jahre in der politischen Bildungsarbeit zur Prävention von Rechtsextremismus tätig. Darüber hinaus ist sie zertifizierte Anti-Bias-Trainerin. Nach ihrem Master in Friedensforschung und Internationaler Politik und einem Jahr als Stipendiatin im Mercator Kolleg arbeitete Sheena von Oktober 2021 bis März 2024 als Programmmanagerin für das Centre for Feminist Foreign Policy, wo sie die Bereiche Antirassismus und Klimagerechtigkeit leitete. Sheena schreibt und spricht regelmäßig über intersektionalen Feminismus, Klimagerechtigkeit sowie feministische Außenpolitik.

Katharina van Bronswijk

ist Psychologin und als Psychologische Psychotherapeutin (Verhaltenstherapie) in eigener Praxis mit Schwerpunkt Traumatherapie tätig. Seit 2009 ist sie im Klimaschutz, unter anderem bei Greenpeace, aktiv. 2019 baute sie die Psychologists/Psychotherapists for Future e. V. mit auf und ist eine der Sprecher*innen der Bewegung. Darüber hinaus forscht sie zu Klimatrauer, ist

Autorin und Dozentin zu den Zusammenhängen zwischen den sozial-ökologischen Problemen und der menschlichen Psyche. 2022 erschien ihr Buch *Klima im Kopf. Angst, Wut, Hoffnung: Was die ökologische Krise mit uns macht.*

Katja Diehl

geboren 1973, hat sich voll und ganz dem Mobilitätswandel verschrieben. Nach 15 Jahren in z. T. leitenden Funktionen der Mobilitäts- und Logistikbranche verändert sie das System nun von außen. Sie hostet den Podcast »SheDrivesMobility«. In ihrer Heimatstadt Hamburg hat sie die Vertretung der »womeninmobility« gegründet und engagiert sich in Beiräten des Verkehrsministeriums Baden-Württemberg und des Bundesministeriums für Mobilität in Österreich. Für ihre Arbeit wurde sie mehrfach ausgezeichnet, u. a. als eine der »100 Frauen des Jahres« (*Focus* 2020), 2019 kam sie auf die Liste »25 LinkedIn TopVoices« im DACH-Raum. Ihr Buch *Autokorrektur* war wochenlang auf der *Spiegel*-Bestsellerliste, sie selbst erhielt zahlreiche Auszeichnungen, u. a. den Leserpreis des Deutschen Wirtschaftsbuchpreises 2022 und den Deutschen Mobilitätspreis in der Kategorie Menschen.

Alexandra Endres

ist freiberufliche Journalistin für Klima- und Umweltthemen in Hamburg. Sie schreibt unter anderem für *Table.Media* und *Zeit Online,* wo sie zuvor als Redakteurin tätig war. Sie berichtet regelmäßig von den UN-Klimagipfeln und hat unter anderem in Mexiko, Kolumbien, Bolivien und Honduras zu Nachhaltigkeits- und Menschenrechtsthemen gearbeitet. Über eine ihrer Reisen durch Kolumbien schrieb sie das Buch *Wer singt, erzählt – wer tanzt, überlebt* (DuMont Reise 2017), über Mexiko erschien *Niemand liebt das Leben mehr als wir* (DuMont Reise 2019). Gemeinsam mit Roda Verheyen schrieb sie das Buch *Wir alle haben ein Recht auf Zukunft* (dtv 2023) über Klimaklagen.

Julien Gupta

lebt und arbeitet als Autor und Freiberufler in Berlin. Während seines Studiums der Betriebs- und Volkswirtschaftslehre in Köln, Lissabon und Tel Aviv lernte er vor allem eins: Unser Wirtschaftssystem basiert viel zu häufig auf der Ausbeutung von Mensch und Natur. 2021 gründete er deswegen zusammen mit Manuel Kronenberg *Treibhauspost*, mittlerweile einer der größten deutschsprachigen Klima-Newsletter. Gemeinsam mit der Heinrich-Böll-Stiftung starteten sie das Podcast-Format *Pod der guten Hoffnung*. Julien Gupta hat zudem *Team Zukunft*, den ersten publizistischen Newsletter *der taz*, mitentwickelt und arbeitet als Autor für verschiedene Spiele-Verlage.

Dr. Eckart von Hirschhausen

Jahrgang 1967, studierte Medizin und Wissenschaftsjournalismus in Berlin, London und Heidelberg. Seine Spezialität: medizinische Inhalte auf humorvolle Art zu vermitteln. Er gibt Impulse, die hängen bleiben: im Fernsehen, als Sachbuchautor, bei Kongressen oder als Keynote Speaker. »Planetare Gesundheit« bedeutet für ihn, dem Schutz unserer Lebensgrundlagen und einer enkeltauglichen Zukunft oberste Priorität einzuräumen. Dafür gründete er 2020 die *Stiftung Gesunde Erde – Gesunde Menschen* und veröffentlichte das Buch *Mensch, Erde. Wir könnten es so schön haben*. Für die ARD moderiert er »Was kann der Mensch?«, »Wissen vor 8 – Erde« sowie zahlreiche Dokumentationen. Er ist Ehrenmitglied der Fakultät der Charité, Mitglied im Nachhaltigkeitsbeirat des Landes Nordrhein-Westfalen, im Club of Rome und Honorarprofessor in Marburg.

Sophia Hoffmann

ist Köchin, Autorin und Gastronomin. Sie setzt sich für Klimaschutz, Nachhaltigkeit und Feminismus ein und ist auch als Speakerin und Consultant tätig. Ihre veganen Rezepte bestechen durch regionale saisonale Küche. In ihren vier Kochbüchern geht es um mehr als nur Kochen. Die Bücher *Zero Waste Küche* und *Die kleine Hoffmann: einfach intuitiv kochen lernen* widmen sich dem wertschätzenden Umgang mit Lebensmitteln und wurden mit der Silbermedaille der Gastronomischen Akademie Deutschlands ausgezeichnet. 2022 wurde Sophias Arbeit in der Serie »Fine Food Stories« dokumentiert, der 45-minütige Film ist in der ARD-Mediathek abrufbar. Sophia betreibt zusammen mit ihrer Geschäftspartnerin Nina Petersen das Bio-Restaurant HAPPA in Berlin-Kreuzberg. Dort gibt es Mo–Do veganen Mittagstisch und sechsmal im Monat Dinnerabende mit Fünf-Gänge-Menü.

Prof. Dr. Claudia Kemfert

ist Wirtschaftswissenschaftlerin und erforscht seit über 30 Jahren die ökonomischen Wirkungen von Energiewende und Klimaschutz. Sie studierte an einem der ersten Studiengänge für erneuerbare Energien und wurde 2004 als eine der jüngsten Professorinnen in Deutschland berufen. Seitdem leitet sie die Abteilung Energie, Verkehr und Umwelt am Deutschen Institut für Wirtschaftsforschung (DIW) und ist Professorin für Energiewirtschaft und Energiepolitik an der Leuphana Universität. Zudem ist sie Ko-Vorsitzende des Sachverständigenrats für Umweltfragen und im Präsidium der Deutschen Gesellschaft des Club of Rome. Als Spitzenforscherin hat sie zahlreiche Auszeichnungen und Preise erhalten, ist Autorin von über 400 Veröffentlichungen. Sie erläutert die Forschungserkenntnisse in einem breiten Publikum, wie derzeit im MDR »Kemferts Klima-

Podcast«. Sie war ihrer Zeit weit voraus und warnte früh vor den Folgen des Klimawandels und Machenschaften der fossilen Lobby, wie in ihren Büchern *Die andere Klimazukunft* (2008) oder *Das fossile Imperium schlägt zurück* (2011). Zuletzt erschien im Frühjahr 2023 ihr Bestseller *Schockwellen* (www.claudiakemfert.de).

Manuel Kronenberg

ist freier Journalist und Co-Autor des Klima-Newsletters *Treibhauspost.* Er studierte Soziologie in München, wo auch sein Weg in den Journalismus begann. Nach Stationen beim Radio und der Süddeutschen Zeitung, zog es ihn nach Berlin zum Startup Steady, wo er unabhängigen Medien dabei half, Mitgliedschaftsmodelle aufzubauen. Als ihm bewusst wurde, wie dringend wir unsere fossile Lebensweise verlernen müssen, widmete er sich voll und ganz dem Umwelt- und Klimajournalismus. Er schrieb Reportagen sowie einen Klima-Newsletter für das österreichische Magazin DATUM und wirkt am Podcast-Format *Pod der guten Hoffnung* mit. Im März 2021 startete er zusammen mit Julien Gupta den Newsletter *Treibhauspost*, in dem er Klimawissenschaften für eine große und treue Community konstruktiv aufbereitet.

Nina Lorenzen

beschäftigt sich seit 2013 mit Fair Fashion und Nachhaltigkeit. Nach ihrem Studium der Literaturwissenschaft arbeitete sie zunächst in Buchverlagen und Literaturagenturen – und bloggte nebenbei über nachhaltigere Mode. 2018 gründete sie gemeinsam mit Jana Braumüller und Vreni Jäckle die Aufklärungs- und Vernetzungsplattform Fashion Changers. 2020 veröffentlichten sie gemeinsam das Buch *Fashion Changers – Wie wir mit fairer Mode die Welt verändern können.* Auf der jährlichen Fashion-Changers-

Konferenz sprechen Expert*innen aus Industrie, Wissenschaft und Aktivismus über Lösungen, die die Modebranche transformieren können. Für ihr Engagement auf Social Media wurde Fashion Changers 2022 mit dem Smart Hero Award ausgezeichnet. Neben dem *Fashion Changers Magazin* sind ihre Texte unter anderem im *Green Knowledge Magazin* und in der *Vogue* erschienen.

Kristina Lunz

ist Unternehmerin, Autorin und Aktivistin. Sie ist CEO des von ihr 2018 mitgegründeten gemeinnützigen Unternehmens Centre for Feminist Foreign Policy, wofür sie 2019 von *Forbes* als eine der »30 unter 30« in Europa ausgezeichnet wurde. Im Mai 2024 wurde ihr der German Start-up Award als »Impact Entrepreneurin 2024« verliehen. Ihr Bestseller *Die Zukunft der Außenpolitik ist feministisch,* ebenso auf Englisch erschienen, brachte sie auf Bühnen in u.a. New York City, Harvard, Oxford, Cambridge, London, Berlin und Brüssel. Im Oktober 2024 erscheint ihr neues Buch *Empathie und Widerstand.* Sie erwarb zwei Masterabschlüsse vom University College London und der University of Oxford. Kristina wird regelmäßig in Medien zitiert und porträtiert, wie zum Beispiel in *Vogue, Spiegel* und *The Guardian,* und war das deutsche Gesicht der 2022er Giorgio-Armani-Kampagne »Crossroads«.

Prof. Dr. Stefan Rahmstorf

ist Professor für Physik der Ozeane an der Universität Potsdam und leitet die Abteilung Erdsystemanalyse am Potsdam-Institut für Klimafolgenforschung. Er ist Autor von über 140 Fachpublikationen und vier populärwissenschaftlichen Büchern, darunter das illustrierte und prämierte Buch *Wolken, Wind & Wetter: Alles, was man über Wetter und Klima wissen muss.* Für seine

Forschungsleistungen wurde er 2007 zum Honorary Fellow der University of Wales und 2010 zum Fellow der American Geophysical Union ernannt sowie 2024 von der European Geosciences Union mit der Alfred-Wegener-Medaille ausgezeichnet. Zudem gewann er Preise für Klimakommunikation: 2017 den Climate Communication Prize der American Geophysical Union, 2019 den *ZEIT Wissen*-Preis und 2022 den Stephen H. Schneider Award for Outstanding Climate Science Communication.

Dr. Andreas Schmitz

hat Maschinenbau und Computational Science studiert und über mathematische Optimierung und KI promoviert. Er arbeitet als Wissenschaftler beim Deutschen Zentrum für Luft- und Raumfahrt und betreibt nebenbei den YouTube-Kanal »Akkudoktor« mit über 300.000 Abonnenten und die Webseite akkudoktor.net, mit einem großen Do-it-yourself-Forum und zahlreichen kostenfreien Tools für Heizungs- und Fotovoltaik-Berechnungen.

Andrea Schöne

ist freie Journalistin, Moderatorin und Referentin zu vielen Themen von Ungleichheit über intersektionalen Feminismus bis zu Medienkritik. 2021 recherchierte sie als Stipendiatin des Media Lab Bayerns dazu, wie Podcasts für Menschen mit Hörbehinderung zugänglicher gemacht werden können. 2022 erschien ihr Buch *Behinderung und Ableismus* im Unrast Verlag. 2023 war sie Beiträgerin im ersten deutschsprachigen Sammelband zu Klimagerechtigkeit und Behinderung *VerRücktes Klima – BeHinderte Lösungen*. Zwei Jahre lang unterrichtete sie Lehramtsstudierende in inklusiver Medienpädagogik zur Darstellung von Behinderung in den Medien. Nach ihrem Studium der Politikwissenschaft, Geschichte und Soziologie absolviert sie derzeit das internationale Masterprogramm »Global Cultures« in Globalgeschichte, Anthropologie und politischer Theorie an der Universität Bologna.

Özden Terli

geboren 1971 bei einer Kohlendioxid-Konzentration von 326 ppm machte sein Abitur auf dem zweiten Bildungsweg und studierte in Berlin an der Freien Universität Meteorologie mit dem Nebenfach Astrophysik. Seine Diplomarbeit fertigte Terli extern am Alfred-Wegener-Institut für Polar- und Meeresforschung an und arbeitete zunächst bei wetter.com. Seit 2013 ist er Redakteur und Wettermoderator beim ZDF. Insbesondere die Veränderungen im Klimasystem, die auf das Wetter wirken und seine Arbeit beeinflussen, thematisiert Terli in regelmäßigen Abständen. 2021 wurde er mit dem Umweltmedienpreis der »Deutschen Umwelthilfe« ausgezeichnet, 2022 erhielt er einen der Preise als »Journalist des Jahres« im Bereich Wissenschaft sowie eine Grimme-Nominierung in der Kategorie »Journalistische Leistungen«.

Dr. Roda Verheyen

ist Partnerin der Hamburger Kanzlei »Rechtsanwälte Günther« und kämpft seit Jahrzehnten für den Klimaschutz. Ihre anwaltliche Karriere begann 2006 im Rahmen der deutschen Anti-Kohle-Kampagne, dafür führte sie verschiedene gerichtliche Verfahren. 2018 vertrat sie die erste Klimaklage gegen die Bundesregierung zur Einhaltung des »Klimaziels 2020« vor dem Verwaltungsgericht Berlin und war (mit anderen) vor dem Bundesverfassungsgericht 2021 erfolgreich. Sie berät Gemeinden, Unternehmen, Umweltverbände und andere Betroffene im Umwelt-, Planungs- und Klimaschutzrecht sowie zu Fragen der Unternehmensverantwortung, etwa nach dem Lieferkettenrecht. Sie publiziert dazu auch in Fachzeitschriften und -kommentaren und hat zusammen mit Alexandra Endres das Buch *Wir alle haben ein Recht auf Zukunft* veröffentlicht. Seit 2021 ist sie Mitglied des hamburgischen Verfassungsgerichts. Sie ist Gründungsmitglied des Vereins Green Legal Impact e. V.

Sara Weber

geboren 1987, ist deutsch-amerikanische Autorin und lebt in München. Ihr erstes Sachbuch *Die Welt geht unter, und ich muss trotzdem arbeiten?* (Kiepenheuer & Witsch 2023) ist ein *Spiegel*-Bestseller und hat den Leserpreis des Deutschen Wirtschaftsbuchpreises 2023 gewonnen. Ihr zweites Sachbuch heißt *Das kann doch jemand anderes machen!* Sie schreibt für *Spiegel Online* die Kolumne »ÜberArbeiten«. Ihr inhaltlicher Fokus liegt auf Arbeit, Wirtschaft und Gerechtigkeit. Sie studierte Publizistik und Buchwissenschaft in Mainz und besuchte die Deutsche Journalistenschule in München. Nach ihrer Zeit als freie Autorin für u. a. *Zeit, Spiegel* und *Süddeutsche Zeitung* arbeitete sie fünf Jahre lang bei LinkedIn, zuletzt als Redaktionsleiterin.